高职电子类
精品教材

自动控制原理分析及应用

ZIDONG KONGZHI YUANLI
FENXI JI YINGYONG

徐 梅 编著

中国科学技术大学出版社

内 容 简 介

本书从实际应用出发，以职业技能为导向，根据“理论够用、重在实践”的原则，删繁就简，以自动控制理论和控制系统为主线，在数学基础、控制理论、工程应用及 MATLAB 仿真方面具有系统性和统一性，适于高职高专自动化、机电、计算机、电气及信息类等专业使用，也可作为电气工程及自动化、检测技术与自动化装置等高职、成人高校自动控制类专业教学用书，还可供从事自动控制系统工程的技术人员参考。

图书在版编目(CIP)数据

自动控制原理分析及应用/徐梅编著. —合肥：中国科学技术大学出版社，2012.6
ISBN 978-7-312-02999-8

Ⅰ.自…　Ⅱ.徐…　Ⅲ.自动控制理论—高等学校—教材　Ⅳ.TP13

中国版本图书馆 CIP 数据核字(2012)第 119829 号

出版　中国科学技术大学出版社
安徽省合肥市金寨路 96 号，邮编：230026
网址：http://press.ustc.edu.cn
印刷　合肥华星印务有限责任公司
发行　中国科学技术大学出版社
经销　全国新华书店
开本　787 mm×1092 mm　1/16
印张　15.75
字数　403 千
版次　2012 年 6 月第 1 版
印次　2012 年 6 月第 1 次印刷
定价　28.00 元

前　言

自动控制作为技术改造和技术发展的重要手段，除了在国防、空间科技等尖端领域里不可或缺外，在机电工程、冶金、化工、能源、轻工、交通管理、环境保护、农业等领域中的作用也日益突出。自动控制原理是自动控制技术的理论基础，其研究的对象是自动控制系统，研究的中心问题是控制工程的动态规律性，是自动化仪表、元件、控制装置和系统等工程专业的专业理论基础，其应用几乎遍及电类及非电类的各个工程技术学科，是高等工科院校电气信息类专业的一门重要的技术基础课程。

随着科学的进步，为适应自动化学科的发展，培养出基础扎实、知识面宽、具有创新意识和创新能力、适应社会发展需要的综合性技术人才，优化整体教学体系的教学改革形势，优化高职教学人才培养过程，加强素质培养，促进各学科与专业的交叉与渗透，按照"理论够用、重在实践"的原则，在总结作者多年高职高专教学经验和课程教学改革成果的基础上，参考国内外自动控制理论及应用的发展，作者编写了此书。

学习自动控制理论的主要目的在于应用，本书以自动控制理论和控制系统为主线，重在培养学生对控制系统的分析能力、工程实践能力和创新能力，遵循认知规律，比较全面地介绍了自动控制的基本原理、工程分析与设计方法及自动控制系统的应用，使学生清晰地建立起反馈控制系统的基本概念，初步学会利用经典控制理论的方法分析和设计自动控制系统。本书在内容组织上删繁就简，力求做到重点突出，并增加了 MATLAB 在控制系统分析和计算方面的应用，以培养学生现代化的分析与设计能力。此系淮南联合大学"自动控制原理"课程建设研究项目的优秀成果。

为了方便教师教学，本书还配备了电子课件和习题参考答案，配套资料可以在中国科学技术大学出版社网站中免费下载，解压后使用。

由于编者水平有限，书中难免有错误和不妥之处，恳请专家和广大读者给予批评指正。

编　者

2012 年 2 月

目　录

前　言 ……………………………………………………………………………… (ⅰ)
第 1 章　自动控制系统的认知 ……………………………………………… (1)
1.1　自动控制系统的一般概念 …………………………………………………… (1)
1.2　自动控制的基本方式 ………………………………………………………… (4)
1.3　自动控制系统的基本组成及类型 …………………………………………… (7)
1.4　自动控制系统的性能指标 …………………………………………………… (9)
本章小结 …………………………………………………………………………… (11)
思考与练习题 ……………………………………………………………………… (11)
第 2 章　线性系统数学模型的建立 ………………………………………… (13)
2.1　系统的微分方程 ……………………………………………………………… (13)
2.2　非线性数学模型的线性化 …………………………………………………… (16)
2.3　传递函数 ……………………………………………………………………… (18)
2.4　典型环节的数学模型 ………………………………………………………… (20)
2.5　方框图 ………………………………………………………………………… (23)
2.6　系统闭环传递函数的求取 …………………………………………………… (32)
实验 1　典型环节的模拟 ………………………………………………………… (34)
本章小结 …………………………………………………………………………… (38)
思考与练习题 ……………………………………………………………………… (39)
第 3 章　线性系统的时域分析法 …………………………………………… (41)
3.1　典型输入信号和时域性能指标 ……………………………………………… (41)
3.2　一阶系统的时域分析 ………………………………………………………… (45)
3.3　二阶系统的时域分析 ………………………………………………………… (47)
3.4　高阶系统分析 ………………………………………………………………… (52)
3.5　线性系统的稳定性分析及代数判据 ………………………………………… (54)
3.6　系统的稳态特性分析 ………………………………………………………… (60)
实验 2　二阶系统的阶跃响应特性 ……………………………………………… (68)
实验 3　线性系统稳定性的研究 ………………………………………………… (70)
实验 4　线性系统静态误差实验 ………………………………………………… (72)
本章小结 …………………………………………………………………………… (75)
思考与练习题 ……………………………………………………………………… (75)
第 4 章　线性系统的频域分析法 …………………………………………… (79)
4.1　频率特性的基本概念 ………………………………………………………… (79)

4.2 系统的极坐标图 …………………………………………… (83)
4.3 系统的对数坐标图 …………………………………………… (91)
4.4 用频率法分析系统的稳定性 …………………………………… (101)
4.5 控制系统的相对稳定性分析 …………………………………… (107)
4.6 频域性能指标与时域性能指标的关系 …………………………… (113)
实验5 控制系统频率特性仿真研究 ……………………………… (115)
本章小结……………………………………………………… (116)
思考与练习题…………………………………………………… (117)

第5章 控制系统的校正与设计 …………………………………… (120)
5.1 引言 ……………………………………………………… (120)
5.2 基本控制规律分析 ………………………………………… (123)
5.3 常用校正装置及其特性 ……………………………………… (126)
5.4 采用频率法进行串联校正 …………………………………… (131)
5.5 反馈校正及其参数确定 ……………………………………… (142)
实验6 控制系统校正装置的应用(设计性) ………………………… (143)
本章小结……………………………………………………… (145)
思考与练习题…………………………………………………… (145)

第6章 线性离散控制系统 ……………………………………… (147)
6.1 离散控制系统概述 ………………………………………… (147)
6.2 采样过程及信号复现 ……………………………………… (149)
6.3 离散控制系统的数学模型 …………………………………… (153)
6.4 离散控制系统性能分析 ……………………………………… (165)
本章小结……………………………………………………… (173)
思考与练习题…………………………………………………… (174)

第7章 自动控制系统应用举例 …………………………………… (177)
7.1 直流调速系统概述 ………………………………………… (177)
7.2 单闭环调速系统 …………………………………………… (182)
7.3 转速、电流双闭环直流调速系统……………………………… (188)
7.4 脉宽调制(PWM)调速控制系统 ……………………………… (192)
本章小结……………………………………………………… (197)
思考与练习题…………………………………………………… (197)

第8章 控制系统的MATLAB仿真 ……………………………… (198)
8.1 MATLAB简介……………………………………………… (198)
8.2 经典控制系统分析中常用命令简介 …………………………… (207)
8.3 MATLAB在时域系统分析中的应用…………………………… (210)
8.4 MATLAB在频域系统分析中的应用…………………………… (217)
8.5 应用MATLAB进行离散系统分析 …………………………… (224)
本章小结……………………………………………………… (227)
思考与练习题…………………………………………………… (227)

附录　拉普拉斯变换及应用 …… (228)
F1　拉普拉斯变换的概念 …… (228)
F2　拉氏变换的性质 …… (230)
F3　拉氏变换的逆变换及其性质 …… (235)
F4　拉氏变换的应用举例 …… (238)
F5　拉氏变换的基本性质与相关知识 …… (240)

参考文献 …… (243)

第1章　自动控制系统的认知

自动控制的研究对象是自动控制系统，本章简要介绍了有关自动控制的一般概念，从控制任务、控制方式及控制过程等方面阐述了自动控制系统的组成、分类和对控制系统的基本要求。本章学习目标为：

(1) 了解基本概念——自动控制、开环控制系统、闭环控制系统；

(2) 通过学习，能分析闭环系统的动态过程；

(3) 了解自动控制系统的几个类型；

(4) 了解对自动控制系统的基本要求。

1.1　自动控制系统的一般概念

1.1.1　自动控制在国民经济中的作用

20世纪中叶以来，随着科技的发展，自动控制技术的作用越来越重要。

在生产和科学的发展过程中，自动控制起着重要的作用。目前，自动控制被广泛地应用于现代工业、农业、国防和科学技术领域中。可以这样说，一个国家在自动控制方面的水平，是衡量它的生产技术和科学技术水平先进与否的一项重要标志。自动控制涉及的范围很广，包括：

(1) 军事领域：如导弹制导、飞机驾驶系统等。

(2) 航天技术：如航天飞机遨游太空，登月飞船准确地在月球上着陆并能重返地球，人造卫星按预定轨迹运行并返回地面等。

(3) 工业生产：如对压力、温度、湿度、流量、频率、燃料成分比例等方面的控制以及全自动生产线等。

(4) 现代农业生产：如温室自动温控系统、自动灌溉系统等。

(5) 经济与社会生活的其他领域：如汽车自动导航控制系统、刹车防抱死系统、现代化的室温调节装置等。

虽然我们将要涉及的全部是自动控制的工程应用方面，但它的概念已经扩大到其他领域，如经济、政治等领域。生产的自动化、管理的科学化，大大改善了劳动条件、增加了产量、提高了产品质量。近十几年来，计算机的广泛应用，使自动控制理论更加迅速地向前发展，使自动控制技术所能完成的任务更加复杂，自动控制水平大大提高。电子技术和计算机技术的迅猛发展，为自动控制技术安上了翅膀，自动控制技术将在愈来愈多的领域发挥愈来愈重要的作用。因此,各个领域的工程技术人员和科研人员,都必须具备一定的自动控制知识。

1.1.2 经典控制理论与现代控制理论

根据自动控制技术发展的不同阶段,自动控制理论通常分为"经典控制理论"和"现代控制理论"两大部分。

经典控制理论是以传递函数为基础,研究单输入—单输出类定常系统的分析与设计。例如,工程上的伺服系统与恒值系统的自动控制。频率响应法和根轨迹法是经典控制理论的核心。由这两种方法设计出来的系统是稳定的,并且或多或少地满足一组适当的性能要求。一般来说,这些系统是令人满意的,但它们不是某种意义上的最佳系统。

现代控制理论是20世纪60年代在古典控制理论基础上随科学的发展和工程实践的需要迅速发展起来的,是在自动控制理论认识上的一次飞跃,而不是经典控制理论的简单延伸和推广。它以状态空间法为基础,研究多输入—多输出、时变、非线性、高精度、高效能等控制系统的分析与设计问题。例如,最优控制、最佳滤波、系统辨识与自适应控制等理论。其重要标志为状态空间法,形成的几个分支为:线性系统理论、最优控制理论、系统辨识与自适应控制、大系统理论和特大系统理论。现代控制理论的近期应用已经扩展到非工程系统,诸如生物系统、生物医学系统、经济系统和社会经济系统。

自动控制理论正随着技术和生产的发展而不断发展,而它反过来又成为高新技术发展的重要理论根据和推动力。虽然现代控制理论的内容很丰富,与经典控制理论相比较,能解决更多、更复杂的控制问题,但对于单输入—单输出线性定常系统而言,用经典控制理论来分析和设计仍是最实用、最方便的。本书所介绍的内容是经典控制理论部分,它在工程实践中用得最多,也是进一步学习自动控制理论的基础。

1.1.3 人工控制

在人直接参与的情况下,利用控制装置使被控制对象和过程按预定规律变化的过程,称为人工控制。将有人参与的控制系统称为人工控制系统。下面以直流电动机调速系统为例加以说明(图1-1)。

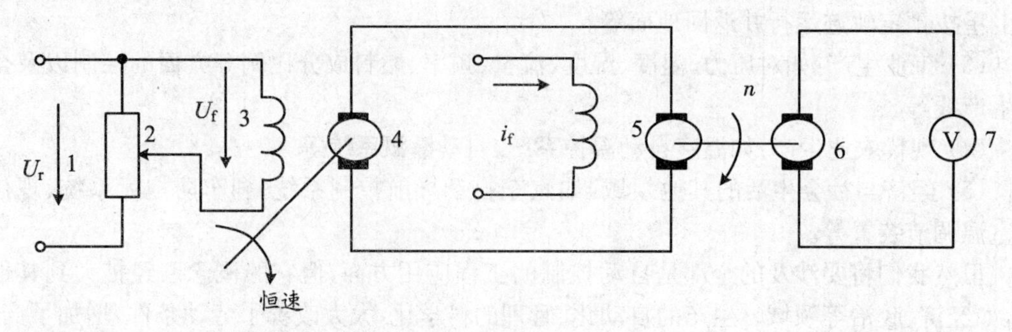

1. 给定电压; 2. 电位计; 3. 励磁绕组, 4. 直流发电机; 5. 直流电动机; 6. 测速发电机; 7. 电压表

图1-1 直流电动机调速系统

首先，人们将6测得的转速 n 与希望的转速 n_r 比较，看它们是否相等，若不等，看是偏高，还是偏低，偏差是多少。所谓比较，就是人在脑子里进行一个简单的减法运算，即把通过测量仪器测得的实际转速 n 与脑子里记忆的希望值 n_r 相减，其偏差为 ε。然后，根据偏差 ε 的大小和正负来改变图1-1中的2或1，从而改变了 U_f 或 U_r，使实际输出转速 n 接近或等于希望值 n_r。由此可见，人在控制过程中主要完成了测量、比较和执行这三种作用。

显然，在负载变化较小、转速变化不大的场合，采用人工控制是可以完成的。但是人工控制系统有许多缺点，甚至有时也是不可能实现的。首先，人工控制系统的控制精度不高，或者说控制精度完全取决于操作者的经验；其次，由于有些控制过程动作极快，人的反应不能适应；再则，有些场合如高温、放射性等对人体有危害的领域，人无法直接参与控制。因此，为了进一步改善控制系统的性能，必须应用机械、电气、液压等自动化装置来代替人对一些物理量自动地进行控制，这样人工控制系统就发展成了自动控制系统。

1.1.4 自动控制

自动控制就是在无人直接参与的情况下，利用控制装置使被控制对象和过程自动地按预定规律变化的控制过程。所谓自动控制系统是由控制装置和被控制对象所组成，它们以某种相互依赖的方式结合成为一个有机整体，并对被控制对象进行自动控制。下面仍以前例来说明如何用控制装置来实现自动控制。

如图1-2所示，直流电动机5的转速由测速发电机6测量，并通过电压表7显示。与电动机转速对应的测速发电机电压 U_n 经反馈线回送到系统的输入端并和给定电压 U_r 相比较，其差值 e 经放大器3放大，直流发电机4两端电压为 U_a，这个电压施加在电动机5电枢两端使电动机按预定的转速旋转。当转速对应的测速发电机电压 U_n 偏离给定值 U_r 时，U_r 与 U_n 之差将为 $e \pm \Delta e$，这个变化后的偏差电压经放大器使发电机两端电压 U_a 就相应升高或降低，从而使电动机的转速恢复到给定的数值。

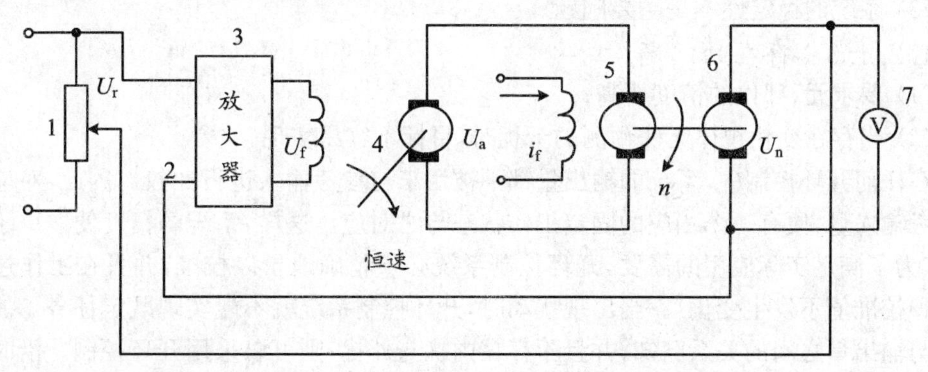

1. 电位计；2. 反馈线；3. 放大器；4. 直流发电机；5. 直流电动机；6. 测速发电机；7. 电压表

图1-2 直流电动机调速系统

1.2 自动控制的基本方式

根据自动控制系统的构成形式,一般可分为以下几种基本控制方式。

1.2.1 开环控制

1.2.1.1 定义

开环控制指控制装置与被控制对象之间只有正方向作用,而没有反向联系的控制过程。在开环系统中,不需要对输出量进行测量,也不需要将输出量反馈到系统输入端与输入量进行比较。其结构图如图 1-3 所示。

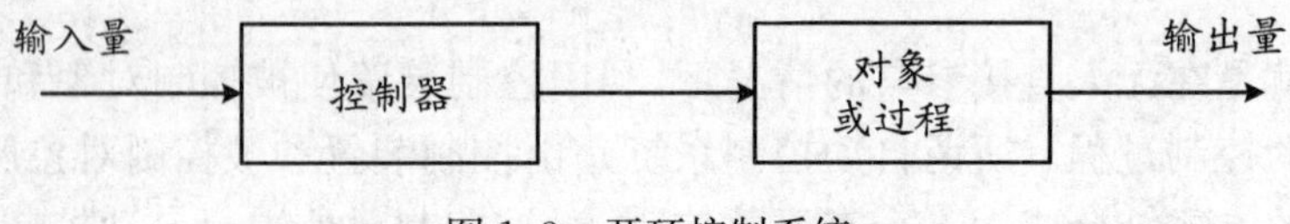

图 1-3 开环控制系统

例如,洗衣机就是开环控制系统的例子。浸湿、洗涤和漂洗过程在洗衣机中是依次进行的,在洗涤过程中,无需对其输出信号即衣服的清洁程度进行测量。

控制系统的输出量对系统没有控制作用,这种系统称为开环控制系统。

1.2.1.2 特点

(1) 输出不影响输入,对输出不需测量,通常较易实现;

(2) 组成系统的元、部件精度高,系统精度才能高;

(3) 系统的稳定性不是主要问题。

1.2.1.3 存在的问题

(1) 要求元、部件的精度要高;

(2) 当存在变化规律无法预测的干扰时,目标不容易实现。

在任何开环控制中,系统的输出量都不被用来与参考输入进行比较。因此,对应于每一个参考输入量,便有一个相应的固定工作状态与之对应。这样,系统的精度便取决于校准的精度(为了满足实际应用的需要,开环控制系统必须精确地予以校准,并且在工作过程中保持这种校准值不发生变化)。当出现扰动时,开环控制系统就不能实现既定任务了。如果输入量与输出量之间的关系已知,并且不存在内扰与外扰,则可以采用开环控制。沿时间坐标轴单向运行的任何系统都是开环系统,例如,采用时基信号的交通信号灯,自动生产线等就是开环控制的另两个例子。

1.2.2 闭环控制

1.2.2.1 定义

闭环控制指控制装置与被控制对象之间既有正方向的作用,又有反方向联系的控制过程。

把输出量直接或间接地反馈到系统的输入端，形成闭环，参与控制，这种系统叫闭环控制系统。

在闭环系统中，需对输出量进行测量，图1-4所示为其结构图。闭环系统有小功率随动系统、雷达控制系统等。显然，闭环系统为反馈系统，据反馈极性的不同，反馈可分为通过反馈使偏差增大的正反馈和通过反馈使偏差减小的负反馈。一般无特殊说明，下面我们所讲的反馈系统均为负反馈系统。

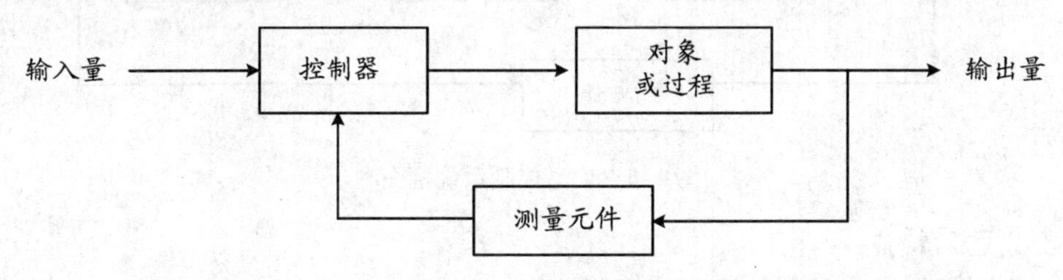

图1-4　闭环控制系统

反馈：把取出的输出量送回输入端，并与输入信号相比较产生偏差信号的过程，称为反馈。若反馈的信号与输入信号相抵消，使产生的偏差越来越小，则称为负反馈；反之，则称为正反馈。

反馈控制：就是采用负反馈并利用偏差进行控制的过程。由于引入了被反馈量的反馈信息，使得整个控制过程成为闭合的，因此反馈控制也称为闭环控制。

输入信号和反馈信号之差，称为偏差信号。偏差信号加到控制器上，以减小系统的误差，并使系统的输出量趋于所希望的值。换句话说，"闭环"这个术语的涵义，就是应用反馈作用来减小系统的误差。下面以炉温控制系统为例加以说明(图1-5、图1-6)。

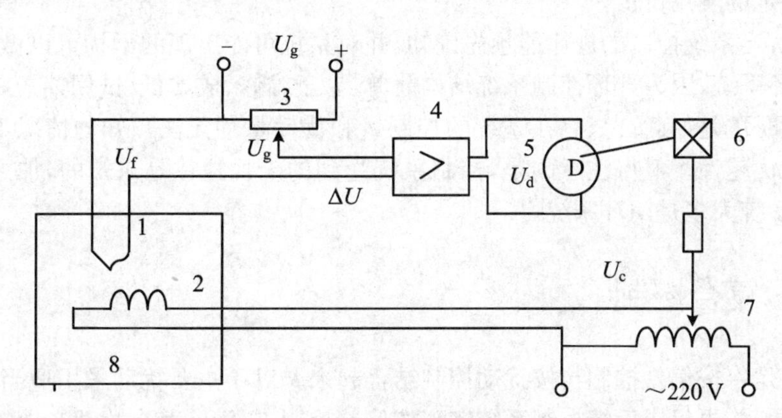

1. 热电偶；2. 电阻丝；3. 电位器；4. 放大器；5. 可逆电动机；6. 减速机；7. 调压器；8. 炉子

图1-5　炉温控制系统原理示意图

系统分析：

受控对象——炉子；被控量——炉温；给定装置——电位器；测量元件——热电偶；

干扰——电源U、外界环境、加热物件；执行机构——可逆电动机。

工作过程：

静态 $\Delta U=0$；

动态 $\Delta U\neq 0$；

工件增多(负载增大)$\uparrow\to T\downarrow\to U_f\downarrow\to\Delta U\uparrow\to U_a\uparrow\to U_c\uparrow\to T\uparrow$；

工件减少(负载减小)$\downarrow\to T\uparrow\to U_f\uparrow\to\Delta U\downarrow\to U_a\downarrow\to U_c\downarrow\to T\downarrow$。

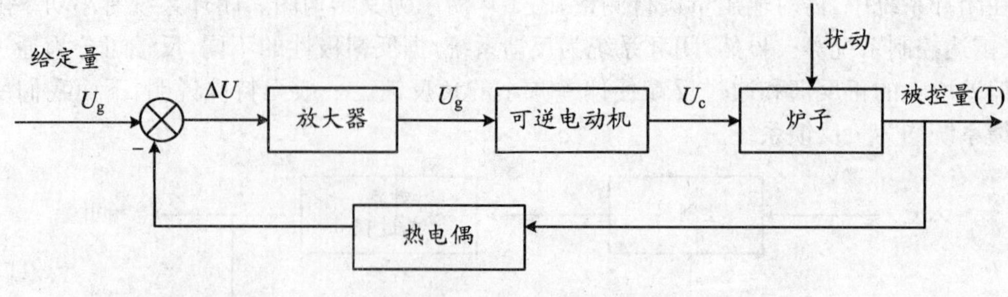

图 1-6　炉温控制系统框图

1.2.2.2　特点

(1) 输出影响输入，所以能削弱或抑制干扰；

(2) 低精度元件可组成高精度系统；

(3) 因为可能发生超调、震荡，故闭环控制的稳定性很重要。

1.2.2.3　闭环控制与开环控制的比较

闭环控制：为按偏差控制，可以抑制内、外扰动对被控制量产生的影响。精度高、结构复杂，设计、分析麻烦。

开环控制：是顺向作用，没有反向的联系，没有修正偏差能力，抗扰动性较差。结构简单、调整方便、成本低，分为按给定量控制和按扰动控制。按扰动控制的开环控制可产生一定的补偿作用，适用于扰动可测量的场合，在精度要求不高或扰动影响较小的情况下，这种控制方式有一定的实用价值。

一般来说，当系统控制的规律能预先确知，并对系统可能出现的干扰可以做到有效抑制时，应采用开环系统，因为开环控制系统结构简单、易于维修、成本低、试用期短，特别当被控制量很难测量时更是如此。只有在系统的控制量和扰动量均无法预知的情况下，闭环系统才有其明确的优越性。值得注意的是，控制系统受到的干扰往往是未知的，加之其他原因，所以，常见的系统大多是闭环系统。

1.2.3　复合控制

复合控制是将按偏差控制与按扰动控制结合起来。对于主要扰动采用适当补偿装置实现扰动控制；同时，再组成反馈控制系统实现按偏差控制，以消除其余扰动产生的偏差。

1.3 自动控制系统的基本组成及类型

1.3.1 闭环控制系统的基本组成

闭环控制系统是由各种结构不同的系统部件组成的。从完成“自动控制”这一职能看，一个控制系统必然包含被控对象和控制装置两个部分，控制装置由具有一定职能的各种基本元件组成，如图 1-7 所示。比较元件、放大元件、执行元件和反馈元件等共同起着控制作用，为控制器部分。图 1-7 还包括了扰动信号，扰动信号是由于系统内部元器件参数的变化或外部环境的改变而造成的，不管是何种扰动，其最终结果都是导致输出量即被控制量发生偏移，因此直接将扰动信号集中表示在控制对象上。

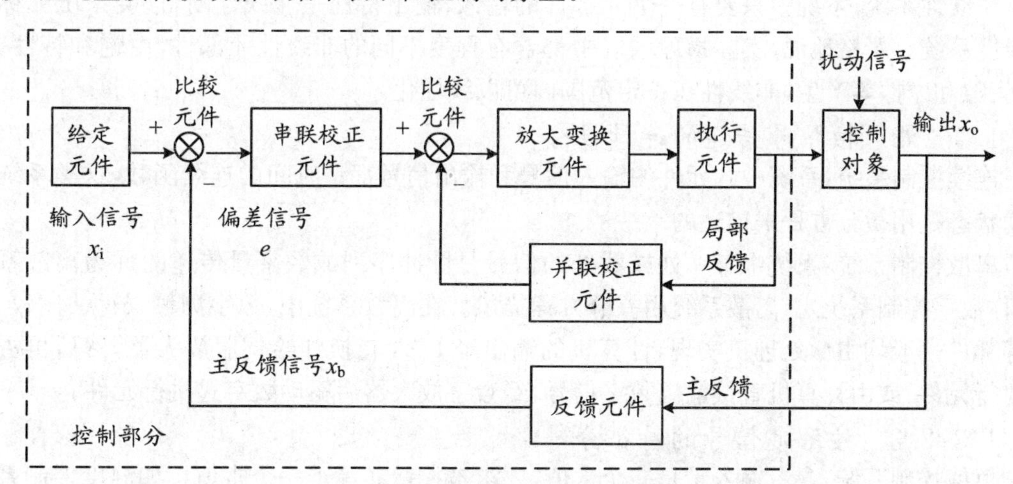

图 1-7 典型闭环控制系统的一般组成

图 1-7 中，信号沿箭头方向从输入端到达输出端的传输通路称前向通路；系统输出量经测量元件反馈到输入端的传输通路称主反馈通路。前向通路与主反馈通路共同构成主回路。此外，还有局部反馈通路以及由它构成的内回路。包含一个主反馈通路的系统称单回路系统；有两个或两个以上反馈通路的系统称多回路系统。在不同系统中，结构完全不同的元部件都可以具有相同的职能。组成系统的元部件按职能分类主要有以下几种：

测量元件：其职能是测量被控制的物理量，通常是一些用电量来测量非电量的元件，即传感器。

给定元件：其职能是给出与期望的被控量相对应的系统输入量(即参变量)。

比较元件：把测量元件检测的被控量实际值与给定元件给出的参变量进行比较，求出它们之间的偏差。常用的比较元件有差动放大器、机械差动装置和电桥等。

放大元件：将比较元件给出的偏差进行放大，用来推动执行元件去控制被控对象，如电压偏差信号，可用电子管、晶体管、集成电路、晶闸管等组成的电压放大器和功率放大器加以放大。

执行元件:直接推动被控对象,使其发生变化。用来作为执行元件的有阀、电动机、液压马达等。

校正元件:即补偿元件,又称校正装置,它是结构或参数便于调整的元件,用串联或反馈的方式连接在系统中,以改善系统性能。最简单的校正元件是由电阻、电容组成的无源或有源网络,复杂的则需要使用电子计算机。

1.3.2 自动控制系统的分类

自动控制系统的分类方法较多,常见的有以下几种。

1.3.2.1 按系统的数学描述分

线性系统:系统各元件的输入、输出特性是线性的,系统的状态和性能可以用线性微分方程来描述。若微分方程的系数均为常数,称为线性定常控制系统,为本书主要讨论对象;若微分方程的系数为时间的函数,称为线性时变系统。

非线性系统:系统中只要有一个元部件的输入、输出特性是非线性的,这类系统就称为非线性系统。严格地说,实际物理系统中都含有程度不同的非线性元部件,由饱和特性、死区、间隙和摩擦等产生,非线性在一定范围内可以线性化。

1.3.2.2 按信号传递的连续性分

连续控制系统:系统中各元件的输入信号和输出信号都是时间的连续函数,这类系统的运动状态是用微分方程来描述的。

离散控制系统:系统中某一处或数处的信号是脉冲序列或数字量传递的称为离散系统(也称数字控制系统)。离散系统用差分方程描述。在离散系统中,数字测量、放大、比较、给定等部件一般均由微处理机实现,计算机的输出经 D/A 转换加给伺服放大器,然后再去驱动执行元件;或由计算机直接输出数字信号,经数字放大器后驱动数字式执行元件。

1.3.2.3 按给定信号的特征分

恒值控制系统:参考输入量是一个常值,要求被控量亦等于一个常值。如温度控制系统(恒温箱)、压力控制系统、液位控制系统等。

随动系统:这类系统的参考输入量是预先未知的随时间任意变化的函数,要求被控制量以尽可能小的误差跟随参考输入量的变化。在随动系统中,扰动的影响是次要的,系统分析、设计的重点是研究被控制量跟随的快速性和准确性。如函数记录仪、火炮自动跟踪系统、轮舵位置控制系统等。在随动系统中,如果被控制量是机械位置(角位置)或其导数时,这类系统称之为伺服系统。

程序控制系统:这类控制系统的参考输入量是按预定规律随时间变化的函数,要求被控制量迅速、准确地复现。如机械加工使用的数控机床。

程序控制系统和随动系统的参考输入量都是时间的函数,不同之处在于程序控制系统是已知的时间函数,随动系统是未知的任意的时间函数,而恒值控制系统可视为程序控制系统的特例。

此外,还可按照系统部件的物理属性分为机械、电气、机电、液压、气动、热力等控制系统。根据系统的被控制量,又可分为位置、速度、温度等控制系统。为了全面反映系统的特点,常常将上述分类方法结合应用。

1.4 自动控制系统的性能指标

为了实现自动控制，必须对控制系统提出一定的要求。对于一个闭环控制系统而言，当输入量和扰动量均不变时，系统输出量也恒定不变，这种状态称为平衡状态或静态、稳态。显然，系统在稳态时的输出量是我们关心的，当输入量或扰动量发生变化，反馈量将与输入量之间产生新的偏差，通过控制器的作用，从而使输出量最终稳定，即达到一个新的平衡。但由于系统中各环节总存在惯性，系统从一个平衡点到另一个平衡点无法瞬间完成，即存在一个过渡过程，称为动态过程或暂态过程。过渡过程的形式不仅与系统的结构和参数有关，也与参考输入和外加扰动有关。一般有单调过程、衰减震荡过程、等幅振荡过程等形式，如图 1-8 所示。

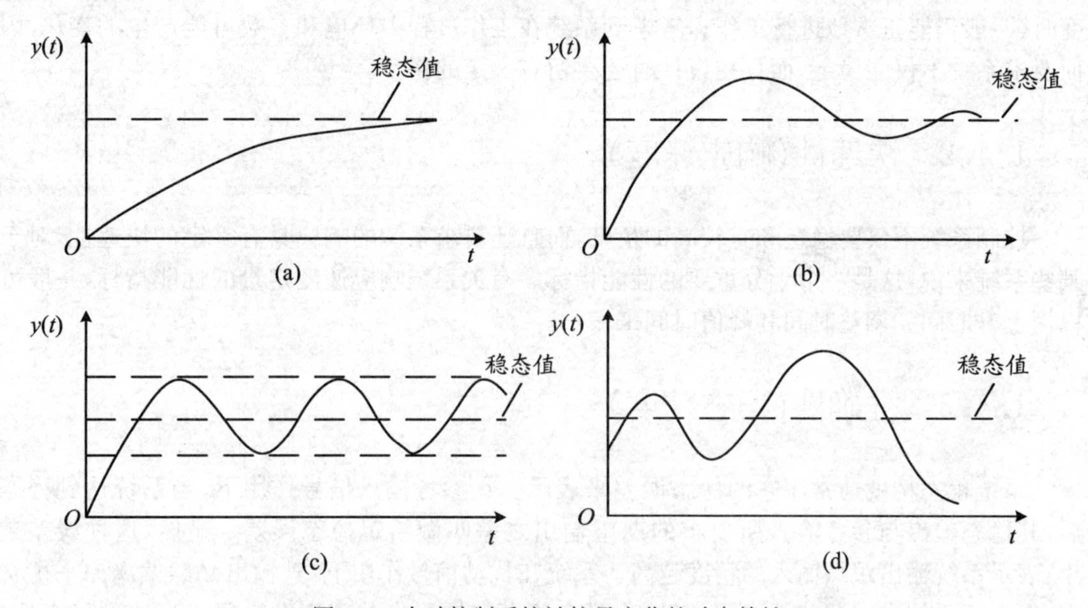

图 1-8 自动控制系统被控量变化的动态特性

1. 单调过程

被控量 $y(t)$ 单调变化（即没有“正”、“负”的变化），缓慢地到达新的平衡状态（新的稳态值），如图 1-8(a)所示，一般这种动态过程具有较长的动态过程时间（即到达新的平衡状态所需的时间）。

2. 衰减振荡过程

被控量 $y(t)$ 的动态过程是一个振荡过程，振荡的幅度不断地衰减，到过渡过程结束时，被控量会达到新的稳态值，这种过程的最大幅度称为超调量，如图 1-8(b)所示。

3. 等幅振荡过程

被控量 $y(t)$ 的动态过程是一个持续等幅振荡过程，始终不能到达新的稳态值，如图 1-8(c)所示。这种过程如果振荡的幅度较大，超出生产过程的允许范围，则认为是一种不稳定的系统；如果振荡的幅度较小，在生产过程的允许范围内，可认为是一种稳定的系统。

4. 渐扩振荡过程

被控量 $y(t)$的动态过程不但是一个振荡过程，而且振荡的幅值越来越大，以致会大大超过被控量允许的误差范围，如图 1-8(d)所示，这是一种典型的不稳定过程，设计自动控制系统时要绝对避免产生这种情况。

自动控制系统其动态过程多属于图 1-8(b)的情况。控制系统的动态过程不仅要是稳定的，并且希望过渡过程时间(又称调整时间)越短越好，振荡幅度越小越好，衰减得越快越好。通过上面的分析可知，对于一个自动控制系统，需要从如下三方面进行评价。

1.4.1 稳定性

稳定性是对控制系统最基本的要求。系统稳定一般指当系统受到扰动作用后，系统的被控制量偏离了原来的平衡状态，但当扰动撤离后，经过一定时间，系统仍能返回到原来的平衡状态，则称系统是稳定的。一个稳定的系统，在其内部参数发生微小变化或初始条件改变时，一般仍能正常地进行工作。考虑到系统在工作过程中环境和参数可能产生的变化，因而要求系统不仅能稳定，而且在设计时还要留有一定的裕量。

1.4.2 快速性(响应速度)

控制系统不仅要稳定和有较高的精度，而且还要求系统的响应具有一定的快速性，对于某些系统来说，这是一个十分重要的性能指标。有关系统响应速度定量的性能指标，一般可以用上升时间、调整时间和峰值时间来表示。

1.4.3 准确性(稳态精度)

系统稳态精度通常用它的稳态误差来表示。在参考输入信号作用下，当系统达到稳态后，其稳态输出与参考输入所要求的期望输出之差叫做给定稳态误差。显然，这种误差越小，表示系统输出跟踪输入的精度越高。系统在扰动信号作用下，其输出必然偏离原平衡状态，但由于系统自动调节的作用，其输出量会逐渐向原平衡状态方向恢复。当达到稳态后，系统的输出量若不能恢复到原平衡状态时的稳态值，由此所产生的差值称为扰动稳态误差。这种误差越小，表示系统抗扰动的能力越强，其稳态精度也越高。如数控机床的加工误差小于 0.02 mm，一般恒速、恒温控制系统的稳态误差都在给定值的 1%以内。

由于被控对象运行目的不同，各类系统对上述三方面性能要求的侧重点是有差异的。例如，随动系统对快速性和稳态精度的要求较高，而恒值控制系统一般却侧重于稳定性能和抗扰动的能力。在同一个系统中，上述三个方面的性能要求通常也是相互制约的。例如，为了提高系统的快速性和准确性，就需要增大系统的放大能力，而放大能力的增强，必然促使系统动态性能变差，甚至会使系统变得不稳定。反之，若强调对系统动态过程平稳性的要求，系统的放大倍数就应较小，从而导致系统稳态精度降低和动态过程变慢。由此可见，系统动态响应的快速性、高精度与系统稳定性之间存在着矛盾，在系统设计时须针对具体的系统要求，均衡考虑各指标，这正是本书所要研究的内容。

本章小结

自动控制就是在无人直接参与的情况下,利用控制装置使被控制对象和过程自动地按预定规律变化的控制过程。

自动控制的基本方式有开环控制和闭环控制两种。开环控制实施起来简单,但抗扰动能力较差,控制精度也不高。自动控制原理中主要讨论闭环控制方式,其主要特点是抗扰动能力强,控制精度高,但存在稳定性的问题。

自动控制原理的研究对象是自动控制系统,本书介绍的自动控制系统主要是闭环控制系统,这是目前工业上广泛应用的一类自动控制系统,是利用负反馈原理按偏差进行控制,从而能纠正或削弱系统内外扰动引起的偏差。

一般的,可从稳(能否正常工作)、快(快速响应能力)、准(控制精度)等几方面的性能来评价自动控制系统。而这几方面的性能往往是相互制约的,因而需根据不同的工作任务来分析和设计自动控制系统,使其在满足主要性能要求的同时,兼顾其他性能。

随着生产技术的不断更新和发展,自动控制理论也在不断发展。通过本课程的学习,读者可建立起自动控制系统的基本概念,掌握自动控制系统的基本理论和基本分析方法,并对系统综合有一定的了解,为进一步学习打好基础。

思考与练习题

1-1 什么是开环控制?什么是闭环控制?分析、比较开环控制和闭环控制各自的特点。

1-2 日常生活中有许多开环和闭环控制系统,试举几个具体例子,并说明它们的工作原理。

1-3 闭环控制系统是由哪些基本部分构成的?各部分的作用是什么?

1-4 什么是系统的稳定性?为什么说稳定性是自动控制系统最重要的性能指标之一?

1-5 在使用电冰箱时,用户通常是预先设定一个温度值,其目的是使电冰箱内部的温度保持在这个设定值。试分析电冰箱是如何实现温度的自动控制的,并画出电冰箱温度自动控制系统的方框图。

1-6 水温控制示意图如题1-6图所示。冷水在热交换器中由通入的蒸汽加热,从而得到一定温度的热水。冷水流量变化用流量计测量。试绘制系统方块图,并说明为了保持热水温度为期望值,系统是如何工作的?系统的被控对象和控制装置是什么?

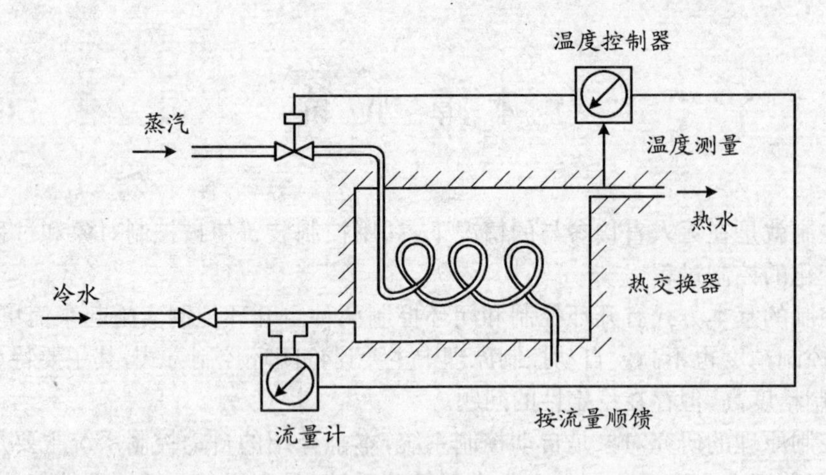

题 1-6 图

1-7　一个水池水位自动控制系统如题 1-7 图所示。试简述系统工作原理，指出主要变量和各环节的构成，画出系统的方框图。

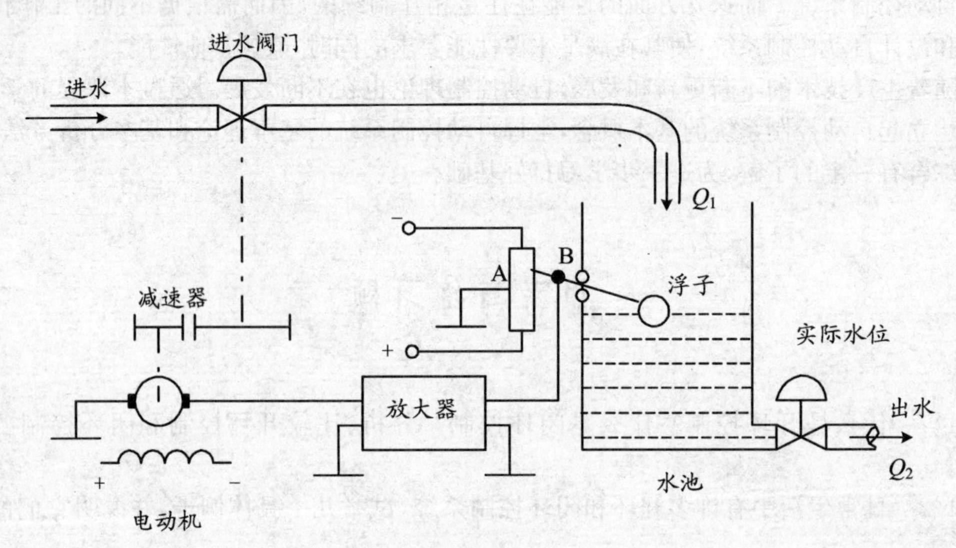

题 1-7 图

第 2 章　线性系统数学模型的建立

为了设计(或分析)一个控制系统,首先需要建立它的数学模型,即描述系统输入、输出变量以及内部各变量之间相互关系的数学表达式。有三种比较常用的描述方法:第一种方法是把系统的输出量与输入量之间的关系用数学方式表达出来,称之为输入—输出描述,或端部(外部)描述,例如微分方程、传递函数和差分方程。第二种方法不仅描述系统的输入、输出关系,而且还要描述系统的内部特性,称之为状态变量描述,或内部描述,它特别适用于多输入、多输出系统,也适用于时变系统、非线性系统和随机控制系统。另一种方式是用比较直观的方块图模型来进行描述。同一控制系统的数学模型可以表示为不同的形式,要根据不同情况对这些模型进行取舍,以利于对控制系统进行有效分析。

建立系统数学模型的方法有:解析法和实验法。实验法是运用实验数据提供的信息,采用辨识方法建模。解析法亦称为机理分析法,是用定律、定理建立动态模型。在经典控制理论中,微分方程、传递函数和方块图模型是研究控制系统的常用数学模型。本章主要介绍如何用解析法建立系统的数学模型,学习目标如下:

(1) 正确理解数学模型的特点;

(2) 了解动态微分方程建立的一般步骤和方法;

(3) 牢固掌握传递函数的定义和性质,掌握典型环节及传递函数;

(4) 掌握系统结构图的建立,等效变换及系统开环、闭环传递函数的求取,并熟练掌握一些重要的传递函数,如给定输入下的闭环传递函数、扰动输入下的闭环传递函数、误差传递函数;

(5) 掌握结构图的定义和组成方法,熟练掌握等效变换代数法则,简化图形结构,掌握从其他不同形式的数学模型求取系统传递函数的方法。

2.1　系统的微分方程

系统是指相互联系又相互作用着的对象之间的有机组合。许多控制系统,不管它们是机械的、电气的、热力的、液压的,还是经济学的、生物学的等等,都可以用微分方程加以描述。如果对这些微分方程求解,就可以获得控制系统对输入量(或称作用函数)的响应。系统的微分方程,可以通过支配着具体系统的物理学定律(例如机械系统中的牛顿定律、电系统中的基尔霍夫定律等)获得。

2.1.1 列写系统或元件微分方程的一般步骤

解析法是根据系统及元件各变量之间所遵循的基本物理、化学等定律，列写出每一个元件的输入—输出的关系式，然后消去中间变量，从中求出系统输出与输入的数学表达式。

列写系统微分方程式的一般步骤如下：

(1) 确定系统的输入量(给定量和扰动量)与输出量(被控制量，也称为系统的响应)；

(2) 从系统输入端开始，按信号传递顺序，根据基本定律，列写系统中每个元件的微分方程(或运动方程)；

(3) 消去中间变量，求出系统输入与输出的微分方程式，并将式子标准化。即与输入量有关的各项写在方程的右边，与输出量有关的各项写在方程的左边，方程两边各导数项均按降幂排列。

2.1.2 举例

下面举例说明常见环节和系统微分方程的建立。

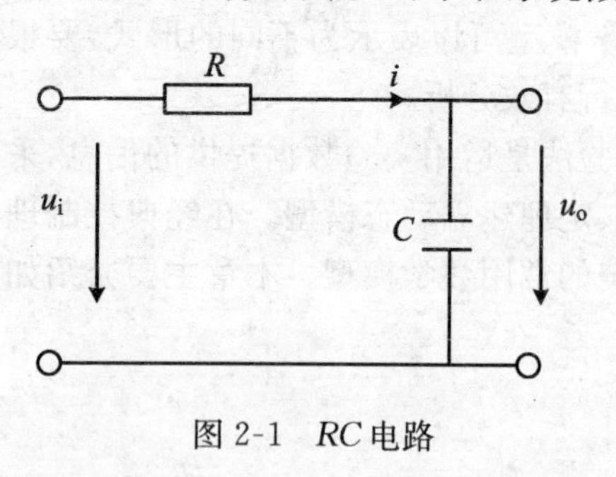

图 2-1 RC 电路

例 2-1 写出图 2-1 所示 RC 电路的动态微分方程式。

解：(1) 确定输入、输出量为 u_i、u_o。

(2) 根据电路原理列微分方程

$$u_i = Ri + u_o$$

$$i = C\frac{du_o}{dt}$$

(3) 消去中间变量，可得电路微分方程为：

$$RC\frac{du_o}{dt} + u_o = u_i$$

例 2-2 列写图 2-2 所示他励直流电动机的微分方程。

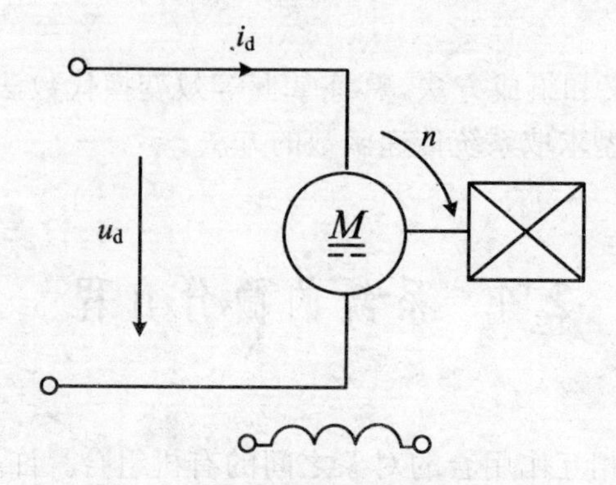

图 2-2 电枢控制的他励直流电动机

解：(1) 确定输入、输出量为 u_d、n。

(2) 根据电路原理列微分方程

$$e_d + R_d i_d + L_d \frac{di_d}{dt} = u_d$$

$$e_d = C_e n$$

式中,C_e 为反电动势系数。磁通 Φ 为恒定时,C_e 为常数。

根据电动机力矩平衡原理列微分方程

$$M = \frac{GD^2}{375} \cdot \frac{dn}{dt}$$

$$M = C_m i_d$$

式中,GD^2 为电机的飞轮惯量;C_m 为转矩系数。

(3) 消去中间变量,可得电路微分方程

$$\frac{L_d}{R_d} \cdot \frac{GD^2}{375} \cdot \frac{R_d}{C_m C_e} \cdot \frac{d^2 n}{dt^2} + \frac{GD^2}{375} \cdot \frac{R_d}{C_m C_e} \cdot \frac{dn}{dt} + n = \frac{u_d}{C_e}$$

令

$$T_d = \frac{L_d}{R_d}$$

$$T_m = \frac{GD^2}{375} \cdot \frac{R_d}{C_m C_e}$$

则他励直流电动机的微分方程式可写为:

$$T_m T_d \frac{d^2 n}{dt^2} + T_m \frac{dn}{dt} + n = \frac{u_d}{C_e}$$

例 2-3 列写图 2-3 所示具有弹簧—质量—阻尼器的机械位移系统的微分方程。

解:(1) 确定输入量、输出量为外力 $\boldsymbol{F}$ 、位移 y。

(2) 根据力学、运动学原理列微分方程

$$\sum F = ma$$

$$F - ky - f \frac{dy}{dt} = m \frac{d^2 y}{dt^2}$$

式中,k 为弹簧系数,m 为物体质量,f 为阻尼系数。

(3) 消去中间变量,可得电路微分方程为:

$$m \frac{d^2 y}{dt^2} + f \frac{dy}{dt} + ky = F$$

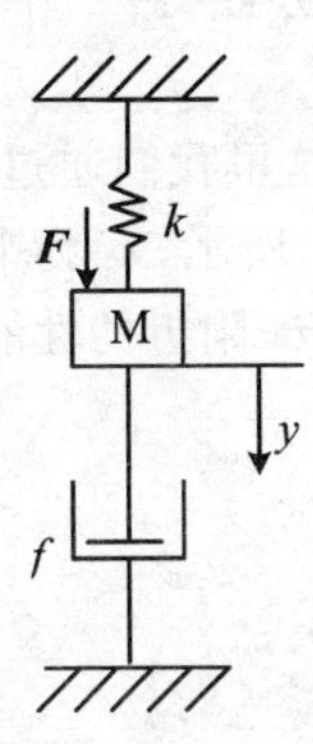

图 2-3 机械位移系统

以上两例中的物理系统不尽相同,但它们的数学模型却是相同的,我们把具有相同数学模型的不同物理系统称为相似系统。在相似系统中,占据相应位置的物理量称为相似量。

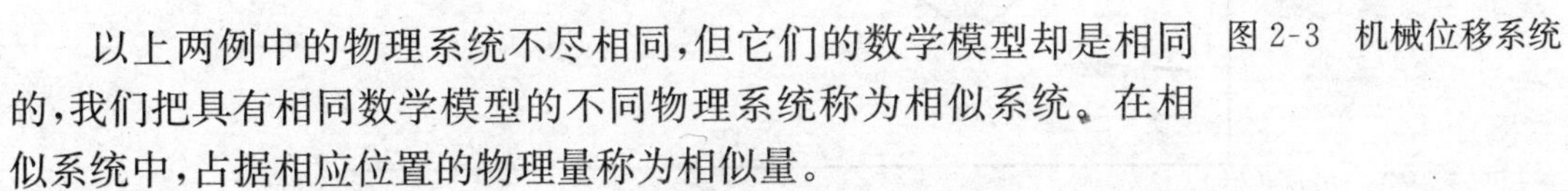
对于同一个物理系统,当输入量、输出量改变时,所求出的数学模型却是不同的。利用相似系统的概念,我们可以用一个易于实现的系统来研究与其相似的复杂系统,根据相似系统的这一理论出现了仿真研究法。

2.1.3 线性微分方程式的求解

建立了系统微分方程以后,为了从理论上对系统的动态过程进行分析,还必须求解微分方程。常采用拉普拉斯变换法求解线性常微分方程。关于用拉普拉斯变换求解微分方程的基本思路和方法，在工程数学中已介绍过，这里可参考本书附录。

2.2 非线性数学模型的线性化

自然界中并不存在真正的线性系统，而所谓的线性系统，也只是在一定的工作范围内保持其线性关系。实际上，所有元件和系统在不同程度上，均具有非线性的性质。例如，机械系统中的阻尼器，在低速时可以看作是线性的，但在高速时，黏性阻尼力则与运动速度的平方成正比，则为非线性函数关系。又例如，电路中的电感，由于磁路中铁芯受磁饱和的影响，电感值与流过的电流呈非线性函数关系。对于包含有非线性函数关系的系统来说，非线性数学模型的建立和求解，其过程是非常复杂的。

为了绕过非线性系统在数学处理上的困难，对于大部分元件和系统来说，当信号或变量变化范围不大或非线性不太严重时，都可以近似地线性化，即用线性化数学模型来代替非线性数学模型。一旦用线性化数学模型来近似地表示非线性系统，就可以运用线性理论对系统进行分析和设计。

所谓线性化，就是在一定的条件下作某种近似，或者缩小一些工作范围，从而将非线性微分方程近似地作为线性微分方程来处理。

2.2.1 非线性数学模型的线性化

这里我们通过一个例子来研究非线性系统在某一工作点（平衡点）附近的性能。如图 2-4所示，x_0 为平衡点，受到扰动后，$x(t)$偏离 x_0，产生 $\Delta x(t)$，$\Delta x(t)$的变化过程，表征系统在 x_0 附近的性能。

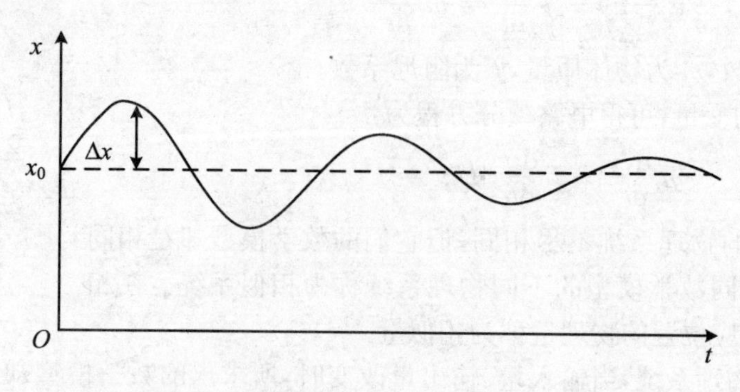

图 2-4 小偏差过程

可用下述线性化方法得到的线性模型来代替非线性模型描述系统：

设连续变化的非线性函数为 $y = f(x)$。取某平衡状态 A 为工作点，即 $y_0 = f(x_0)$。当 $x = x_0 + \Delta x$ 时，$y = y_0 + \Delta y$，设函数 $f(x)$在(x_0, y_0) 连续可微，则在该点附近用泰勒级数展开为：

$$y = f(x) = f(x_0) + \left.\frac{\mathrm{d}f(x)}{\mathrm{d}x}\right|_{x=x_0} \Delta x + \frac{1}{2!}\left.\frac{\mathrm{d}^2 f(x)}{\mathrm{d}x^2}\right|_{x=x_0} \Delta x^2 + \cdots$$

当$(x-x_0)$很小时，略去高次幂项，则有

$$y=f(x_0)+\left.\frac{\mathrm{d}f(x)}{\mathrm{d}x}\right|_{x=x_0}(x-x_0)$$

略去增量符号，可得到在工作点附近的线性化方程

$$y-y_0=\Delta y=K\Delta x$$

式中，$y_0=f(x_0)$称为系统的静态方程，$\Delta x=x-x_0$，$K=\frac{\mathrm{d}f(x)}{\mathrm{d}x}$（图 2-5）。

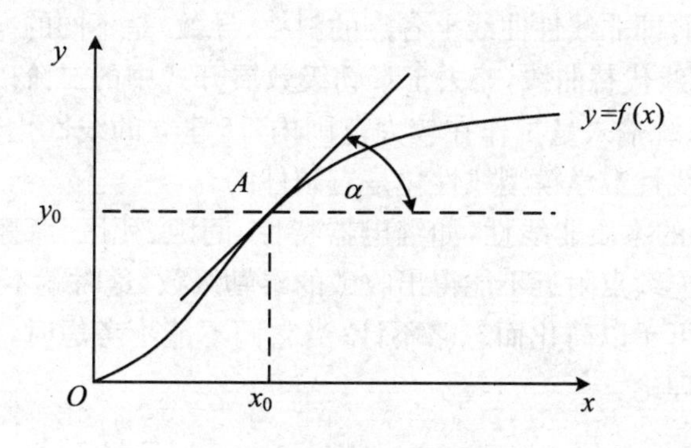

图 2-5 小偏差线性化示意图

2.2.2 系统线性化微分方程的建立

建立系统线性化数学模型的步骤是：首先确定系统处于正常工作状态（平衡工作点）时各组成元件的工作点，然后列出各组成元件在工作点附近的增量方程，最后消去中间变量，得到系统以增量表示的线性化微分方程。如果系统中的某些元件方程本来就是线性方程，为了使变量统一，可对线性方程两端直接取增量，就可得到以增量表示的方程。增量方程的数学含义就是将参考坐标的原点移到系统或元件的平衡工作点上，对于实际系统就是以正常工作状态为研究系统运动的起始点，这时系统所有的初始条件均为零。

例 2-4 铁芯线圈的动态方程为：

$$\frac{\mathrm{d}\Psi(i)}{\mathrm{d}t}+Ri=u$$

给定平衡点为u_0、i_0，试建立线性化增量方程。

解：将方程中所有变量看作是平衡点附近的变化量，设

$$u=u_0+\Delta u$$
$$i=i_0+\Delta i$$

则非线性函数$\Psi(i)$取近似式

$$\Psi(i)=\Psi(i_0)+\Delta\Psi\approx\Psi(i_0)+\Delta i\cdot\left.\frac{\mathrm{d}\Psi(i)}{\mathrm{d}i}\right|_{i=i_0}$$

将u、i、Ψ代入原方程，则

$$\frac{\mathrm{d}}{\mathrm{d}t}\left[\Psi(i_0)+\Delta i\cdot\left.\frac{\mathrm{d}\Psi(i)}{\mathrm{d}i}\right|_{i=i_0}\right]+R(i_0+\Delta i)=u_0+\Delta u$$

上式中$Ri_0=u_0$，是原方程式的静平衡方程。故经整理后得线性化增量方程为：

$$\frac{\mathrm{d}\Delta i}{\mathrm{d}t}\cdot\left.\frac{\mathrm{d}\Psi(i)}{\mathrm{d}i}\right|_{i=i_0}+R\Delta i=\Delta u$$

式中$\left.\frac{\mathrm{d}\Psi(i)}{\mathrm{d}i}\right|_{i=i_0}$为线圈在$i_0$处的电感,如用$L$表示,则上式可写为:

$$L\frac{\mathrm{d}\Delta i}{\mathrm{d}t}+R\Delta i=\Delta u$$

这是一个一阶线性常系数微分方程。

必须指出,线性化处理应注意下列几点:

(1) 必须确定系统处于平衡状态时各组成元件的工作点,因为在不同的工作点,线性化方程的系数值有所不同,即非线性曲线上各点的斜率(导数)是不同的。

(2) 线性化是以直线代替曲线,略去了泰勒级数展开式中的二阶以上的无穷小项,这是一种近似处理。如果系统输入量工作在较大范围内,所建立的线性化数学模型势必会带来较大的误差。所以,非线性数学模型线性化是有条件的。

(3) 对于某些典型的本质非线性,如继电器特性、间隙、死区、摩擦特性等,其非线性特性是不连续的,则在不连续点附近不能得出收敛的泰勒级数,这时就不能进行线性化。当它们对系统影响很小时,可予以简化而忽略不计;当它们不能不考虑时,只能作为非线性问题处理,就需应用非线性理论。

2.3 传递函数

在控制理论中,为了描述线性定常系统的输入—输出关系,最常用的函数就是所谓的传递函数。传递函数的概念只适用于线性定常系统,在某些特定条件下也可以扩充到一定的非线性系统中去。

微分方程是在时域中描述系统动态性能的数学模型,在给定外作用和初始条件下,解微分方程可以得到系统的输出响应。但如果方程阶次较高,则计算很繁琐,系统的设计分析很不方便,应用传递函数将实数中的微分运算变成复数中的代数运算,可使问题分析大大简化。传递函数是经典控制理论的基础,是一个极其重要的基本概念。

2.3.1 传递函数的定义

在零初始条件下,线性定常系统输出量的拉氏变换与系统输入量的拉氏变换之比。设线性定常系统由下述n阶线性常微分方程描述:

$$\begin{aligned}&a_0\frac{\mathrm{d}^n}{\mathrm{d}t^n}c(t)+a_1\frac{\mathrm{d}^{n-1}}{\mathrm{d}t^{n-1}}c(t)+\cdots+a_{n-1}\frac{\mathrm{d}}{\mathrm{d}t}c(t)+a_nc(t)\\&=b_0\frac{\mathrm{d}^m}{\mathrm{d}t^m}r(t)+b_1\frac{\mathrm{d}^{m-1}}{\mathrm{d}t^{m-1}}r(t)+\cdots+b_{m-1}\frac{\mathrm{d}}{\mathrm{d}t}r(t)+b_mr(t)\end{aligned}$$

式中,$c(t)$是系统输出量,$r(t)$是系统输入量,$a_i(i=1,2,3,\cdots,n)$和$b_j(j=1,2,3,\cdots,m)$是与系统结构和参数有关的常系数。

设$r(t)$和$c(t)$及其各阶系数在$t=0$时的值均为零,即零初始条件,则对上式中各项分别求拉氏变换,并令$C(s)=L[c(t)]$,$R(s)=L[r(t)]$,可得s的代数方程:

$$[a_0s^n+a_1s^{n-1}+\cdots+a_{n-1}s+a_n]C(s)=[b_0s^m+b_1s^{m-1}+\cdots+b_{m-1}s+b_m]R(s)$$

于是,由定义得系统传递函数为:

$$G(s)=\frac{C(s)}{R(s)}=\frac{b_0 s^m+b_1 s^{m-1}+\cdots+b_{m-1}s+b_m}{a_0 s^n+a_1 s^{n-1}+\cdots+a_{n-1}s+a_n}=\frac{M(s)}{N(s)}$$

式中

$$M(s)=b_0 s^m+b_1 s^{m-1}+\cdots+b_{m-1}s+b_m$$
$$N(s)=a_0 s^n+a_1 s^{n-1}+\cdots+a_{n-1}s+a_n$$

2.3.2 举例

例 2-5 求例 2-3 中机械平移系统的传递函数。

解:(1) 根据牛顿第二定律得:

$$F=m\frac{\mathrm{d}^2 y}{\mathrm{d}t^2}+f\frac{\mathrm{d}y}{\mathrm{d}t}+ky$$

(2) 初始条件为零时,对上式两端取拉氏变换得:

$$(ms^2+fs+k)Y(s)=F(s)$$

(3) 求输出量的拉氏变换 $Y(s)$与输入量的拉氏变换 $F(s)$之比,即

$$G(s)=\frac{Y(s)}{F(s)}=\frac{1}{ms^2+fs+k}$$

例 2-6 求图 2-6 所示 RLC 串联电路的传递函数。

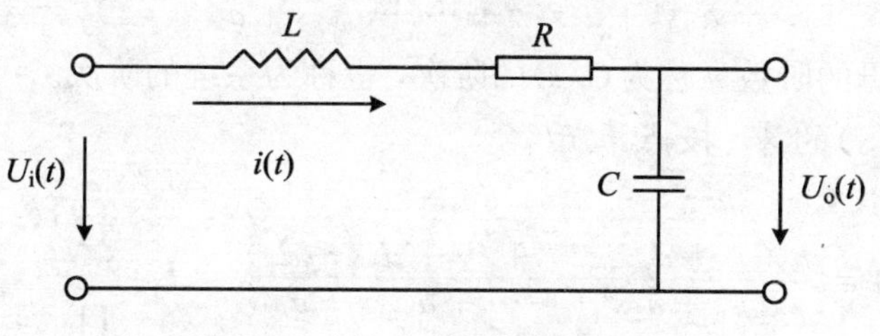

图 2-6 RLC 串联电路

解法一(由定义求取):

在理想条件下,可得到此电路的微分方程式为:

$$LC\frac{\mathrm{d}^2 u_\mathrm{o}(t)}{\mathrm{d}t^2}+RC\frac{\mathrm{d}u_\mathrm{o}(t)}{\mathrm{d}t}+u_\mathrm{o}(t)=u_\mathrm{i}(t)$$

初始条件为零时,对上式两端进行拉普拉斯变换、化简可得:

$$G(s)=\frac{U_\mathrm{o}(s)}{U_\mathrm{i}(s)}=\frac{1}{LCs^2+RCs+1}$$

解法二(用复阻抗法求取):

利用复阻抗,令

$$Z_1=R+Ls,\ Z_2=\frac{1}{Cs}$$

则

$$G(s)=\frac{U_\mathrm{o}(s)}{U_\mathrm{i}(s)}=\frac{Z_2}{Z_1+Z_2}=\frac{1}{LCs^2+RCs+1}$$

2.3.3 关于传递函数的几点说明

(1) 传递函数的概念只适用于线性定常系统。

(2) $G(s)$虽然描述了输出与输入之间的关系,但它不提供任何该系统的物理结构。因为许多不同的物理系统具有完全相同的传递函数。

(3) 传递函数只与系统本身的特性参数有关,与系统的输入量无关。

(4) 传递函数不能反映系统非零初始条件下的运动规律。

(5) 传递函数分子多项式阶次(m)小于或等于分母多项式的阶次(n)。

(6) 传递函数与微分方程之间的关系:

$$G(s)=\frac{C(s)}{R(s)}$$

如果将 $s\Leftrightarrow\frac{\mathrm{d}}{\mathrm{d}t}$置换,则传递函数⇔微分方程。

2.3.4 传递函数的几种形式

2.3.4.1 $G(s)$为真有理分式

$$G(s)=\frac{b_0s^m+b_1s^{m-1}+\cdots+b_{m-1}s+b_m}{a_0s^n+a_1s^{n-1}+\cdots+a_{n-1}s+a_n}\quad(n>m)$$

系数均为实数。分母的阶数 n 称为$G(s)$的阶次,也称为系统的阶次。

2.3.4.2 $G(s)$的零、极点表示

$$G(s)=\frac{b_0(s^m+d_{m-1}s^{m-1}+\cdots+d_1s+d_0)}{a_0s^n+a_1s^{n-1}+\cdots+a_{n-1}s+a_n}=K_1\frac{\prod\limits_{j=1}^{m}(s-z_j)}{\prod\limits_{i=1}^{n}(s-p_i)}$$

式中,$z_j(j=1,2,\cdots,m)$为零点;$p_i(i=1,2,\cdots,n)$为极点;$K_1=\frac{b_0}{a_0}$为传递系数。

2.3.4.3 $G(s)$的时间常数表示

$$G(s)=\frac{b_m}{a_n}\cdot\frac{d'_ms^m+d'_{m-1}s^{m-1}+\cdots+d'_1s+1}{c'_ns^n+c'_{n-1}s^{n-1}+\cdots+c'_1s+1}=K\frac{\prod\limits_{j=1}^{m}(\tau_js+1)}{\prod\limits_{i=1}^{n}(T_is+1)}$$

式中, T_i,τ_j为时间常数;K 是系统的放大系数。

2.4 典型环节的数学模型

任何系统都是由各环节构成,知道了各典型环节的传递函数就不难求出系统的传递函数,从而可以对系统进行分析。这些典型环节包括比例环节、惯性环节、微分环节、积分环

节、振荡环节和时滞环节，下面分别加以介绍。

2.4.1 比例环节

输出量不失真、无惯性地跟随输入量，且两者成比例关系的环节称为比例环节。其运动方程为：

$$x_o(t) = Kx_i(t)$$

传递函数为：

$$G(s) = \frac{x_o(s)}{x_i(s)} = K$$

式中 K 为增益，即环节的比例系数，等于输出量与输入量之比。

特点：输入、输出量成比例，无失真和时间延迟，又称为“无惯性环节”或“放大环节”。

实例：电子放大器、齿轮、电阻（电位器）、感应式变送器等。

2.4.2 惯性环节

凡运动方程的一阶微分方程为 $T\frac{dx_o(t)}{dt}+x_o(t)=Kx_i(t)$形式的环节为惯性环节。其传递函数为：

$$G(s) = \frac{x_o(s)}{x_i(s)} = \frac{K}{Ts+1}$$

式中 K 为环节增益；T 为时间常数，表征了环节的惯性，它和环节结构参数有关。

特点：含一个储能元件，对突变的输入其输出不能立即复现，输出无振荡。

实例：如图 2-1 所示的 RC 网络，直流伺服电动机的传递函数也包含这一环节。

2.4.3 微分环节

凡输出量正比于输入量微分的环节称为微分环节（或理想微分环节）。其运动方程式为：

$$x_o(t) = T\frac{dx_i(t)}{dt}$$

传递函数为：

$$G(s) = \frac{x_o(s)}{x_i(s)} = Ts$$

此外还有：

$$\text{（一阶微分）}\quad G(s) = \tau s + 1$$

$$\text{（二阶微分）}\quad G(s) = \tau^2 s^2 + 2\xi\tau s + 1$$

特点：输出量正比于输入量变化的速度，能预示输入信号的变化趋势。

实例：测速发电机输出电压与输入角度间的传递函数即为微分环节。

2.4.4 积分环节

输出量与输入量对时间积分成正比的环节称为积分环节。其运动方程式为：

$$x_o(t)=\frac{1}{T}\int_0^t x_i(t)\,dt$$

传递函数为：

$$G(s)=\frac{x_o(s)}{x_i(s)}=\frac{1}{Ts}$$

特点：输出量取决于输入量对时间的积累过程，当输入消失，输出具有记忆功能。但有明显的滞后作用。

实例：电动机角速度与角度间的传递函数，模拟计算机中的积分器等。

2.4.5 振荡环节

含有两个独立的储能元件，且所储存的能量能互相转换，从而导致输出带有振荡性质的环节称为振荡环节。其微分方程式为：

$$T^2\frac{d^2x_o(t)}{dt^2}+2\xi T\frac{dx_o(t)}{dt}+x_o(t)=Kx_i(t)$$

传递函数为：

$$G(s)=\frac{x_o(s)}{x_i(s)}=\frac{\omega_n^2}{s^2+2\xi\omega_n s+\omega_n^2}=\frac{1}{T^2s^2+2\xi Ts+1}$$

式中，ξ 为阻尼比（$0\leqslant\xi<1$），ω_n 为无阻尼自然振荡频率，T 为振荡环节的时间常数，$T=\frac{1}{\omega_n}$。

特点：环节中有两个独立的储能元件，并可进行能量交换，其输出出现振荡。

实例：RLC 电路的输出与输入电压间的传递函数。

2.4.6 时滞环节(纯时间延迟环节)

输入量加上以后，输出量要等待一段时间 τ 后，才能不失真地复现输入的环节。这样的环节称为时滞环节。延迟环节不单独存在，一般与其他环节同时出现。其输出量与输入量间的关系为：

$$x_o(t)=x_i(t-\tau)$$

传递函数为：

$$G(s)=\frac{x_o(s)}{x_i(s)}=e^{-\tau s}$$

式中，τ 为延迟时间。

特点：输出量能准确复现输入量，但会延迟一固定的时间间隔。

实例：常见于液压、气动系统中，施加输入后，往往由于管道长度而延迟了信号的传递。

综上所述，环节是根据运动微分方程划分的，一个环节不一定代表一个元件，也许是几个元件之间的运动特性才组成一个环节。此外，同一元件在不同系统中的作用不同，输入、输出的物理量不同,可在不同环节起到作用。

2.5 方框图

一个控制系统总是由许多元件组合而成。从信息传递的角度去看,可以把一个系统划分为若干环节,每一个环节都有对应的输入量、输出量以及它们的传递函数。为了表明每一个环节在系统中的功能,在控制工程中,我们常常应用"方框图"的概念。求系统的传递函数时,需要对微分方程组或拉氏变换后的代数方程组进行消元。而采用方框图,更便于求取系统的传递函数,还能直观地表明输入信号以及各中间变量在系统中的传递过程。因此,方框图作为一种描述控制系统的比较直观的模型,在控制系统的分析中得到了广泛的应用。

2.5.1 方框图的概念

控制系统的方框图是描述系统各元部件之间信号传递关系的数学图形,它表示了系统中各变量之间的因果关系以及对各变量所进行的运算,是控制理论中描述复杂系统的一种简便计算。

图 2-7 所示的 RC 网络的微分方程式为:

$$u_r = Ri(t) + \frac{1}{C}\int i(t)\mathrm{d}t$$

$$u_c = \frac{1}{C}\int i(t)\mathrm{d}t$$

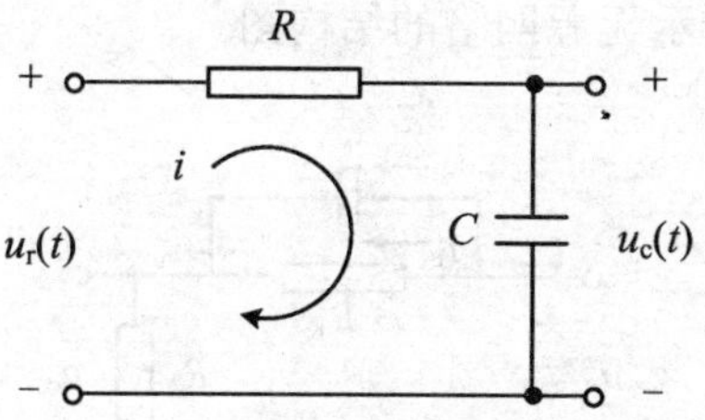

图 2-7 RC 网络

也可写为:

$$u_c = \frac{1}{C}\int i(t)\mathrm{d}t$$

$$u_r - u_c = Ri(t)$$

对上面二式进行拉氏变换,得:

$$U_r(s) - U_c(s) = RI(s)$$

$$U_c(s) = \frac{1}{Cs}I(s)$$

可由图 2-8(a)、图 2-8(b)描绘。将图 2-8(a)、图 2-8(b)合并,如图 2-8(c)所示。

可见,方框图是根据微分方程组得到的拉氏变换方程组,对每个子方程都用上述符号表

示,并将各图形正确地连接起来,即为方框图,又称为结构图,它实际上是数学模型的图解化。其由以下几部分组成:

信号线:带箭头的直线,箭头表示信号的传递方向。

引出点:表示信号引出或测量的位置,从同一点引出的信号在数值和性质方面完全相同。

比较点:表示对信号进行加减运算。“+”号可以省略。

方框:表示对信号进行数学变换,方框内为元部件或系统的传递函数。

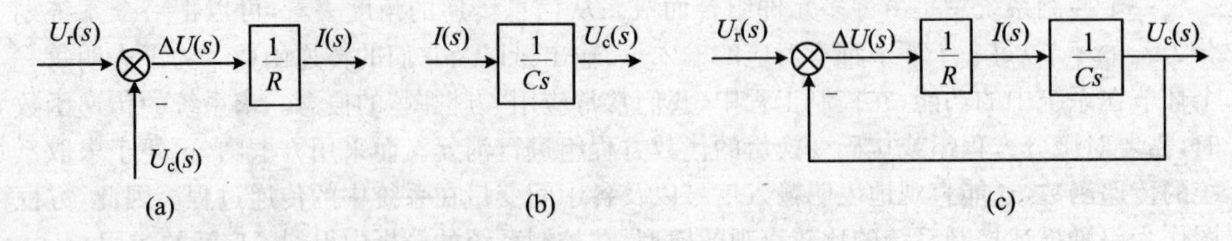

图 2-8 *RC* 网络的方框图

应当指出,对于一定的系统来说,方框图也不是唯一的。由于分析角度的不同,对于同一个系统,可以画出许多不同的方框图。

2.5.2 绘制系统框图的一般步骤

(1) 写出每一个元件或环节的运动方程(考虑负载效应)。

(2) 根据方程式,对各元件的微分方程进行拉氏变换,写出传递函数。

(3) 用方框单元表示每个元件或环节。

(4) 按系统中各变量的传递顺序,依次将各元件的方框图连接起来,置系统的输入变量于左端,输出变量于右端,便得到系统的方框图。

例 2-7 试绘制图 2-9 所示无源网络的结构图。

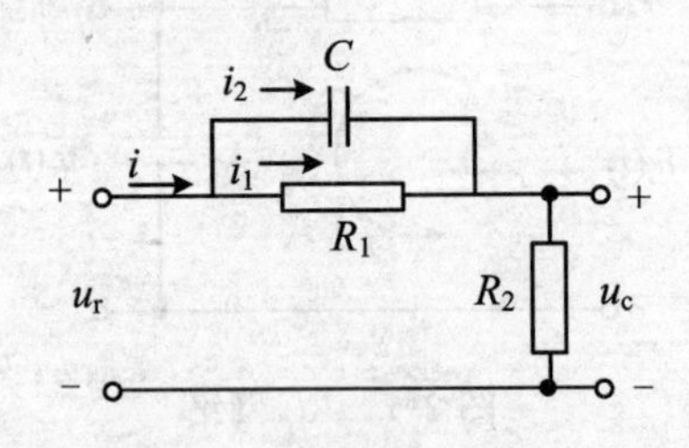

图 2-9 例 2-7 网络图

解:系统各部分微分方程经拉氏变换后作出每个子方程的结构图,如图 2-10 所示。

$$I_1(s)=\frac{U_r(s)-U_c(s)}{R_1}$$

$$I_2(s)=\frac{U_r(s)-U_c(s)}{\frac{1}{Cs}}$$

$$I(s)=I_1(s)+I_2(s)$$

$$I(s)=\frac{U_c}{R_2}$$

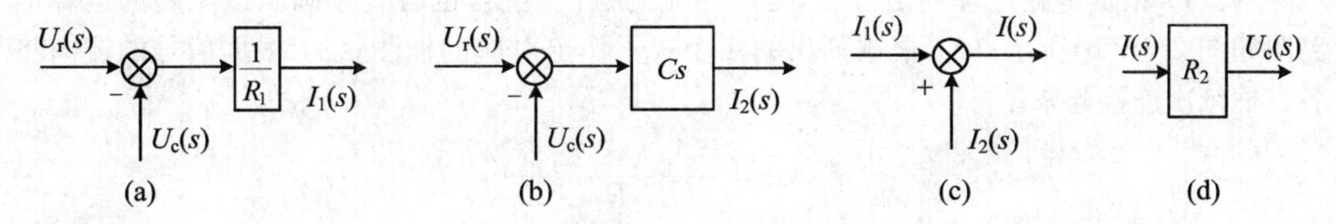

图 2-10　子框图

按系统中各元件的相互关系(确定各输入量和输出量)。将各方框连接起来(图 2-11)。

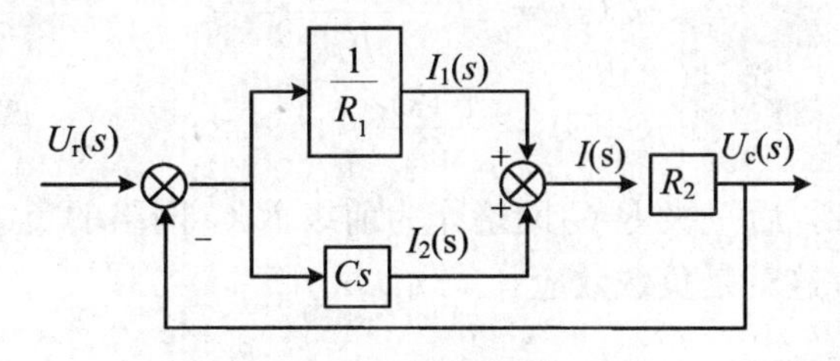

图 2-11　例 2-7 网络结构图

一个系统的结构图不是唯一的,但经过变换求得的总传递函数都应该是相同的。上例所示网络的结构图还可用图 2-12 表示。

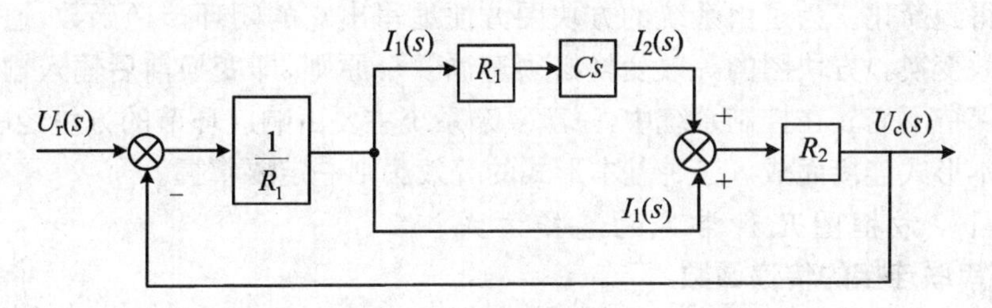

图 2-12　例 2-7 网络结构图的另一种形式

例 2-8　画出图 2-13 所示 RC 网络的方框图。

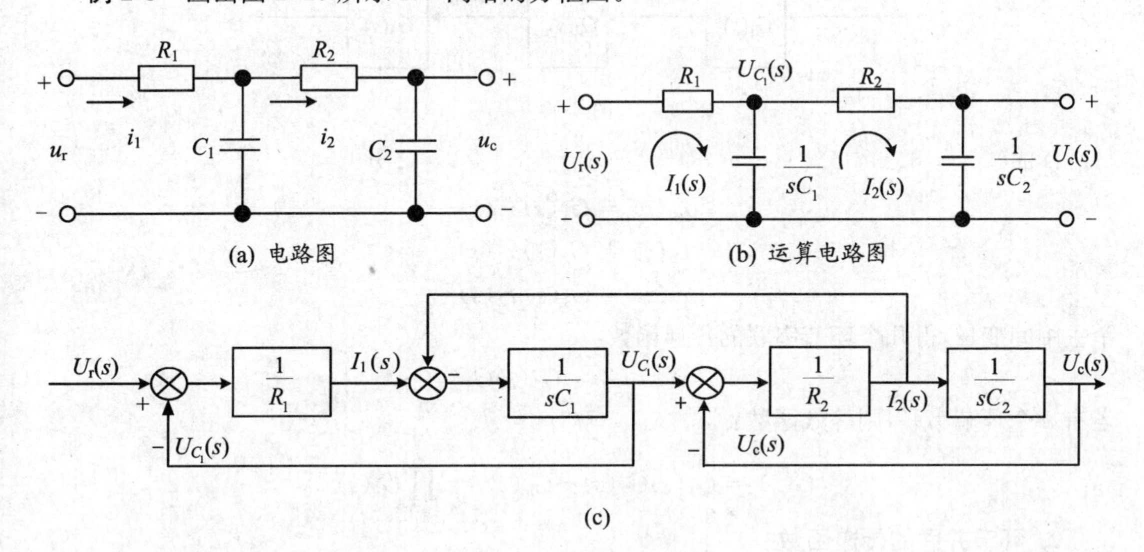

图 2-13　RC 二级网络

解：(1) 根据电路定理列出方程，写出对应的拉氏变换，也可直接画出该电路的运算电路图如图 2-13(b)所示；(2) 根据列出的 4 个式子作出对应的框图；(3) 根据信号的流向将各方框依次连接起来。

$$\begin{cases} I_1(s) = \dfrac{U_r(s) - U_{C_1}(s)}{R_1} & ① \\ U_{C_1}(s) = \dfrac{I_1(s) - I_2(s)}{sC_1} & ② \\ I_2(s) = \dfrac{U_{C_1}(s) - U_c(s)}{R_2} & ③ \\ U_c(s) = \dfrac{I_2(s)}{sC_2} & ④ \end{cases}$$

由图 2-13(c)清楚地看到，后一级 R_2C_2 网络作为前级 R_1C_1 网络的负载，对前级 R_1C_1 网络的输出电压 U_{C_1} 产生影响，这就是负载效应。

2.5.3 动态结构图的等效变换

一个包含着许多反馈回路的复杂方框图，可以应用方框图的代数法则，经过逐步重新排列和整理而得到简化。为了由系统的方块图方便地写出它的闭环传递函数，通常需要对方块图进行等效变换。方块图的等效变换必须遵循一个原则，即变换前后输入输出之间总的数学关系应保持不变。在控制系统中，一般复杂系统主要由响应环节的方块经串联、并联和反馈三种基本形式连接而成。三种基本形式的等效法则一定要掌握。

2.5.3.1 方框图几种常见的连接方式

1. 环节串联连接的传递函数

环节串联连接的传递函数的方框图如图 2-14 所示。

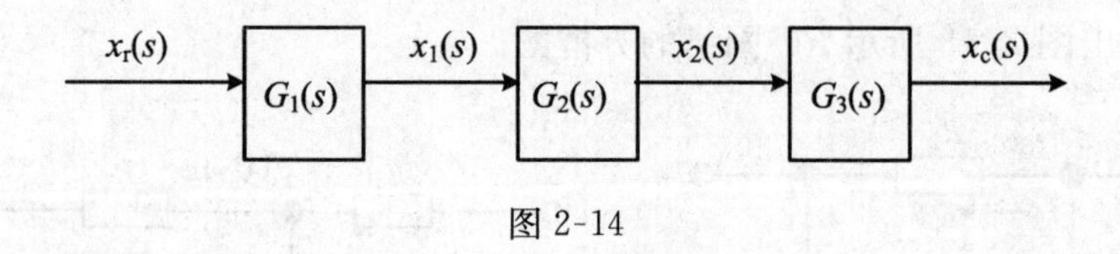

图 2-14

证明：

$$x_1(s) = G_1(s)x_r(s)$$
$$x_2(s) = G_2(s)x_1(s)$$
$$x_c(s) = G_3(s)x_2(s)$$

消去中间变量，得几个环节串联的传递函数：

$$G(s) = G_1(s)G_2(s)G_3(s)$$

若有 n 个环节串联，则等效函数：

$$G(s) = G_1(s)G_2(s)\cdots G_n(s) = \prod_{i=1}^{n} G_i(s)$$

2. 环节并联的传递函数

环节并联的传递函数方框图如图 2-15 所示。

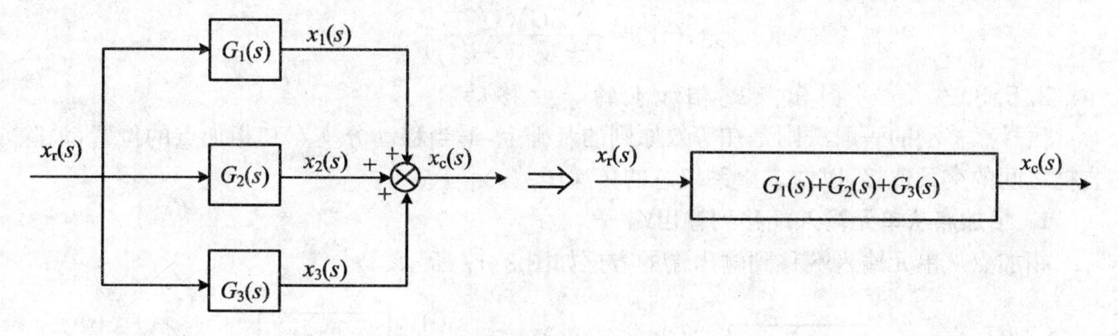

图 2-15

证明：

$$
\begin{aligned}
x_c(s) &= x_1(s) + x_2(s) + x_3(s) \\
&= G_1(s)x_r(s) + G_2(s)x_r(s) + G_3(s)x_r(s) \\
&= [G_1(s) + G_2(s) + G_3(s)]x_r(s) \\
&= G(s)x_r(s)
\end{aligned}
$$

所以

$$\frac{x_c(s)}{x_r(s)} = G(s) = G_1(s) + G_2(s) + G_3(s)$$

若有 n 个环节并联，则

$$G(s) = G_1(s) + G_2(s) + \cdots + G_n(s) = \sum_{i=1}^{n} G_i(s)$$

3. 反馈连接的等效传递函数

反馈连接的等效传递函数的方框图如图 2-16 所示。

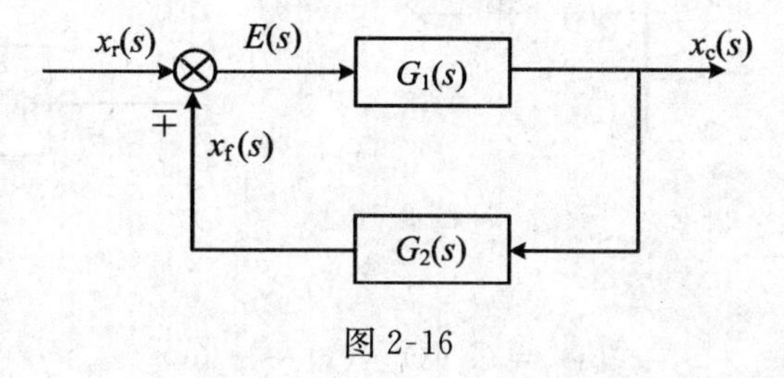

图 2-16

特点：将输出量送回系统输入端并进行比较，形式闭环；有两个通道（正向通道与反馈通道）。

传递函数的推导：

$$
\begin{aligned}
& x_c(s) = G_1(s)E(s) \\
& E(s) = x_r(s) \mp x_f(s) \\
& x_f(s) = G_2(s)x_c(s) \\
& E(s) = x_r(s) \mp G_2(s)x_c(s) \\
& x_c(s) = G_1(s)[x_r(s) \mp G_2(s)x_c(s)] \\
& x_c(s) \pm G_1(s)G_2(s)x_c(s) = G_1(s)x_r(s)
\end{aligned}
$$

所以

$$G(s)=\frac{G_1(s)}{1\pm G_1(s)G_2(s)}$$

2.5.3.2 信号引出点或相加点的等效移动

信号点移动的一般法则是在等效原则的基础上,适当移动分支点和相加点的位置,消除方框之间的交叉连接,以便求出系统总的传递函数。

1. 相加点从单元输入端移到输出端

相加点从单元输入端移到输出端的方框如图 2-17 所示。

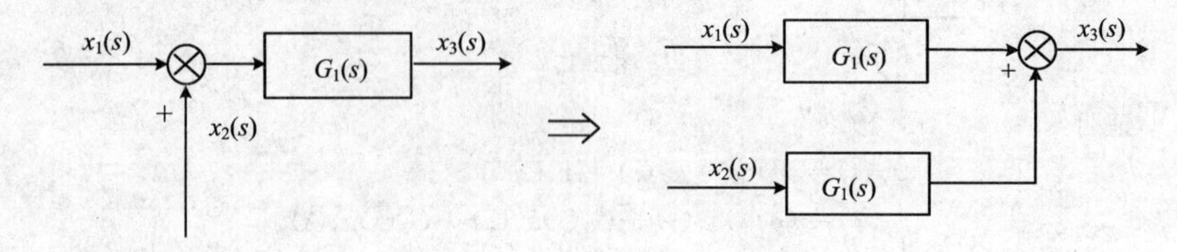

图 2-17

变换前:

$$x_3(s)=G_1(s)[x_1(s)+x_2(s)]$$

变换后:

$$x_3(s)=x_1(s)G_1(s)+x_2(s)G_1(s)=G_1(s)[x_1(s)+x_2(s)]$$

2. 相加点从单元输出端移到输入端

相加点从单元输出端移到输入端的方框如图 2-18 所示。

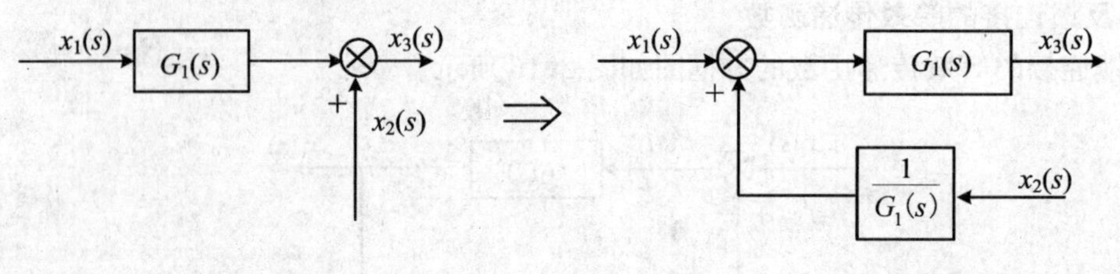

图 2-18

变换前:

$$x_3(s)=G_1(s)x_1(s)+x_2(s)$$

变换后:

$$x_3(s)=\left[x_1(s)+\frac{1}{G_1(s)}x_2(s)\right]G_1(s)=x_1(s)G_1(s)+x_2(s)$$

3. 分支点从单元输入端移到输出端

分支点从单元输入端移到输出端的方框如图 2-19 所示。

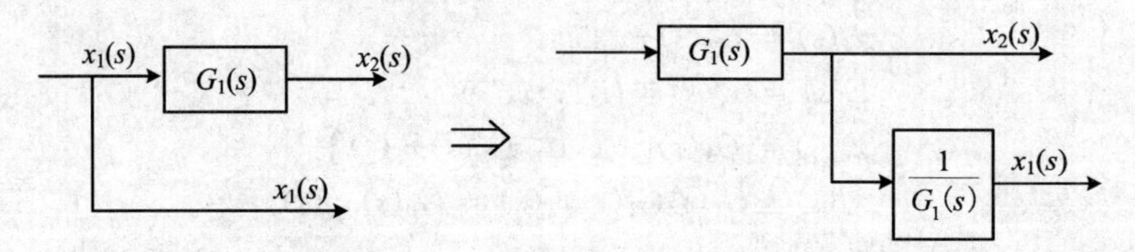

图 2-19

4. 分支点从单元输出端移到输入端

分支点从单元输出端移到输入端的方框如图 2-20 所示。

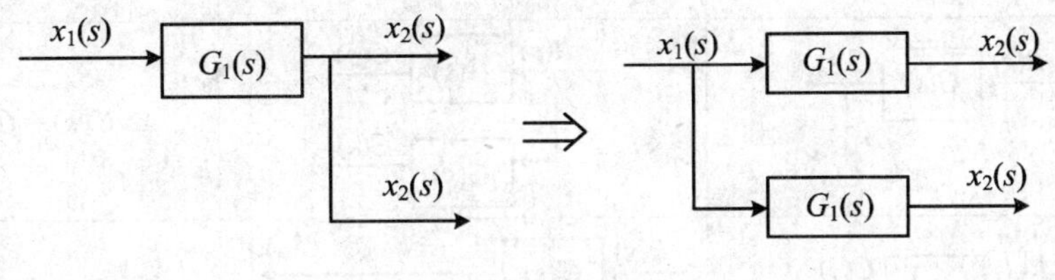

图 2-20

5. 关于换位的原则

分支点与分支点间、相加点与相加点间可以相互换位,但相加点和分支点之间一般不能换位(图 2-21)、(图 2-22)。

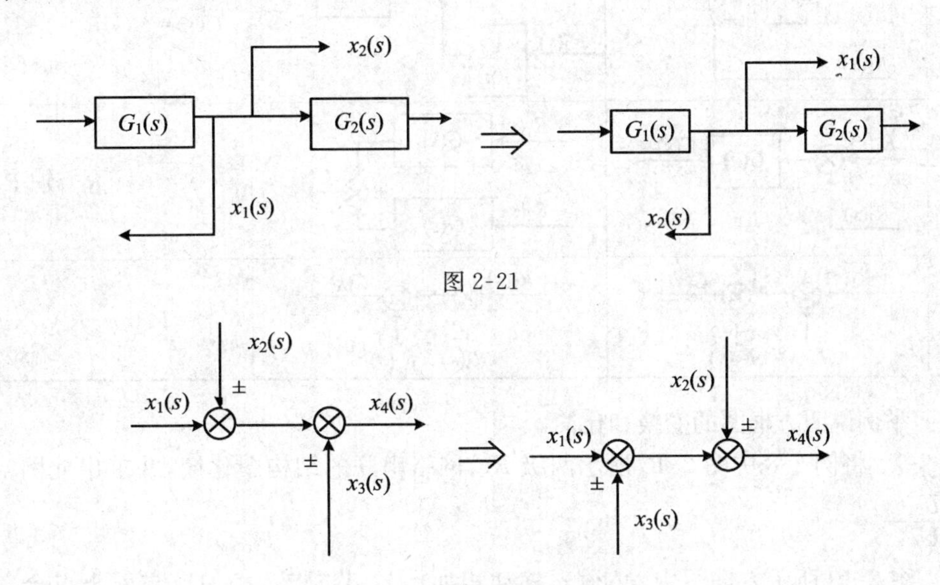

图 2-21

图 2-22

在表 2-1 中,列举了一些比较常见的方框图等效变换的基本法则,可供查用。

表 2-1　方框图等效变换法则

变换方式	变换前	变换后	等式
串联	$R(s)$ → $G_1(s)$ → $G_2(s)$ → $C(s)$	$R(s)$ → $G_1(s)G_2(s)$ → $C(s)$	$C(s)=G_1(s)G_2(s)R(s)$
并联	$R(s)$, $G_1(s)$, $G_2(s)$, ±, $C(s)$	$R(s)$ → $G_1(s)\pm G_2(s)$ → $C(s)$	$C(s)=[G_1(s)\pm G_2(s)]R(s)$
反馈	$R(s)$, ±, $G(s)$, $H(s)$, $C(s)$	$R(s)$ → $\frac{G(s)}{1\mp G(s)H(s)}$ → $C(s)$	$C(s)=\frac{G(s)}{1\mp G(s)H(s)}R(s)$

续表

变换方式	变换前	变换后	等式
引出点前移	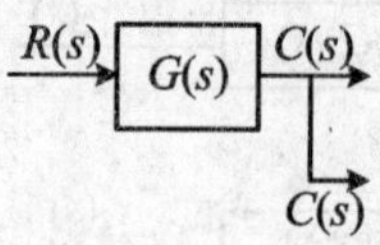	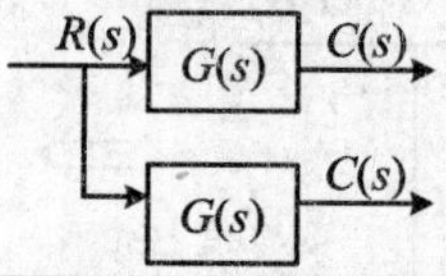	$C(s)=G(s)R(s)$
引出点后移	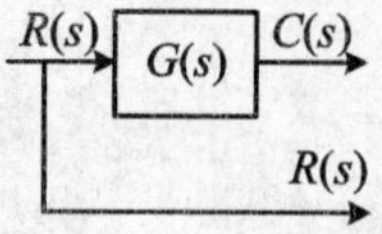	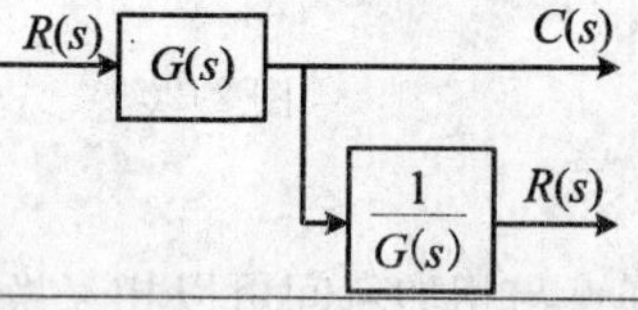	$C(s)=G(s)R(s)$
比较点前移	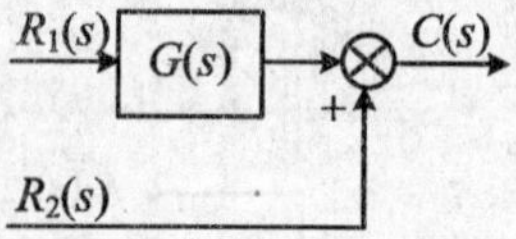	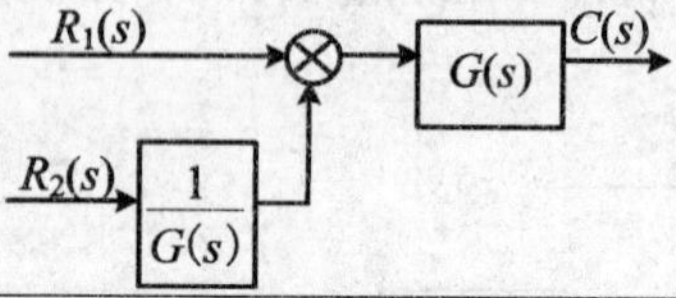	$C(s)=G(s)R_1(s)+R_2(s)$
比较点后移	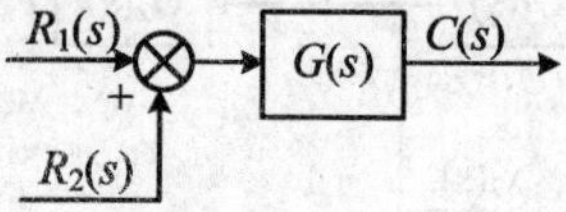	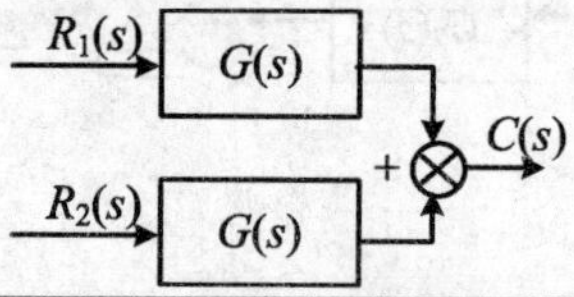	$C(s)=G(s)[R_1(s)+R_2(s)]$
比较点交换	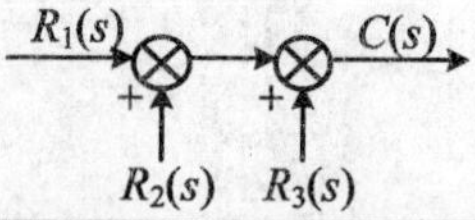	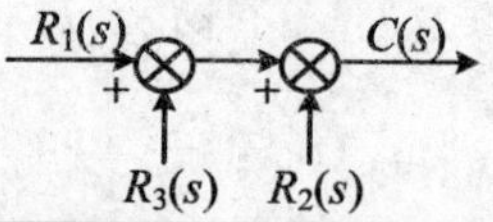	$C(s)=R_1(s)+R_2(s)+R_3(s)$

下面举例说明方框图的变换和化简。

例 2-9 将例 2-8 中图 2-13 所示两级 RC 网络串联的结构图化简，并求出此网络的传递函数$\frac{U_c(s)}{U_r(s)}$。

解：图 2-13 所示方框图中，必须先移动相加点与引出点。相加点与引出点合理移动后，消除了交叉关系，如图 2-23(a)所示。然后化简两个内回路，得到图 2-23(b)。最后实行反馈变换，即得网络传递函数，见图 2-23(c)。

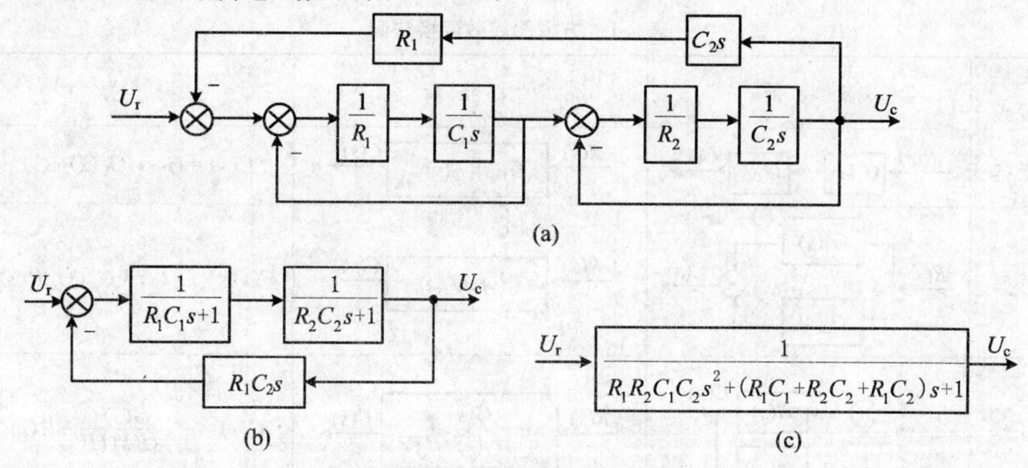

图 2-23　图 2-13 结构图的变换

例 2-10 简化图 2-24 所示系统的结构图,并求系统传递函数$\dfrac{C(s)}{R(s)}$。

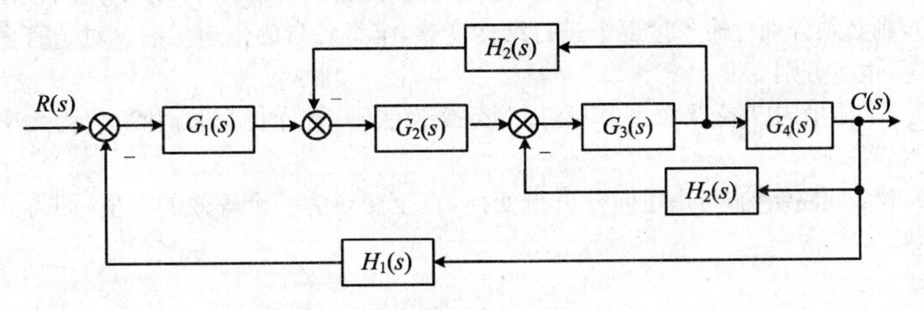

图 2-24 多回路系统结构图

解:将相加点后移,然后交换相加点的位置,将图 2-24 化为图 2-25(a)。然后,对图 2-25(a)中由 G_2、G_3、H_2 组成的小回路实行串联及反馈变换,进而简化为图 2-25(b)。

再对内回路再实行串联及反馈变换,则只剩一个主反馈回路。如图 2-25(c)所示。

最后,再变换为一个方框,如图 2-25(d)所示,得系统总传递函数:

$$G_B(s)=\frac{C(s)}{R(s)}=\frac{G_1G_2G_3G_4}{1+G_2G_3H_2+G_3G_4H_3+G_1G_2G_3G_4H_1}$$

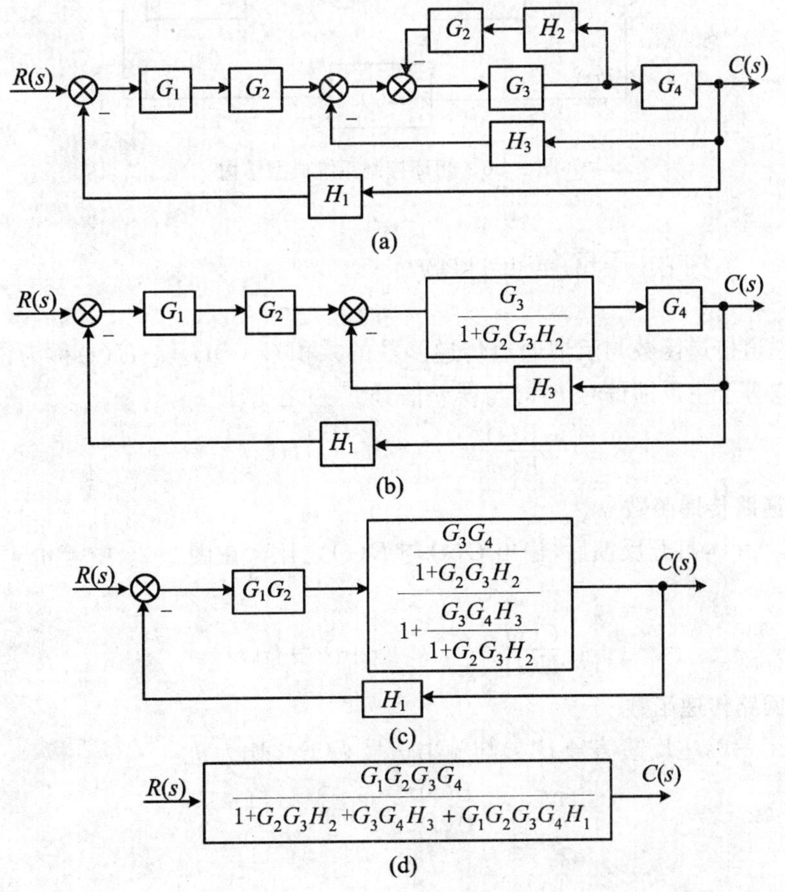

图 2-25 图 2-24 系统结构图的变换

简化结构图、求总传递函数的一般步骤如下：

(1) 确定输入量与输出量。如果作用在系统上的输入量有多个(分别作用在系统的不同部位)，则必须分别对输入量逐个进行结构变换，求得各自的传递函数。对于有多个输出量的情况，也应分别变换。

(2) 若结构图中有交叉关系，应运用等效变换法则，首先将交叉消除，化为无交叉的多回路结构。

(3) 对多回路结构，可由里向外进行变换，直至变换为一个等效的方框，即得到所求的传递函数。

2.6 系统闭环传递函数的求取

一个闭环控制系统的典型结构可用图 2-26 表示。

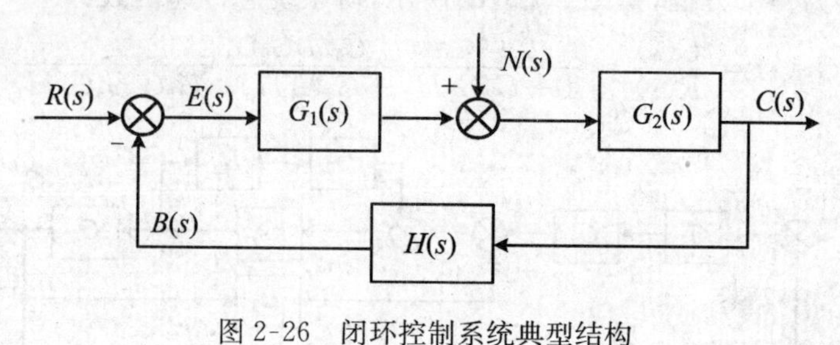

图 2-26　闭环控制系统典型结构

2.6.1　系统的开环传递函数

将前向通道传递函数与反馈通道传递函数的乘积 $G_1(s)G_2(s)H(s)$ 称为该系统的开环传递函数。它等于主反馈信号 $B(s)$ 与误差信号 $E(s)$ 之比，即

$$\frac{B(s)}{E(s)} = G_1(s)G_2(s)H(s)$$

1. 前向通路传递函数

假设 $N(s)=0$，打开反馈后，输出 $C(s)$ 与 $R(s)$ 之比。在图 2-26 中等价于 $C(s)$ 与误差 $E(s)$ 之比：

$$\frac{C(s)}{E(s)} = G_1(s)G_2(s) = G(s)$$

2. 反馈回路传递函数

假设 $N(s)=0$，主反馈信号 $B(s)$ 与输出信号 $C(s)$ 之比为：

$$\frac{B(s)}{C(s)} = H(s)$$

2.6.2 系统的闭环传递函数

1. 给定信号 $R(s)$ 作用下的闭环传递函数

令 $N(s)=0$，这时图 2-26 简化为图 2-27，则给定信号 $R(s)$ 作用下的闭环传递函数为：

$$\Phi_{cr}(s)=\frac{C(s)}{R(s)}=\frac{G_1(s)G_2(s)}{1+G_1(s)G_2(s)H(s)}$$

当系统中只有 $R(s)$ 信号作用时，系统的输出 $C(s)$ 完全取决于 $\Phi_{cr}(s)$ 及 $R(s)$ 的形式：

$$C_r(s)=\frac{G_1(s)G_2(s)R(s)}{1+G_1(s)G_2(s)H(s)}$$

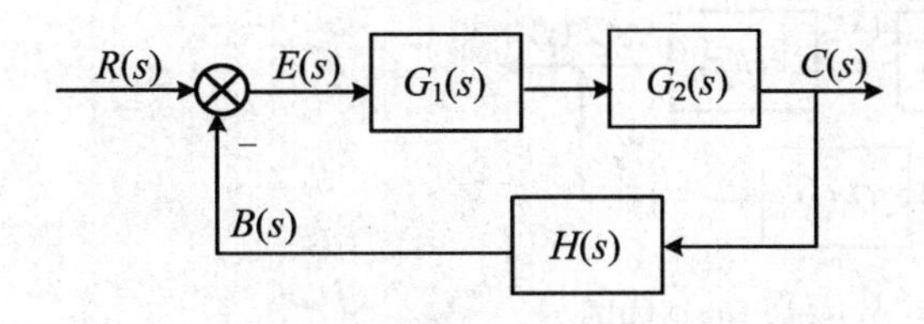

图 2-27　$R(s)$ 作用下系统的结构图

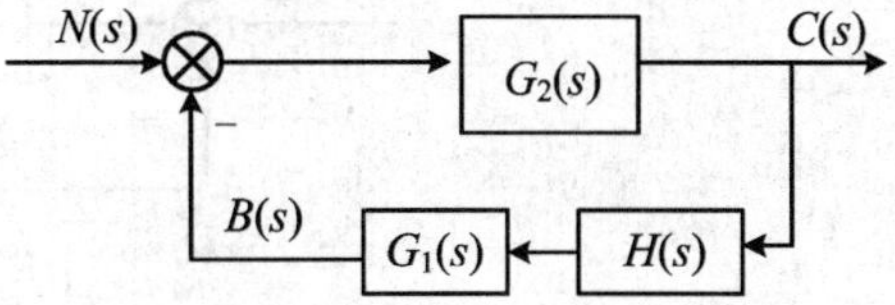

图 2-28　$N(s)$ 作用下系统的结构图

2. 扰动信号 $N(s)$ 作用下的闭环传递函数

为研究扰动对系统的影响，需要求出 $C(s)$ 对 $N(s)$ 之间的传递函数。这时，令 $R(s)=0$，则图 2-26 简化为图 2-28。则扰动信号 $N(s)$ 作用下的闭环传递函数为：

$$\Phi_{cn}(s)=\frac{C(s)}{N(s)}=\frac{G_2(s)}{1+G_1(s)G_2(s)H(s)}$$

此时系统输出为：

$$C_n(s)=\frac{G_2(s)N(s)}{1+G_1(s)G_2(s)H(s)}$$

3. 系统的总输出

根据线性叠加原理，线性系统的总输出等于各外作用引起的输出的总和：

$$\begin{aligned}C(s)&=\Phi_{cr}(s)R(s)+\Phi_{cn}(s)N(s)\\&=\frac{G_1(s)G_2(s)}{1+G_1(s)G_2(s)H(s)}R(s)+\frac{G_2(s)}{1+G_1(s)G_2(s)H(s)}N(s)\end{aligned}$$

2.6.3 系统的误差传递函数

误差为给定信号与反馈信号之差，即

$$E(s)=R(s)-B(s)$$

1. 给定信号 $R(s)$ 作用下的误差传递函数

令 $N(s)=0$，则给定信号 $R(s)$ 作用下系统的误差传递函数为(图 2-29)：

$$\Phi_{er}(s)=\frac{E(s)}{R(s)}=\frac{1}{1+G_1(s)G_2(s)H(s)}$$

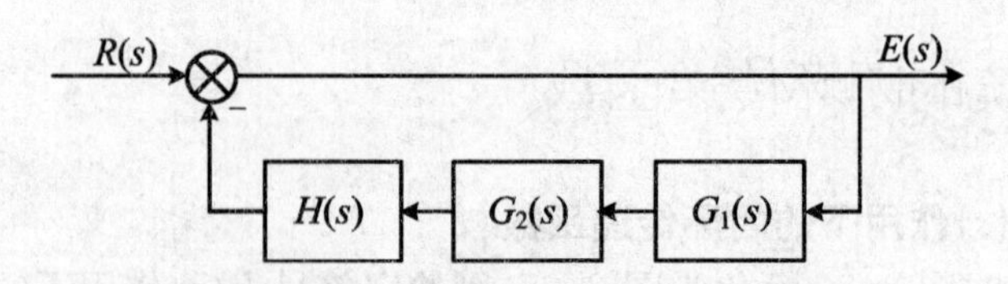

图 2-29 $R(s)$作用下误差输出的结构图

2. 扰动信号 $N(s)$作用下的误差传递函数

令 $R(s)=0$,则扰动信号 $N(s)$作用下系统的误差传递函数为(图 2-30):

$$\Phi_{en}(s)=\frac{E(s)}{N(s)}=\frac{-G_2(s)H(s)}{1+G_1(s)G_2(s)H(s)}$$

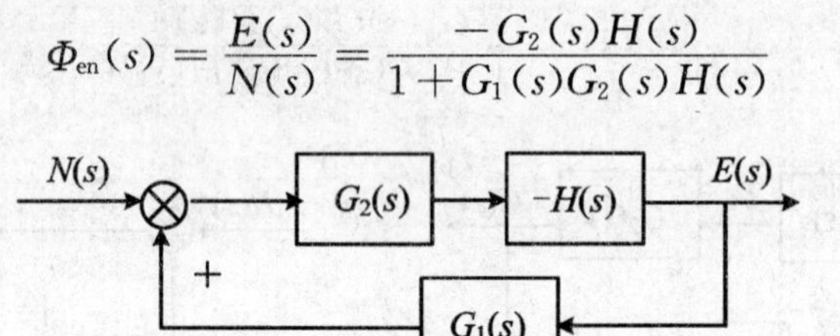

图 2-30 $N(s)$作用下误差输出的结构图

3. 系统的总误差

根据线性叠加原理,系统的总误差为:

$$\begin{aligned}E(s)&=\Phi_{er}(s)R(s)+\Phi_{en}(s)N(s)\\&=\frac{1}{1+G_1(s)G_2(s)H(s)}R(s)+\frac{-G_2(s)H(s)}{1+G_1(s)G_2(s)H(s)}N(s)\end{aligned}$$

实验 1 典型环节的模拟

T1.1 实验目的

(1) 观察典型环节阶跃响应曲线,定性了解参数变化对典型环节动特性的影响。

(2) 观测不同阶数线性系统对阶跃输入信号的瞬态响应,了解参数变化对它的影响。

T1.2 实验设备和仪器

(1) 自动控制系统模拟机一台;

(2) 数字存储示波器一台;

(3) 万用表一块。

T1.3 实验内容及步骤

T1.3.1 典型环节的阶跃响应

1. 实验步骤

(1) 开启电源前先将所有运算放大器接成比例状态,拔去不用的导线;

(2) 闭合电源后检查供电是否正常。分别将各运算放大器调零,并用示波器观察调整好方波信号;

(3) 断开电源后按图接好线,由信号源引出方波信号接到各环节输入端;

(4) 闭合电源,调节有关旋钮,观察阶跃响应波形,并记录之。

2. 实验内容

(1) 比例调节器:如图 2-31 所示。

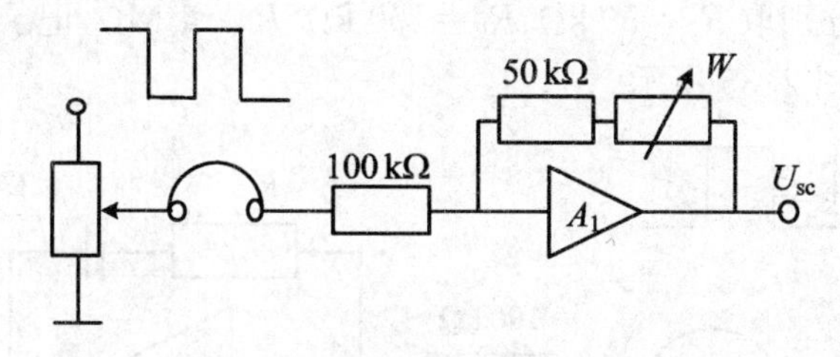

图 2-31

(2) 积分调节器:如图 2-32 所示。

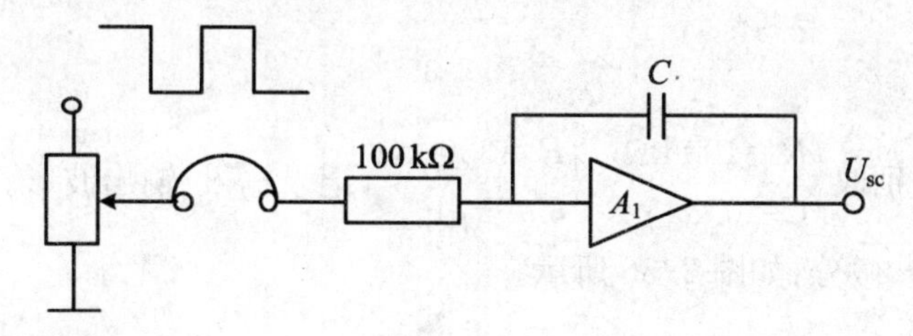

图 2-32

改变 C 时保护输入信号不变(C 分别取 0.01μF、0.1μF、1μF、10μF),记录输入、输出响应波形。

(3) 惯性环节:如图 2-33 所示。

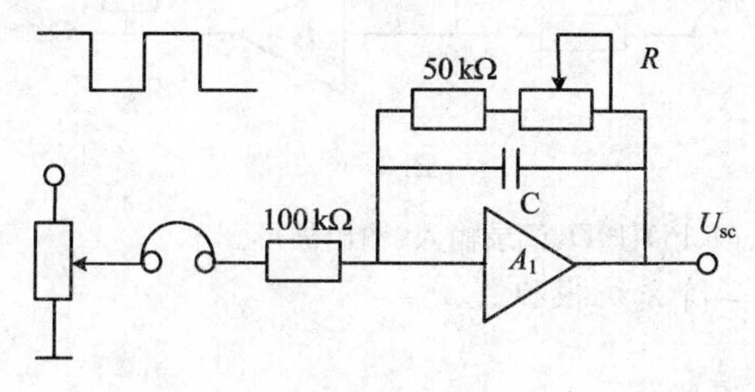

图 2-33

时间常数分别取 $T=0.01$ s(调节器 $C=0.1$ μF, $R=100$ kΩ)、$T=0.1$ s(调节器

$C=1\ \mu F, R=100\ k\Omega$)、$T=1$ s(调节器 $C=1\ \mu F, R=1\ M\Omega$)、$T=10$ s(调节器 $C=10\ \mu F$, $R=1\ M\Omega$),记录输入、输出响应波形。

(4) 比例微分:如图 2-34 所示。

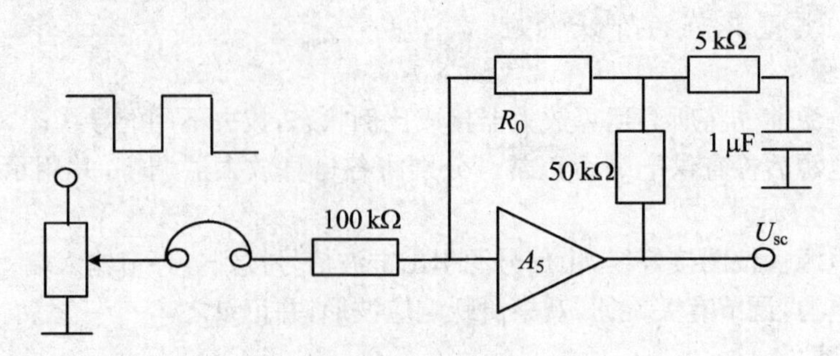

图 2-34

PD 调节器中 R_0 分别取 $R_0=50\ k\Omega$、$R_0=100\ k\Omega$、$R_0=1\ M\Omega$,记录输入、输出波形。

(5) 比例积分:如图 2-35 所示。

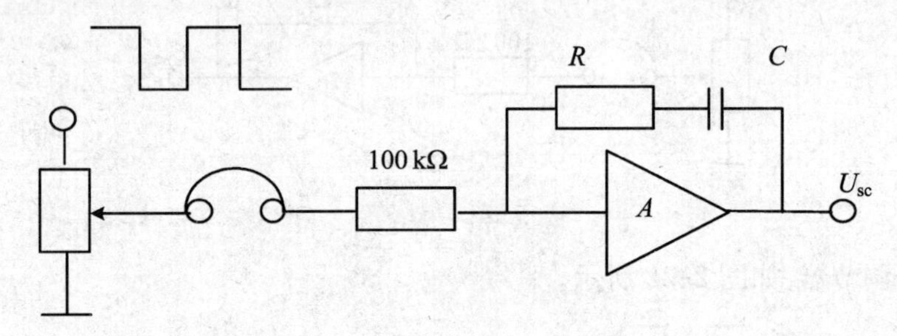

图 2-35

PI 调节器中分别取 $\begin{cases}R=100\ k\Omega\\C=0.33\ \mu F\end{cases}$、$\begin{cases}R=330\ k\Omega\\C=1\ \mu F\end{cases}$,记录输入、输出波形。

(6) 比例、积分、微分:如图 2-36 所示。

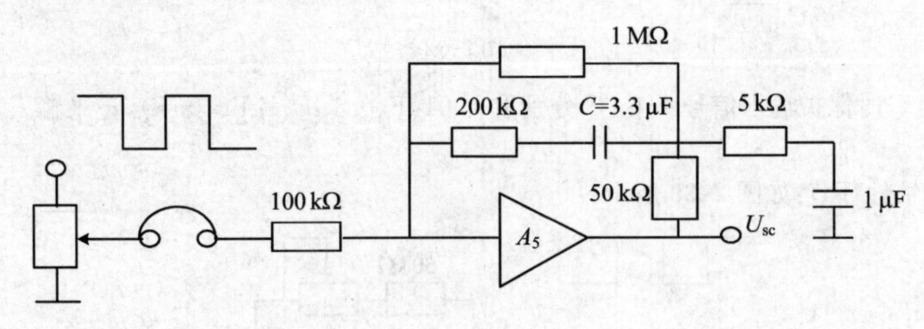

图 2-36

调节器分别为 P、PI、PD、PID,记录输入、输出波形。

T1.3.2 典型二阶系统模拟

1. 实验线路

实验线路如图 2-37 所示。

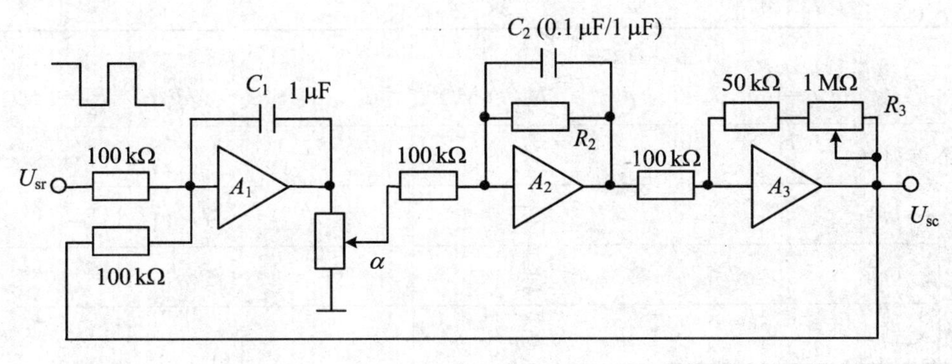

图 2-37

2. 方框图

方框图如图 2-38 所示。

$$\frac{U_{sc}(s)}{U_{sr}(s)}=G(s)=\frac{\frac{K_2}{T_1 s}\cdot\alpha\cdot\frac{K_3}{T_2 s+1}}{1+\frac{1}{T_1 s}\cdot\alpha\cdot\frac{K_3}{T_2 s+1}}$$

$$=\frac{K_3\alpha K_2}{T_1 T_2 s^2+T_1 s+K_3\alpha}$$

$$=\frac{1}{\frac{T_1 T_2}{K_3\alpha K_2}s^2+\frac{T_1}{K_3\alpha K_2}s+1}$$

$$=\frac{1}{T^2 s^2+2\xi T s+1}$$

其中:时间常数 $T=\sqrt{\frac{T_1 T_2}{K_3\alpha K_2}}$;阻尼比 $\xi=\frac{1}{2}\sqrt{\frac{T_1}{K_3\alpha T_2 K_2}}$;无阻尼自然频率 $\omega_n=\frac{1}{T}$(角频率,单位取弧度/秒);阻尼自振频率 $f_n=\frac{\omega_n}{2\pi}$(单位 Hz)。

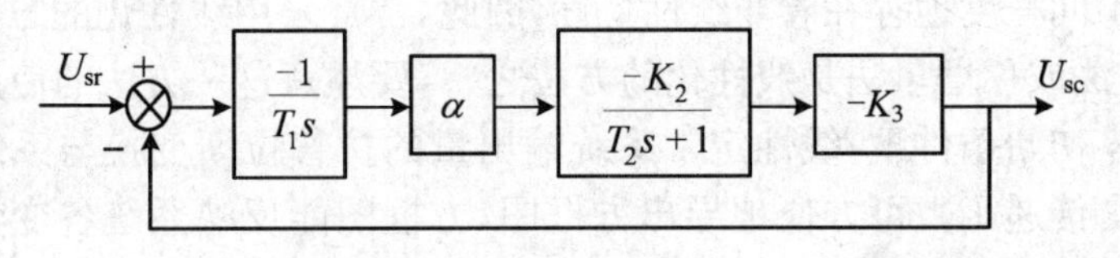

图 2-38

3. 实验步骤

(1) 关上电源,按图 2-37 接线,经教师检查后,再合电源,由调零转入工作;

(2) 在 $T_1=T_2=0.1$ s($C_1=1$ μF,$C_2=0.1$ μF),$K_3=10$ 附近改变增益系数 α,观察方波输入作用下的响应曲线,利用表 2-2 记录之;

(3) 让 $C_1=1$ μF,$C_2=1$ μF,$T_1=0.1$ s,$T_2=1$ s,$K_3=10$,改变增益系数 α,观察方波输入作用下的响应曲线,利用表 2-2 记录之。

表 2-2

		第一组参数 $C_1=1\ \mu\mathrm{F}, C_2=0.1\ \mu\mathrm{F}, R_2=R_3=1\ \mathrm{M}\Omega$	第二组参数 $C_1=1\ \mu\mathrm{F}, C_2=1\ \mu\mathrm{F}, R_2=R_3=1\ \mathrm{M}\Omega$
输入波形			
输出阶跃响应波形	$\alpha=0.1$		
	$\alpha=0.5$		
	$\alpha=1$		

T1.4 思考题

(1) 积分环节和惯性环节的主要差别是什么？什么条件下惯性环节可视为积分环节？

(2) 惯性环节在什么条件下可近似为比例环节？

(3) 二阶系统在什么情况下不稳定？怎样构成振荡环节？

本 章 小 结

建立元部件和系统的动态数学模型，是对系统进行定性分析和定量估算的前提，也是系统动态仿真研究的主要依据。本章介绍了三种数学模型：微分方程、传递函数、方框图。各模型间可进行转换。

微分方程是表述系统动态特性的基本形式，列写微分方程的步骤及方法不难掌握。许多实际元部件均不同程度地存在着非线性特性，因此，常常采用线性化的方法对非线性进行近似处理，小偏差法或称增量法是线性化的方法之一，要注意这一方法的使用条件和范围。

传递函数是零初始条件下，线性定常系统输出量的拉普拉斯变换与系统输入量的拉普拉斯变换之比。由传递函数可方便地导出方框图，方框图能反映系统各变量之间的数学关系，也能方便地求出系统的传递函数。

可对方框图进行等效变换，即在保持被变换部分的输入量和输出量之间的数学关系不变的前提下，对方框图进行化简，这一过程对应着微分方程消除中间变量的过程。

一个控制系统可看作由若干典型环节组成，掌握这些典型环节的特性，对整个系统的分析是至关重要的。

系统的传递函数可分为开环传递函数、闭环传递函数、误差传递函数等。

思考与练习题

2-1 试求题 2-1 图所示电路的微分方程。

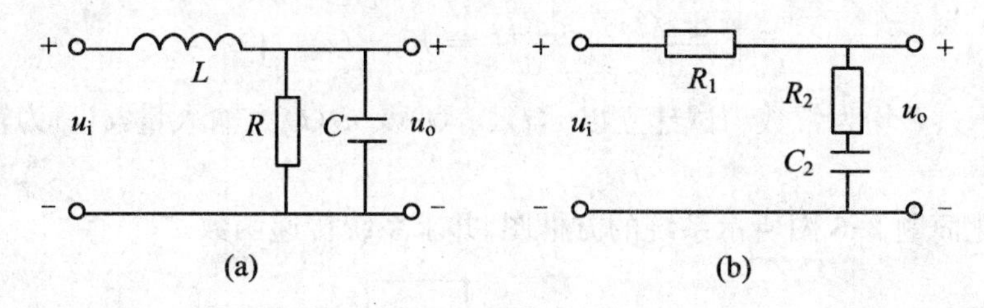

题 2-1 图

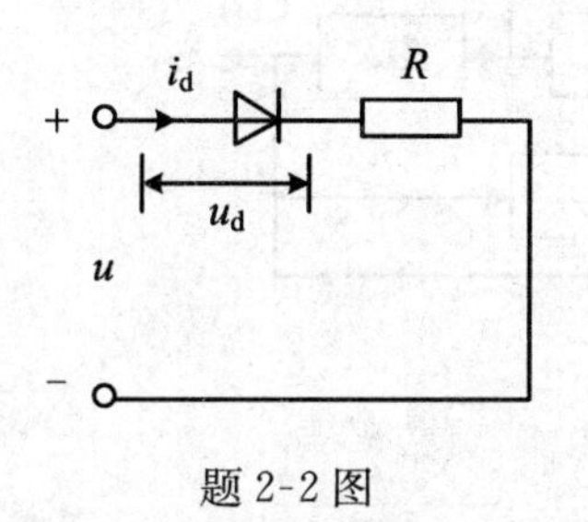

题 2-2 图

2-2 如题 2-2 图所示电路，二极管是一个非线性元件，其电流 i_d 与电压 u_d 间的关系为 $i_d=10^{-6}(e^{\frac{u_d}{0.026}}-1)$。假设电路中 $R=10^3\ \Omega$，静态工作点 $u_0=2.39\ \text{V}$，$i_0=2.19\times10^{-3}\ \text{A}$，试求在工作点 (u_0, i_0) 附近 $i_d=f(u_d)$ 的线性化方程。

2-3 求题图 2-3 所示系统输入为 u_i，输出为 u_o 时的传递函数 $\frac{u_o(s)}{u_i(s)}$。

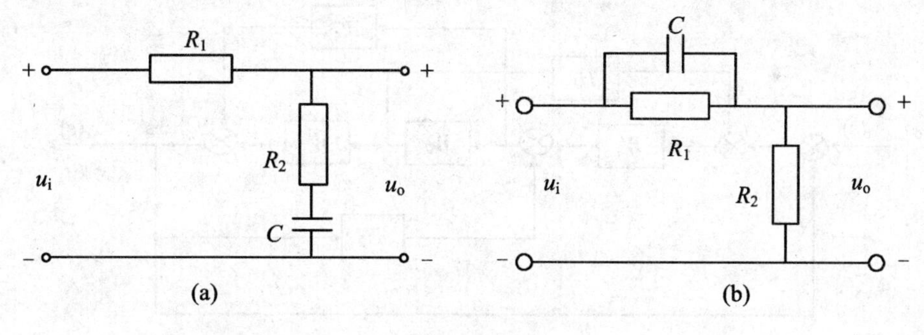

题 2-3 图

2-4 画出下面 RC 网络的方框图，并求传递函数。

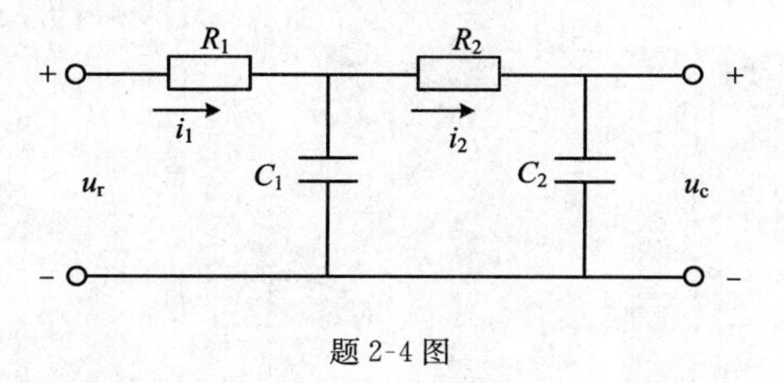

题 2-4 图

2-5 系统微分方程组如下：

$$
\begin{cases}
x_1(t) = r(t) - c(t) - n_1(t) \\
x_2(t) = K_1 x_1(t) \\
x_3(t) = x_2(t) - x_5(t) \\
T\dfrac{\mathrm{d}x_4(t)}{\mathrm{d}t} = x_3(t) \\
x_5(t) = x_4(t) - K_2 n_2(t) \\
\dfrac{\mathrm{d}^2 c(t)}{\mathrm{d}t^2} + \dfrac{\mathrm{d}c(t)}{\mathrm{d}t} = K_0 x_5(t)
\end{cases}
$$

式中 K_0、K_1、K_2、T 均为常数。试建立以 $r(t)$、$n_1(t)$ 及 $n_2(t)$ 为输入量，$c(t)$ 为输出量的系统动态结构图。

2-6　试化简题 2-6 图所示系统的方框图，并求系统传递函数。

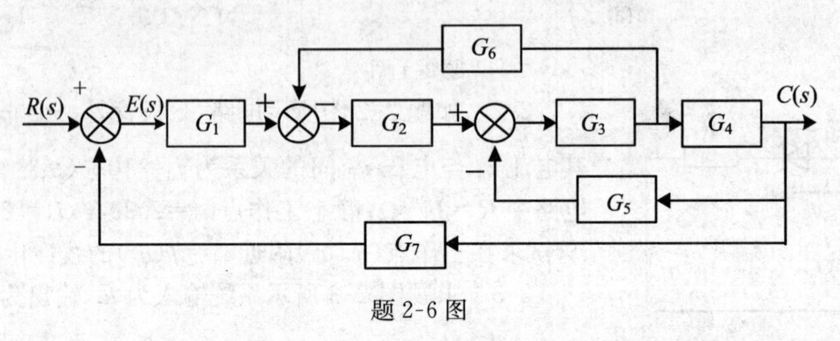

题 2-6 图

2-7　化简题 2-7 图所示方框图，求传递函数。

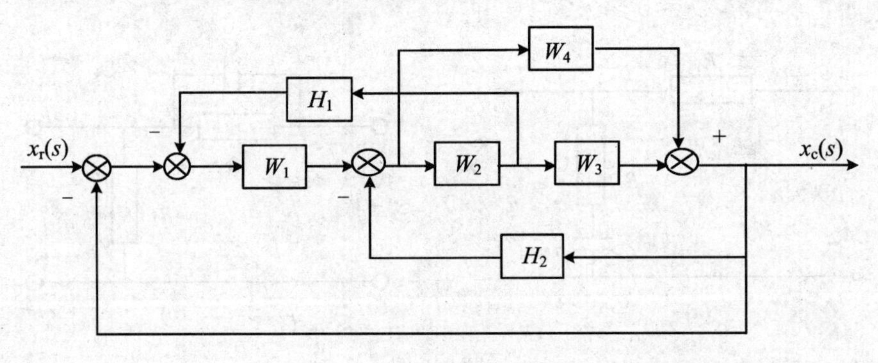

题 2-7 图

第3章 线性系统的时域分析法

分析和设计系统的首要工作，是确定系统的数学模型。一旦建立了合理的、便于分析的数学模型，便可运用适当方法对系统的控制性能作全面的分析和计算，从而得出改进系统性能的方法。

在经典控制理论中，对线性定常系统常用的方法有时域分析法、根轨迹法和频率法，本章介绍的时域分析法是通过传递函数、拉式变换及反变换求出系统在典型输入下的输出表达式，从而提供了系统时间响应的全部信息。与其他分析法相比，时域分析法是一种直接分析法，具有直观、准确的优点，尤其适用于二阶系统性能的分析和计算，对二阶以上的高阶系统则须采用频率法和根轨迹法。本章学习目标如下：

(1) 正确理解时域响应的性能指标、稳定性、系统的型别和静态误差系数等概念；

(2) 掌握一阶系统的数学模型和典型时域响应的特点，并能熟练计算性能指标和结构参数；

(3) 掌握二阶系统的数学模型和典型时域响应的特点，并能熟练计算欠阻尼时域性能指标和结构参数；

(4) 正确理解线性定常系统稳定的条件，熟练地应用劳斯判据判定系统的稳定性；

(5) 正确理解和重视稳态误差的定义，并能熟练掌握由给定值引起的稳态误差和由扰动引起的稳态误差的计算方法，明确终值定理的使用条件；

(6) 掌握改善系统动态性能及提高系统控制精度的措施。

3.1 典型输入信号和时域性能指标

控制系统的输出响应是系统数学模型的解，而系统的输出响应是由系统本身的结构参数、初始状态和输入信号的形式所决定。初始状态可以作统一规定，如规定为零初始状态。如再将输入信号规定为统一的典型形式，则系统响应就由系统本身的结构、参数来确定，更便于对各种系统进行比较和研究。

3.1.1 典型输入信号

控制系统的稳态误差是因输入信号不同而不同的。因此就需要规定一些典型输入信号。通过评价系统在这些典型输入信号作用下的稳态误差来衡量和比较系统的稳态性能。典型的输入信号一般具备以下两个条件：

(1) 有一定的代表性，且数学表达式简单，以便于数学分析与处理；

(2) 这些信号易于在实验室获得。

在控制工程中通常采用的典型输入信号有以下几种：

3.1.1.1　阶跃信号

阶跃(位置)输入信号在时域分析中被应用广泛，它表示输入量的瞬间突变过程，在实际中，电源的突然接通、负载的突变等均可近似看作阶跃信号。如图 3-1 所示。其数学表达式为：

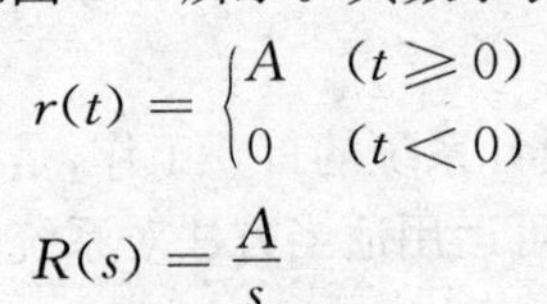

$$r(t)=\begin{cases}A & (t\geqslant 0)\\ 0 & (t<0)\end{cases}$$

$$R(s)=\frac{A}{s}$$

图 3-1　阶跃信号图

当 $A=1$ 时，称为单位阶跃信号，这时

$$r(t)=1$$

$$R(s)=\frac{1}{s}$$

3.1.1.2　斜坡信号

如图 3-2 所示，斜坡(速度)信号表示由零值开始随时间 t 线性增长的信号。在实际中，随动系统恒速变化的位置指令信号、数控机床直线进给时的位置信号等都是斜坡信号。其数学表达式为：

$$r(t)=\begin{cases}At & (t\geqslant 0)\\ 0 & (t<0)\end{cases}$$

$$R(s)=\frac{A}{s^2}$$

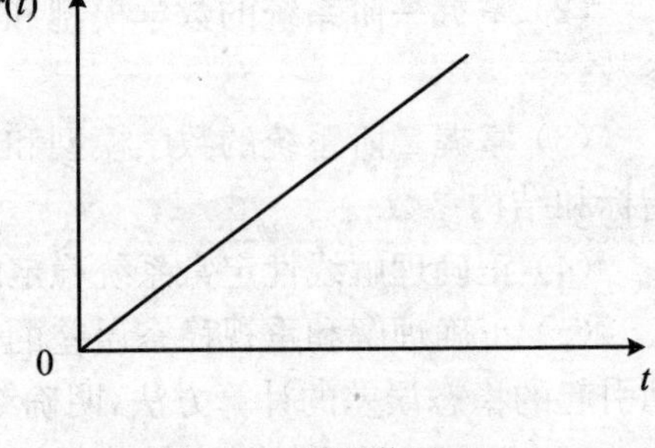

图 3-2　斜坡信号图

当 $A=1$ 时，称为单位斜坡信号，这时

$$r(t)=t$$

$$R(s)=\frac{1}{s^2}$$

3.1.1.3　抛物线信号

如图 3-3 所示，抛物线(加速度)信号，表示随时间以等加速度增长的信号。其数学表达式为：

$$r(t)=\begin{cases}\frac{1}{2}At^2 & (t\geqslant 0)\\ 0 & (t<0)\end{cases}$$

$$R(s)=\frac{A}{s^3}$$

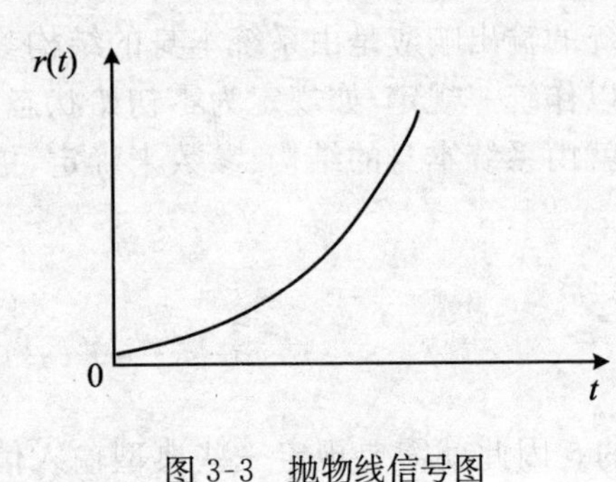

图 3-3　抛物线信号图

当 $A=1$ 时，称为单位抛物线信号，这时

$$r(t)=\frac{1}{2}t^2$$

$$R(s)=\frac{1}{s^3}$$

3.1.1.4　脉冲信号

如图 3-4 所示，脉冲信号可看做一个持续时间极短的信号，脉宽很窄的电压信号、瞬间作用的冲击力等都可近似看作脉冲信号。其数学表达式为：

$$r(t)=\begin{cases}\dfrac{A}{\varepsilon} & (0<t<\varepsilon)\\ 0 & (t<0,t>\varepsilon)\end{cases}$$

$$R(s)=A$$

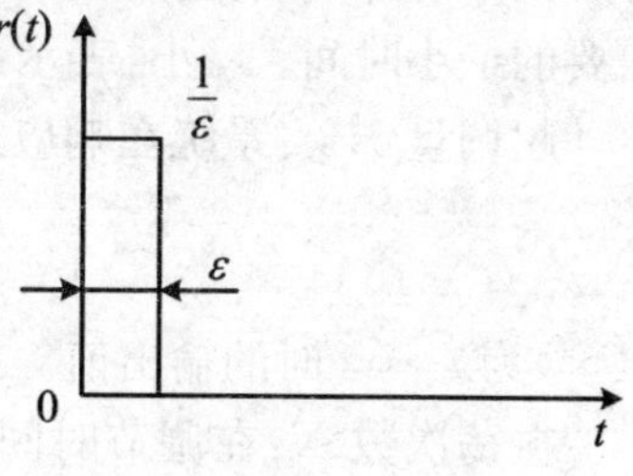

图 3-4　脉冲信号图

当 $A=1$ 时，称为单位理想脉冲信号，或称作冲激函数，用 $\delta(t)$ 表示。

$$r(t)=\delta(t)$$

$$R(s)=1$$

单位脉冲函数在现实中是不存在的，它只有数学上的意义。在系统分析中，它是一个重要的数学工具。此外，在实际中有很多信号与脉冲信号相似，如脉冲电压信号、冲击力、阵风等。

3.1.1.5　正弦信号

如图 3-5 所示，正弦信号主要用于求系统的频率响应，并据此分析和设计控制系统。其数学表达式为：

$$r(t)=A\sin\omega t \quad (t\geqslant 0)$$

$$R(s)=\frac{A\omega}{s^2+\omega^2}$$

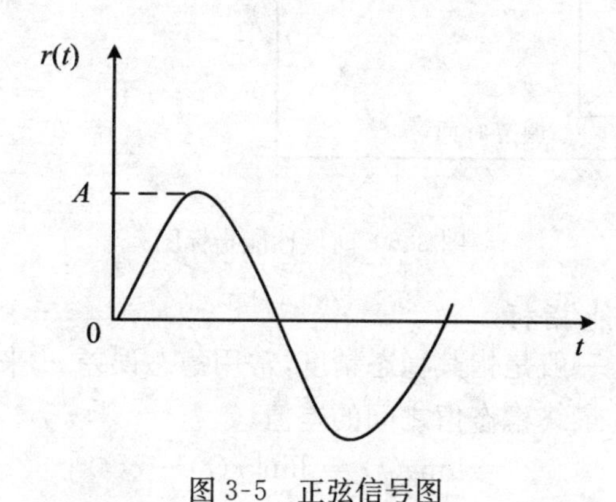

图 3-5　正弦信号图

3.1.2　时域性能指标

3.1.2.1　动态性能指标

动态性能指标是指自动控制系统动态过渡过程表现出的性能指标。在给定信号 $r(t)$ 的作用下，系统输出 $c(t)$ 的变化情况可用动态性能指标来描述。一般跟踪和复现阶跃信号的作用对系统来说是较为严格的工作条件。故通常以阶跃响应来衡量系统控制性能的优劣和定义时域动态性能指标，如图 3-6 所示。

上升时间 t_r：系统输出响应从零开始，第一次上升到稳态值所需要的时间。t_r 小，表明系统动态响应快。

峰值时间 t_p：响应曲线从零开始到达第一个峰值所需要的时间。

调节时间 t_s：响应曲线从零开始到达并停留在稳态值的±5%或±2%的误差范围内所需要的最小时间。t_s 小，表示系统动态响应过程短，快速性好。

超调量 $\sigma\%$：系统在响应过程中，输出量的最大值超过稳态值的百分数。

$$\sigma\% = \frac{y(t_p) - y(\infty)}{y(\infty)} \times 100\%$$

$y(\infty)$为 $t \to \infty$ 时的输出值。$\sigma\%$小，说明系统动态响应比较平稳，相对稳定性好。

振荡次数 N：在调节时间内，系统输出量在稳态值上下摆动的次数。次数少，表明系统稳定性好。

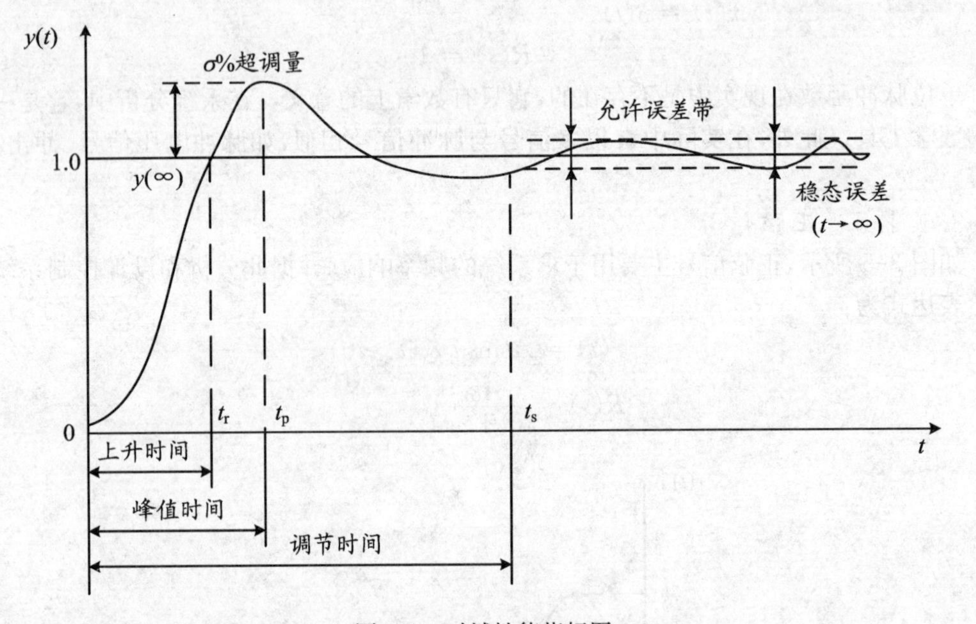

图 3-6 时域性能指标图

3.1.2.2 稳态性能指标

控制系统的稳态性能一般是指其稳态精度，常用稳态误差 e_{ss} 来表述。稳态误差 e_{ss} 是指系统期望值与实际输出的最终稳态值之间的差值。

$$e_{ss} = \lim_{t\to\infty} e(t) = \lim_{t\to\infty}[r(t) - c(t)]$$

在上述几项指标中，峰值时间 t_p、上升时间 t_r 和延迟时间 t_d 均表征系统响应初始阶段的快慢；调节时间 t_s 表征系统过渡过程（暂态过程）的持续时间，从总体上反映了系统的快速性；而超调量 $\sigma_p\%$ 标志暂态过程的稳定性；稳态误差反映系统复现输入信号的最终精度。

3.2 一阶系统的时域分析

3.2.1 一阶系统的数学模型

一阶系统:用一阶微分方程描述的控制系统。一阶系统微分方程的标准形式是:

$$T\frac{\mathrm{d}c(t)}{\mathrm{d}t}+c(t)=r(t)$$

其框图如图 3-7 所示:

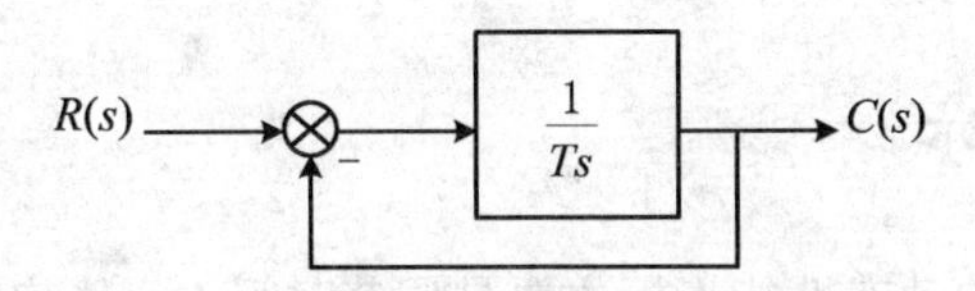

图 3-7 一阶系统的方框图

其闭环传递函数(一阶系统的标准式)为:

$$\phi(s)=\frac{C(s)}{R(s)}=\frac{1}{Ts+1}$$

这种系统实际上是一个非周期性的惯性环节。下面分别就不同的典型输入信号,分析该系统的时域响应。

3.2.2 单位阶跃响应

因为单位阶跃函数的拉氏变换为 $R(s)=\frac{1}{s}$,则系统的输出

$$C(s)=\phi(s)R(s)=\frac{1}{Ts+1}\cdot\frac{1}{s}$$

$$=\frac{1}{s}-\frac{1}{Ts+1}$$

对上式取拉氏反变换,得:

$$c(t)=1-\mathrm{e}^{-\frac{t}{T}}\quad(t\geqslant 0)$$

其单位阶跃响应曲线如图 3-8 所示。

特点:其输出响应没有振荡,也没有超调,减小时间常数可提高响应的速度。输入 $R(s)$ 的极点对应系统响应的稳态分量,传递函数 $G(s)$ 的极点产生系统响应的瞬态分量。这一结论不仅适用于一阶线性定常系统,也适用于任何阶次的线性定常系统。

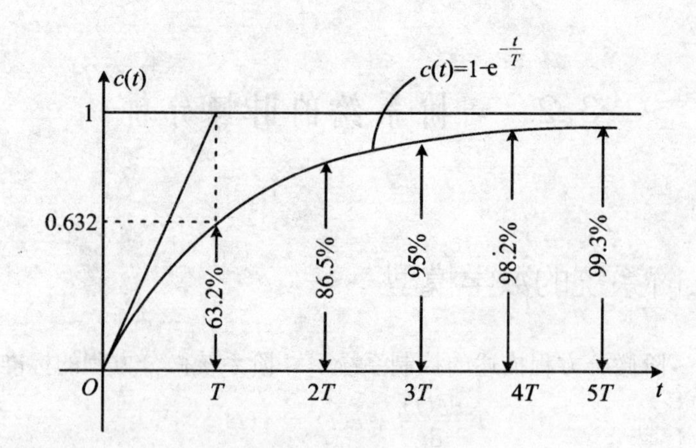

图 3-8 单位阶跃响应曲线

3.2.3 性能指标

因为没有超调，系统的动态性能指标主要是调节时间 t_s。从响应曲线可知：

$t=3T$ 时，$c(t)=0.95$，故 $t_s=3T$（按±5%误差带）。

$t=4T$ 时，$c(t)=0.98$，故 $t_s=4T$（按±2%误差带）。

特点：一阶系统的性能主要由时间常数 T 确定。系统的输出最终稳态值 $C(\infty)=1$，而期望值也为 1，故稳态误差 $e_{ss}=0$。

3.2.4 不同输入下系统响应的关系(表 3-1)

表 3-1 一阶系统对典型输入信号的响应式

	输入信号		输出响应	传递函数
微分↑ $\frac{1}{Ts+1}$	$\delta(t)$	1	$\frac{1}{T}e^{-\frac{t}{T}}\ (t\geqslant 0)$	微分↑ $\frac{1}{Ts+1}$
	$1(t)$	$\frac{1}{s}$	$1-e^{-\frac{t}{T}}\quad (t\geqslant 0)$	
	t	$\frac{1}{s^2}$	$t-T+Te^{-\frac{t}{T}}\quad (t\geqslant 0)$	
	$\frac{1}{2}t^2$	$\frac{1}{s^3}$	$\frac{1}{2}t^2-Tt+T^2(1-e^{-\frac{t}{T}})\quad (t\geqslant 0)$	

比较系统对这三种输入信号的响应，可以清楚地看出：系统对输入信号导数的响应，就等于系统对该输入信号响应的导数；系统对输入信号积分的响应，就等于系统对该输入信号响应的积分；积分常数由零初始条件确定。这是线性定常系统的一个特性，线性时变系统和非线性系统都不具备这种特性。这样，讨论了一种典型信号的响应，就可推知其他响应。因此，研究线性定常系统的时间响应，不必对每种输入信号形式进行测定和计算，往往只取其中一种典型形式进行研究。

3.3 二阶系统的时域分析

凡是可用二阶微分方程描述的系统称为二阶系统。在工程实践中，二阶系统不乏其例，特别是不少高阶系统在一定条件下可用二阶系统的特性来近似表征。因此，研究典型二阶系统的分析和计算方法具有较大的实际意义。

3.3.1 典型的二阶系统

图3-9为典型的二阶系统动态结构图，系统的开环传递函数为：

$$G(s)=\frac{\omega_n^2}{s(s+2\zeta\omega_n)}$$

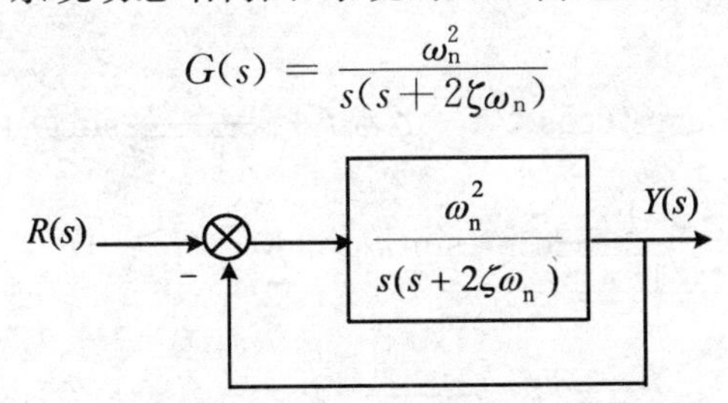

图3-9 典型的二阶系统动态结构图

系统的闭环传递函数为：

$$\phi(s)=\frac{\omega_n^2}{s^2+2\zeta\omega_n s+\omega_n^2}$$

上式是典型二阶系统的传递函数，其中ζ为典型二阶系统的阻尼比(或相对阻尼比)，ω_n为无阻尼振荡频率或称自然振荡角频率。系统闭环传递函数的分母等于零所对应的方程式称为系统的特征方程式。典型二阶系统的特征方程式为：

$$s^2+2\zeta\omega_n s+\omega_n^2=0$$

它的两个特征根是：

$$s_{1,2}=-\zeta\omega_n\pm\omega_n\sqrt{\zeta^2-1}$$

当$0<\zeta<1$时，称为欠阻尼状态，特征根为一对实部为负的共轭复数根；
当$\zeta=1$时，称为临界阻尼状态，特征根为两个相等的负实根；
当$\zeta>1$时，称为过阻尼状态，特征根为两个不相等的负实根；
当$\zeta=0$时，称为无阻尼状态，特征根为一对纯虚根。

ζ和ω_n是二阶系统的两个重要参数，系统响应特性完全由这两个参数来描述。

3.3.2 二阶系统的阶跃响应

在单位阶跃函数作用下，二阶系统输出的拉氏变换为：

$$Y(s)=\phi(s)R(s)=\phi(s)\frac{1}{s}$$

求 $Y(s)$ 的拉氏变换，可得到典型二阶系统的单位阶跃响应。由于特征根 $s_{1,2}$ 与系统阻尼比有关。当阻尼比 ζ 为不同值时，单位阶跃响应有不同的形式，下面分几种情况来分析二阶系统的暂态特性。

3.3.2.1　欠阻尼情况($0<\zeta<1$)

由于 $0<\zeta<1$，则系统的一对共轭复数根可写为：

$$s_{1,2}=-\zeta\omega_{\mathrm{n}}\pm \mathrm{j}\omega_{\mathrm{n}}\sqrt{1-\zeta^2}$$

当输入信号为单位阶跃函数时，系统输出量的拉氏变换为：

$$\begin{aligned}Y(s)&=\frac{\omega_{\mathrm{n}}^2}{s^2+2\zeta\omega_{\mathrm{n}}s+\omega_{\mathrm{n}}{}^2}\times\frac{1}{s}\\&=\frac{1}{s}-\frac{s+\zeta\omega_{\mathrm{n}}}{(s+\zeta\omega_{\mathrm{n}})^2+\omega_{\mathrm{d}}^2}-\frac{\zeta\omega_{\mathrm{n}}}{(s+\zeta\omega_{\mathrm{n}})^2+\omega_{\mathrm{d}}^2}\end{aligned}$$

式中 $\omega_{\mathrm{d}}=\omega_{\mathrm{n}}\sqrt{1-\zeta^2}$，称为阻尼振荡角频率。对上式进行拉氏反变换，则欠阻尼二阶系统的单位阶跃响应为：

$$\begin{aligned}y(t)&=1-\mathrm{e}^{-\zeta\omega_{\mathrm{n}}t}\left(\cos\sqrt{1-\zeta^2}\,\omega_{\mathrm{n}}t+\frac{\zeta}{\sqrt{1-\zeta^2}}\sin\sqrt{1-\zeta^2}\,\omega_{\mathrm{n}}t\right)\\&=1-\frac{1}{\sqrt{1-\zeta^2}}\mathrm{e}^{-\zeta\omega_{\mathrm{n}}t}\sin(\omega_{\mathrm{d}}t+\beta)\quad(t\geqslant 0)\end{aligned}$$

式中

$$\sin\beta=\sqrt{1-\zeta^2},\ \cos\beta=\zeta$$

$$\beta=\arctan\frac{\sqrt{1-\zeta^2}}{\zeta}=\arccos\zeta$$

由上式知欠阻尼二阶系统的单位阶跃响应由两部分组成，第一项为稳态分量，第二项为暂态分量。它是一个幅值按指数规律衰减的有阻尼的正弦振荡，振荡角频率为 ω_{d}。响应曲线见图 3-10。

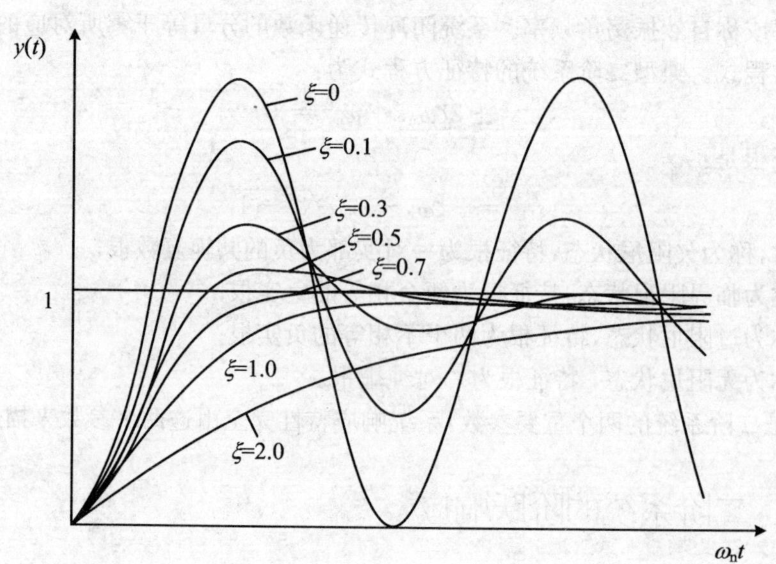

图 3-10　典型二阶系统的单位阶跃响应

3.3.2.2　临界阻尼情况($\zeta=1$)

当$\zeta=1$时，系统有两个相等的负实根，为：

$$s_{1,2}=-\omega_n$$

在单位阶跃函数作用下，输出量的拉氏变换为：

$$Y(s)=\frac{\omega_n^2}{s(s^2+2\zeta\omega_n s+\omega_n^2)}=\frac{1}{s}-\frac{\omega_n}{(s+\omega_n)^2}-\frac{1}{s+\omega_n}$$

其反拉氏变换为：

$$y(t)=1-e^{-\omega_n t}(1+\omega_n t)\quad(t\geqslant 0)$$

上式表明，临界阻尼二阶系统的单位阶跃响应是稳态值为1的非周期上升过程，整个响应特性不产生振荡。响应曲线如图3-10所示。

3.3.2.3　过阻尼情况($\zeta>1$)

当$\xi>1$时，系统有两个不相等的负实根，为：

$$s_{1,2}=-\zeta\omega_n\pm\omega_n\sqrt{\zeta^2-1}$$

当输入信号为单位阶跃函数时，输出量的拉氏变换为：

$$Y(s)=\frac{\omega_n^2}{(s-s_1)(s-s_2)}\times\frac{1}{s}$$

其反变换为：

$$y(t)=1-\frac{1}{2\sqrt{\zeta^2-1}}\left[\frac{e^{-(\zeta-\sqrt{\zeta^2-1})\omega_n^2 t}}{\zeta-\sqrt{\zeta^2-1}}-\frac{e^{-(\zeta+\sqrt{\zeta^2-1})\omega_n^2 t}}{\zeta+\sqrt{\zeta^2-1}}\right]\quad(t\geqslant 0)$$

上式表明，系统响应含有两个单调衰减的指数项，它们的代数和决不会超过稳态值1，因而过阻尼二阶系统的单位阶跃响应是非振荡的。响应曲线如图3-10所示。

3.3.2.4　无阻尼情况($\zeta=0$)

当$\zeta=0$时输出量的拉氏变换为：

$$Y(s)=\frac{\omega_n^2}{s(s^2+\omega_n^2)}$$

特征方程式的根为：

$$s_{1,2}=-j\omega_n$$

因此二阶系统的输出响应为：

$$y(t)=1-\cos\omega_n t\quad(t\geqslant 0)$$

上式表明，系统为不衰减的振荡，其振荡频率为ω_n，属不稳定系统。

综上所述，可以看出，在不同阻尼比ζ时，二阶系统的闭环极点和暂态响应有很大区别，阻尼比ζ为二阶系统的重要特征参量。当$\zeta=0$时，系统不能正常工作，而在$\zeta>1$时，系统暂态响应又进行得太慢。所以，对二阶系统来说，欠阻尼情况是最有意义的，下面讨论这种情况下的暂态特性指标。

3.3.3　系统的暂态性能指标

3.3.3.1　上升时间t_r

根据定义，当$t=t_r$时，$y(t_r)=1$。

$$y(t_r)=1-\frac{1}{\sqrt{1-\zeta^2}}e^{-\zeta\omega_n t_r}\sin(\omega_d t_r+\beta)=1$$

则

$$\frac{1}{\sqrt{1-\zeta^2}}e^{-\zeta\omega_n t_r}\sin(\omega_d t_r+\beta)=0$$

于是上升时间

$$t_r=\frac{(\pi-\beta)}{\omega_d}$$

显然，增大 ω_n 或减小 ζ 均能减小 t_r，从而加快系统的初始响应速度。

3.3.3.2　峰值时间 t_p

按峰值时间定义，它对应最大超调量，即 $y(t)$ 第一次出现峰值所对应的时间 t_p，所以有：

$$\left.\frac{dy(t)}{dt}\right|_{t=t_p}=-\frac{1}{\sqrt{1-\zeta^2}}[-\zeta\omega_n e^{-\zeta\omega_n t_p}\sin(\omega_d t_p+\beta)+\omega_d e^{-\zeta\omega_n t_p}\cos(\omega_d t_p+\beta)]=0$$

$$t_p=\frac{\pi}{\omega_d}=\frac{\pi}{\sqrt{1-\zeta^2}\omega_n}\qquad(t\geqslant 0)$$

3.3.3.3　最大超调量 $\sigma_p\%$

$$y(t)_{max}=y(t_p)=1-\frac{e^{-\frac{\zeta\pi}{\sqrt{1-\zeta^2}}}}{\sqrt{1-\zeta^2}}\sin(\pi+\beta)$$

因为

$$\sin(\pi+\beta)=-\sin\beta=-\sqrt{1-\zeta^2}$$

所以

$$y(t_p)=1+e^{-\frac{\zeta\pi}{\sqrt{1-\zeta^2}}}$$

则超调量为：

$$\sigma_p\%=e^{-\frac{\zeta\pi}{\sqrt{1-\zeta^2}}}\times 100\%$$

可见超调量仅由 ζ 决定，ζ 越大，$\sigma_p\%$ 越小。

3.3.3.4　调节时间 t_s

$$t_s(5\%)\approx\frac{3}{\zeta\omega_n}\qquad(0<\zeta<0.9)$$

$$t_s(2\%)\approx\frac{4}{\zeta\omega_n}\qquad(0<\zeta<0.9)$$

通过以上分析可知，t_s 与 $\zeta\omega_n$ 近似成反比。在设计系统时，ζ 通常由要求的最大超调量决定，所以调节时间 t_s 由无阻尼自然振荡频率 ω_n 所决定。也就是说，在不改变超调量的条件下，通过改变 ω_n 值来改变调节时间 t_s。

由以上讨论，可得到如下结论：

(1) 阻尼比 ζ 是二阶系统的重要参数，由 ζ 值的大小，可以间接判断一个二阶系统的暂态品质。在过阻尼的情况下，暂态特性为单调变化曲线，没有超调量和振荡，但调节时间较长，系统反应迟缓。当 $\zeta\leqslant 0$ 时输出量作等幅振荡或发散振荡，系统不能稳定工作。

(2) 一般情况下，系统在欠阻尼情况下工作。但是 ζ 过小，则超调量大，振荡次数多，调节时间长，暂态特性品质差。应该注意，超调量只和阻尼比有关。因此，通常可以根据允许的超调量来选择阻尼比 ζ。

(3) 调节时间 t_s 与 ζ 和 ω_n 这两个特征参数的乘积成反比。阻尼比一定时,可通过改变 ω_n 来改变暂态响应的持续时间,ω_n 越大,系统的调节时间越短。

(4) 为了限制超调量,并使调节时间 t_s 较短,阻尼比一般在 0.4～0.8 之间,这时阶跃响应的超调量将在 25% ～ 1.5%之间。

例 3-1 开环传递函数 $G(s)=\dfrac{K}{s(Ts+1)}$ 的单位反馈随动系统如图 3-11 所示。若 $K=16$,$T=0.25\text{s}$。试求:(1) 典型二阶系统的特征参数 ζ 和 ω_n;(2) 暂态特性指标 $\sigma_p\%$ 和 t_s;(3) 欲使 $\sigma_p\%=16\%$,当 T 不变时,K 应取何值。

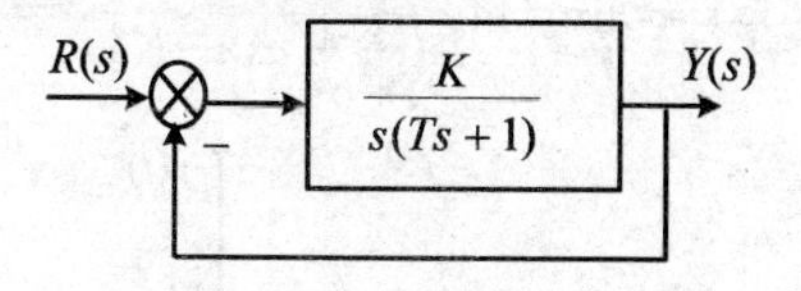

图 3-11 例 3-1 图

解:闭环系统的传递函数为:

$$\phi(s)=\frac{K}{Ts^2+s+K}=\frac{\frac{K}{T}}{s^2+\frac{1}{T}s+\frac{K}{T}}$$

令

$$\phi(s)=\frac{\omega_n^2}{s^2+2\zeta\omega_n s+\omega_n^2}$$

比较上两式得:

$$\omega_n=\sqrt{\frac{K}{T}}$$

$$\zeta=\frac{1}{2\sqrt{KT}}$$

已知 K、T 值,由上式可得:

$$\omega_n=\sqrt{\frac{K}{T}}=\sqrt{\frac{16}{0.25}}=8\ (\text{rad/s})$$

$$\zeta=\frac{1}{2\sqrt{KT}}=0.25$$

$$\sigma_p\%=\mathrm{e}^{-\frac{0.25\pi}{\sqrt{1-0.25^2}}}\times 100\%=47\%$$

$$t_s\approx\frac{3}{\zeta\omega_n}=\frac{3}{0.25\times 8}=1.5\ (\text{s})\qquad(\Delta=5\%)$$

$$t_s\approx\frac{4}{\zeta\omega_n}=\frac{4}{0.25\times 8}=2.0\ (\text{s})\qquad(\Delta=2\%)$$

为使 $\sigma_p\%=16\%$,得 $\zeta=0.5$,即应使 ζ 由 0.25 增大到 0.5,此时

$$K\approx\frac{1}{4T\zeta^2}=\frac{1}{4\times 0.25\times 0.25}=4$$

即 K 值应减小为原来的 $\frac{1}{4}$。

例 3-2 系统的结构图和单位阶跃响应曲线如图 3-12 所示,试确定 K_1,K_2 和 a 的值。

解：根据系统的结构图可求其闭环传递函数为：

$$\frac{Y(s)}{R(s)}=\frac{K_1K_2}{s^2+as+K_2}$$

当输入为单位阶跃信号，即 $R(s)=\frac{1}{s}$ 时，输出 $Y(s)$ 为：

$$Y(s)=\frac{K_1K_2}{s(s^2+as+K_2)}$$

稳态输出为：

$$Y(\infty)=\lim_{s\to 0}s\times\frac{K_1K_2}{s(s^2+as+K_2)}=2$$

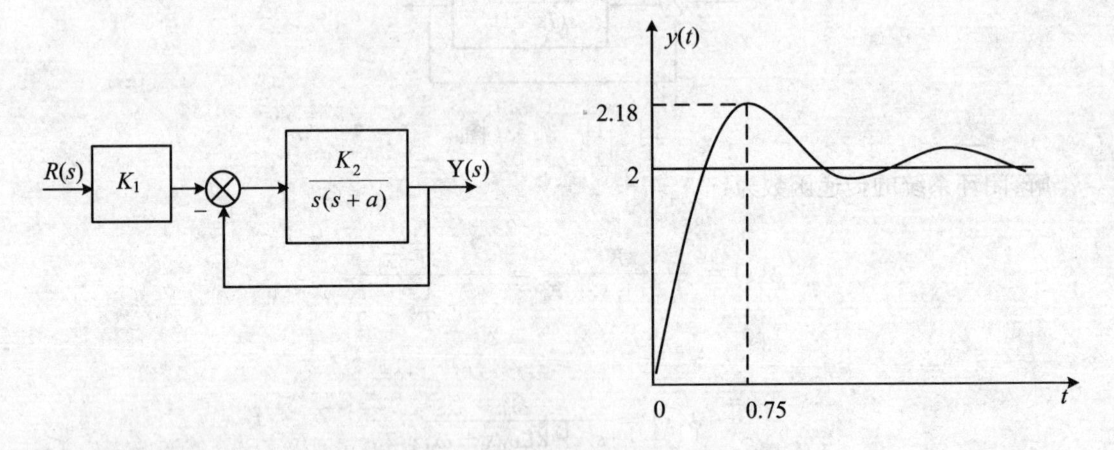

图 3-12 例 3-2 的系统结构图和单位阶跃响应曲线

于是求得 $K_1=2$。由系统的单位阶跃响应曲线图可得：

$$\sigma_p\%=e^{-\frac{\zeta\pi}{\sqrt{1-\zeta^2}}}\times 100\%=9\%,\ t_p=\frac{\pi}{\omega_n\sqrt{1-\zeta^2}}=0.75$$

解得 $\zeta=0.6$，$\omega_n=5.6\ \text{rad/s}$。

$$\frac{Y(s)}{R(s)}=\frac{K_1K_2}{s^2+as+K_2}=\frac{K_1\omega_n^2}{s^2+2\zeta\omega_n s+\omega_n^2}$$

由上式可得：

$$K_2=\omega_n=5.6^2=31.36$$
$$a=2\zeta\omega_n=6.72$$

3.4 高阶系统分析

设高阶系统的传递函数可表示为：

$$\phi(s)=\frac{b_0s^m+b_1s^{m-1}+\cdots+b_{m-1}s+b_m}{a_0s^n+a_1s^{n-1}+\cdots+a_{n-1}s+a_n}\qquad(n\geqslant m)$$

设闭环传递函数的零点为 $-z_1,-z_2,\cdots,-z_m$，极点为 $-p_1,-p_2,\cdots,-p_n$，则闭环传递函数可表示为：

$$Y(s)=\frac{K(s+z_1)(s+z_2)\cdots(s+z_m)}{(s+p_1)(s+p_2)\cdots(s+p_n)}\qquad(n\geqslant m)$$

当输入信号为单位阶跃信号时，输出信号为：

$$Y(s)=\frac{K\prod_{i=1}^{m}(s+z_i)}{s\prod_{j=1}^{q}(s+p_j)\prod_{k=1}^{r}(s^2+2\zeta_k\omega_{nk}s+\omega_{nk}^2)}$$

式中 $n=q+2r$，而 q 为闭环实极点的个数，r 为闭环共轭复数极点的对数。

用部分分式展开得：

$$Y(s)=\frac{A_0}{s}+\sum_{j=1}^{q}\frac{A_j}{s+p_j}+\sum_{k=1}^{r}\frac{B_k(s+\zeta_k\omega_{nk})+C_k\omega_{nk}\sqrt{1-\zeta_k^2}}{s^2+2\zeta_k\omega_{nk}s+\omega_{nk}^2}$$

对上式取反拉氏变换得：

$$y(t)=A_0+\sum_{j=1}^{q}A_j\mathrm{e}^{-p_jt}+\sum_{k=1}^{r}B_k\mathrm{e}^{-\zeta_k\omega_{nk}t}\cos\omega_{nk}\sqrt{1-\zeta_k^2t}$$
$$+\sum_{k=1}^{r}C_k\mathrm{e}^{-\zeta_k\omega_{nk}t}\sin\omega_{nk}\sqrt{1-\zeta_k^2t}\qquad(t\geqslant 0)$$

由上式分析可知，高阶系统的暂态响应是一阶惯性环节和二阶振荡响应分量的合成。系统的响应不仅和 ζ_k、ω_{nk} 有关，还和闭环零点及系数 A_j、B_k、C_k 的大小有关。这些系数的大小和闭环系统的所有的极点和零点有关，所以单位阶跃响应取决于高阶系统闭环零极点的分布情况。从分析高阶系统单位阶跃响应表达式可以得到如下结论：

(1) 高阶系统暂态响应各分量衰减的快慢由 $-p_j$、ζ_k 和 ω_{nk} 决定，即由闭环极点在 s 平面左半边离虚轴的距离决定。闭环极点离虚轴越远，相应的指数分量衰减得越快，对系统暂态分量的影响越小；反之，闭环极点离虚轴越近，相应的指数分量衰减得越慢，系统暂态分量的影响越大。

(2) 高阶系统暂态响应各分量的系数不仅和极点在 s 平面的位置有关，还与零点的位置有关。如果某一极点 $-p_j$ 靠近一个闭环零点，又远离原点及其他极点，则相应项的系数 A_j 比较小，该暂态分量的影响也就越小。如果极点和零点靠得很近，则该零极点对暂态响应几乎没有影响。

(3) 如果所有的闭环极点都具有负实部，则随着时间的推移，系统的暂态分量不断地衰减，最后只剩下由极点所决定的稳态分量。此时的系统称为稳定系统。稳定性是系统正常工作的首要条件，下一节将详细探讨系统的稳定性。

(4) 假如高阶系统中距虚轴最近的极点的实部绝对值仅为其他极点的 $\frac{1}{5}$ 或更小，并且附近又没有闭环零点，则可以认为系统的响应主要由该极点(或共轭复数极点)来决定。这种对高阶系统起主导作用的极点，称为系统的主导极点。因为在通常的情况下，总是希望高阶系统的暂态响应能获得衰减振荡的过程，所以主导极点常常是共轭复数极点。找到一对共轭复数主导极点后，高阶系统就可近似为二阶系统来分析，相应的暂态响应性能指标可以根据二阶系统的计算公式进行近似估算。

3.5 线性系统的稳定性分析及代数判据

3.5.1 系统稳定性的概念和稳定的充分必要条件

一个线性系统正常工作的首要条件,就是它必须是稳定的。稳定性是指系统受到扰动作用后偏离原来的平衡状态,在扰动作用消失后,经过一段过渡时间能否回复到原来的平衡状态或足够准确地回到原来的平衡状态的性能。若系统能恢复到原来的平衡状态,则称系统是稳定的;若扰动消失后系统不能恢复到原来的平衡状态,则称系统是不稳定的。

线性系统的稳定性是系统本身固有的特性,而与扰动信号无关。它取决于扰动取消后暂态分量的衰减与否,从上节暂态特性分析中可以看出,暂态分量的衰减与否,取决于系统闭环传递函数的极点(系统的特征根)在 s 平面的分布:如果所有极点都分布在 s 平面的左侧,系统的暂态分量将逐渐衰减至零,则系统是稳定的;如果有共轭极点分布在 s 平面的虚轴上,则系统的暂态分量作等幅振荡,系统处于临界稳定状态;如果有闭环极点分布在 s 平面的右侧,系统具有发散的暂态分量,则系统是不稳定的。所以,线性系统稳定的充分必要条件是:系统特征方程式所有的根(即闭环传递函数的极点)全部为负实数或为具有负实部的共轭复数,也就是所有的极点分布在 s 平面虚轴的左侧。

因此,可以根据求解特征方程式的根来判断系统稳定与否。例如,一阶系统的特征方程式为:

$$a_0 s + a_1 = 0$$

特征方程式的根为:

$$s = -\frac{a_1}{a_0}$$

显然特征方程式根为负的充分必要条件是 a_0,a_1 均为正值,即 $a_0>0$、$a_1>0$。

二阶系统的特征方程式为:

$$a_0 s^2 + a_1 s + a_2 = 0$$

特征方程式的根为:

$$s_{1,2} = -\frac{a_1}{2a_0} \pm \sqrt{\left(\frac{a_1}{2a_0}\right)^2 - \frac{a_2}{a_0}}$$

要使系统稳定,特征方程式的根必须有负实部。因此二阶系统稳定的充分必要条件是:$a_0>0$、$a_1>0$、$a_2>0$。

由于求解高阶系统特征方程式的根很麻烦,所以对高阶系统一般都采用间接方法来判断其稳定性。经常应用的间接方法是代数稳定判据(也称劳斯—古尔维茨判据)、频率法稳定判据(也称奈魁斯特判据)。本章只介绍代数判据,频率判据将在第 4 章中介绍。

3.5.2 劳斯判据

1887 年,劳斯发表了研究线性定常系统稳定性的方法。该判据的具体内容和步骤如下。

(1) 列出系统特征方程式

$$a_0 s^n + a_1 s^{n-1} + a_2 s^{n-2} + \cdots + a_{n-1} s + a_n = 0$$

式中各个项系数均为实数,且使 $a_0>0$。

(2) 根据特征方程式列出劳斯数组表

$$\begin{array}{llllll}
s^n & a_0 & a_2 & a_4 & a_6 & \cdots \\
s^{n-1} & a_1 & a_3 & a_5 & a_7 & \cdots \\
s^{n-2} & b_1 & b_2 & b_3 & b_4 & \cdots \\
s^{n-3} & c_1 & c_2 & c_3 & c_4 & \cdots \\
\vdots & \vdots & \vdots & \vdots & \vdots & \vdots \\
s^2 & e_1 & e_2 & & & \\
s^1 & f_1 & & & & \\
s^0 & g_1 & & & &
\end{array}$$

表中各未知元素由计算得出,其中

$$b_1 = \frac{a_1 a_2 - a_0 a_3}{a_1},\ b_2 = \frac{a_1 a_4 - a_0 a_5}{a_1},\ b_3 = \frac{a_1 a_6 - a_0 a_7}{a_1} \quad \cdots$$

$$c_1 = \frac{b_1 a_3 - a_1 b_2}{b_1},\ c_2 = \frac{b_1 a_5 - a_1 b_3}{b_1},\ c_3 = \frac{b_1 a_7 - a_1 b_4}{b_1} \quad \cdots$$

同样的方法,求取表中其余行的系数,一直到第 $n+1$ 行排完为止。

(3) 根据劳斯表中第一列各元素的符号,用劳斯判据来判断系统的稳定性。劳斯判据的内容如下:

① 如果劳斯表中第一列的系数均为正值,则其特征方程式的根都在 s 的左半平面,相应的系统是稳定的。

② 如果劳斯表中第一列系数的符号发生变化,则系统不稳定,且第一列元素正负号的改变次数等于特征方程式的根在 s 平面右半部分的个数。

例 3-3 三阶系统的特征方程式为:

$$a_0 s^3 + a_1 s^2 + a_2 s + a_3 = 0 \quad (a_0 > 0)$$

列出劳斯表为:

$$\begin{array}{lll}
s^3 & a_0 & a_2 \\
s^2 & a_1 & a_3 \\
s^1 & \dfrac{a_1 a_2 - a_0 a_3}{a_1} & \\
s^0 & a_3 &
\end{array}$$

系统稳定的充要条件是 $a_0>0, a_1>0, a_2>0, a_3>0, a_1a_2-a_0a_3>0$。

例 3-4 设系统的特征方程式为:

$$s^4 + 2s^3 + 3s^2 + 4s + 5 = 0$$

试用劳斯判据判别系统的稳定性。

解:劳斯表如下

$$
\begin{array}{llll}
s^4 & 1 & 3 & 5 \\
s^3 & 2 & 4 & \\
s^2 & \dfrac{2\times 3-1\times 4}{2}=1 & \dfrac{2\times 5-1\times 0}{2}=5 & \\
s^1 & (1\times 4-2\times 5)=-6 & & \\
s^0 & \dfrac{-6\times 5}{-6}=5 & &
\end{array}
$$

劳斯表左端第一列中有负数,所以系统不稳定;又由于第一列数的符号改变两次,1→−6→5,所以系统有两个根在 s 平面的右半平面。

(4) 在劳斯数组表的计算过程中,可能出现以下两种特殊情况。

① 劳斯表中某一行左边第一个数为零,但其余各项不为零或没有其余项。在这种情况下,可以用一个很小的正数 ε 代替这个零,并据此计算出数组中其余各项。如果劳斯表第一列中 ε 上下各项的符号相同,则说明系统存在一对虚根,系统处于临界稳定状态;如果 ε 上下各项的符号不同,表明有符号变化,则系统不稳定。

例 3-5 系统特征方程式为:

$$s^4+2s^3+3s^2+4s+5=0$$

试用劳斯判据判别系统的稳定性。

解:特征方程式各项系数均为正数,劳斯表如下

$$
\begin{array}{llll}
s^4 & 1 & 1 & 1 \\
s^3 & 2 & 2 & \\
s^2 & 0(\varepsilon) & 1 & \\
s^1 & \dfrac{2\varepsilon-2}{\varepsilon} & & \\
s^0 & 1 & &
\end{array}
$$

由于 ε 是很小的正数,ε 行第一列元素就是一个绝对值很大的负数。整个劳斯表中第一列元素符号共改变两次,所以系统有两个位于右半 s 平面的根。

② 如果劳斯表中某一行中的所有元素都为零,则表明系统存在两个大小相等、符号相反的实根和(或)两个共轭虚根,或存在更多的这种大小相等,但在 s 平面上位置径向相反的根。这时可以利用该行上面一行的系数构成一个辅助方程式,将对辅助方程式求导后的系数列入该行,这样,数组表中其余各行的计算可继续下去。s 平面中这些大小相等,径向相反的根可以通过辅助方程式得到,而且这些根的个数总是偶数。

例 3-6 系统特征方程式为:

$$s^5+s^4+3s^3+3s^2+2s+2=0$$

使用劳斯判据判别系统的稳定性。

解:该系统劳斯表如下

$$
\begin{array}{llll}
s^5 & 1 & 3 & 2 \\
s^4 & 1 & 3 & 2 \\
s^3 & 0 & 0 &
\end{array}
$$

由上表可以看出,s^3 行的各项全部为零。为了求出 s^3 各行的元素,将 s^4 行的各行组成辅助方程式为:

$$A(s) = s^4 + 3s^2 + 2s^0$$

将辅助方程式 $A(s)$ 对 s 求导数得：

$$\frac{\mathrm{d}A(s)}{\mathrm{d}s} = 4s^3 + 6s$$

用上式中的各项系数作为 s^3 行的系数，并计算以下各行的系数，得劳斯表为：

$$\begin{array}{llll} s^5 & 1 & 3 & 2 \\ s^4 & 1 & 3 & 2 \\ s^3 & 4 & 6 & \\ s^2 & \frac{3}{2} & 2 & \\ s^1 & \frac{3}{2} & & \\ s^0 & 2 & & \end{array}$$

从这个劳斯表的第一列可以看出，各行符号没有改变，说明系统没有特征根在 s 右半平面。但由于辅助方程式可解得系统有两对共轭虚根 $s_{1,2} = \pm \mathrm{j}$，$s_{3,4} = \pm \mathrm{j}2$，因而系统处于临界稳定状态。

3.5.3 代数判据的应用

代数判据除可以根据系统特征方程式的系数判别其稳定性外，还可以检验稳定裕量、求解系统的临界参数、分析系统的结构参数对稳定性的影响、鉴别延迟系统的稳定性等，并可以从中得到一些重要的结论。

3.5.3.1 稳定裕量

应用代数判据只能给出系统是稳定还是不稳定，即只解决了绝对稳定性的问题。在处理实际问题时，只判断系统是否稳定是不够的。因为，对于实际的系统，如果一个负实部的特征根紧靠虚轴，尽管满足稳定条件，但其暂态过程具有过大的超调量和过于缓慢的响应，以致仅由于系统内部参数的微小变化，就可使特征根转移到右半 s 平面，导致系统不稳定。考虑这些因素，往往希望知道系统距离稳定边界有多少裕量，这就是相对稳定性或稳定裕量的问题。

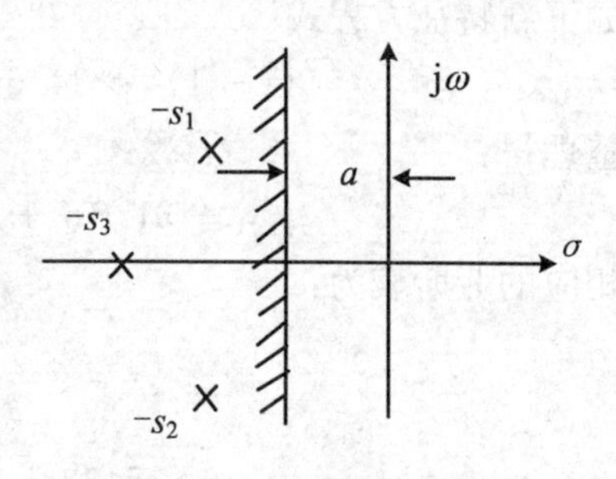

图 3-13 系统的稳定裕量

将 s 平面的虚轴向左移动某个数值 a，如图 3-13 所示，即令 $s = z - a$（a 为正实数），当 $z = 0$ 时，$s = -a$，将 $s = z - a$ 带入系统特征方程式，则得到 z 的多项式，利用代数判据对新的特征多项式进行判别，即可检验系统的稳定裕量。因为新特征方程式的所有根如果均在新虚轴的左半平面，则说明系统至少具有稳定裕量 a。

例 3-7 设比例—积分控制系统如图 3-14 所示，K_1 为与积分器时间常数有关的待定参数。已知参数 $\xi = 0.2$ 及 $\omega_n = 86.6\ \mathrm{rad/s}$，试用劳斯稳定判据确定使闭环系统稳定的 K_1 值范围。如果要求闭环系统的极点全部位于 $s = -1$ 垂线之左，问 K_1 值范围应取多大？

解：根据系统的结构图，可知其闭环传递函数为：

$$\phi(s)=\frac{\omega_n^2(s+K_1)}{s^3+2\zeta\omega_n s^2+\omega_n^2 s+K_1\omega_n^2}$$

因而,闭环特征方程式为:

$$D(s)=s^3+2\zeta\omega_n s^2+\omega_n^2 s+K_1\omega_n^2=0$$

代入已知的 ζ 和 ω_n,得:

$$D(s)=s^3+34.6s^2+7\,500s+7\,500K_1=0$$

列出相应的劳斯表:

$$\begin{array}{lll} s^3 & 1 & 7\,500 \\ s^2 & 34.6 & 7\,500K_1 \\ s^1 & \dfrac{34.6\times 7\,500-7\,500K_1}{34.6} & \\ s^0 & 7\,500K_1 & \end{array}$$

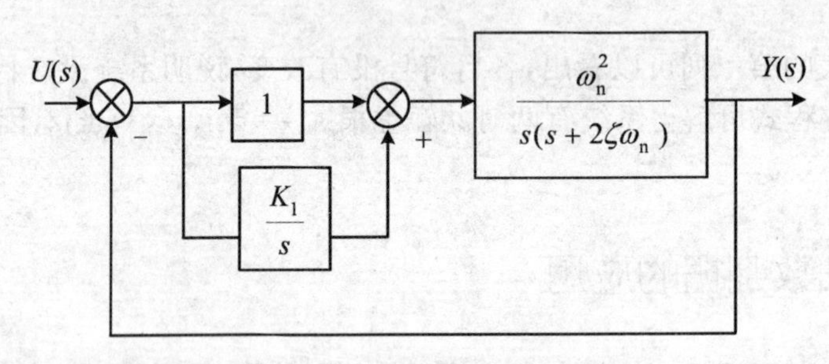

图 3-14 例 3-7 的系统结构图

为使系统稳定,必须使 $34.6\times 7\,500-7\,500K_1>0$,因 $7\,500K_1>0$,所以 $K_1<34.6$。因此,K_1 的取值范围为:

$$0<K_1<34.6$$

当要求闭环极点全部位于 $s=-1$ 垂线之左时,可令 $s=s_1-1$,代入原特征方程式,得到如下新特征方程式:

$$(s-1)^3+34.6\,(s-1)^2+7\,500(s-1)+7\,500K_1=0$$

整理得:

$$s_1^3+31.6s_1^2+7\,433.8s_1+(7\,500K_1-7\,466.4)=0$$

相应的劳斯表为:

$$\begin{array}{lll} s^3 & 1 & 7\,433.8 \\ s^2 & 31.6 & 7\,500K_1-7466.4 \\ s^1 & \dfrac{31.6\times 7433.8-(7\,500K_1-7\,466.4)}{31.6} & \\ s^0 & 7\,500K_1-7466.4 & \end{array}$$

令劳斯表的第一列各元素为正,得使全部闭环极点位于 $s=-1$ 垂线之左的 K_1 的取值范围:

$$1<K_1<32.3$$

3.5.3.2 临界放大系数

利用代数稳定判据可确定系统个别参数变化对稳定性的影响以及为使系统稳定,这些参数应取值的范围。若讨论的参数为开环放大系数,为使系统稳定的开环放大系数的临界值称为临界放大系数，用 K_L 表示。

例 3-8 已知系统结构图如图 3-15 所示，试确定使系统稳定的 K 值范围。

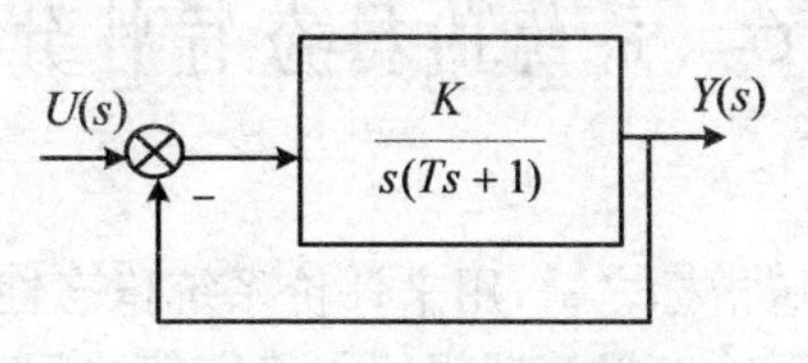

图 3-15 例 3-8 的附图

解：闭环系统的传递函数为：

$$\phi(s)=\frac{K}{s^3+3s^2+2s+K}$$

闭环特征方程式为：

$$s^3+3s^2+2s+K=0$$

劳斯表为：

$$\begin{array}{lll} s^3 & 1 & 2 \\ s^2 & 3 & K \\ s^1 & \dfrac{6-K}{3} & \\ s^0 & K & \end{array}$$

为使系统稳定，必须使 $K>0$，$6-K>0$，即 $K<6$。因此，K 的取值范围为：

$$0<K<6$$

临界放大系数为 $K_L=6$。

例 3-9 系统的闭环传递函数为：

$$\phi(s)=\frac{K}{(T_1s+1)(T_2s+1)(T_3s+1)+K}$$

式中 $K=K_1K_2K_3$。分析系统内部的参数变化对稳定性的影响。

解：系统的特征方程式为：

$$T_1T_2T_3s^3+(T_1T_2T_3+T_1T_3+T_2T_3)s^2+(T_1+T_2+T_3)s+1+K=0$$

根据代数稳定判据，三阶系统稳定的充要条件是：

$$a_0>0,\ a_1>0,\ a_2>0,\ a_3>0,\ a_1a_2-a_0a_3>0$$

对应于该系统，由于 T_1、T_2、T_3 和 K 均大于零，所以要使系统稳定，要求

$$(T_1T_2T_3+T_1T_3+T_2T_3)(T_1+T_2+T_3)>T_1T_2T_3(1+K)$$

经整理得：

$$K<\frac{T_1}{T_2}+\frac{T_2}{T_3}+\frac{T_3}{T_1}+\frac{T_2}{T_1}+\frac{T_3}{T_2}+\frac{T_1}{T_3}+2$$

假设 $T_1=T_2=T_3$，则使系统稳定的临界放大系数为 $K_L=8$。如果取 $T_3=T_1=10T_2$，则临界放大系数变为 $K_L=24.2$。由此可见，各环节的时间常数错开程度越大，则系统的临界开环放大系数越大。反过来，如果系统的开环放大系数一定，则时间常数错开程度越大，系统的稳定性越好。

3.6 系统的稳态特性分析

稳态误差是控制系统时域指标之一,用来评价系统稳态性能的好坏。稳态误差仅对稳定系统才有意义。稳态条件下输出量的期望值与稳态值之间存在的误差,称为系统稳态误差。影响系统稳态误差的因素很多,如系统的结构、系统的参数以及输入量的形式等。没有稳态误差的系统称为无差系统,具有稳态误差的系统称为有差系统。

为了分析方便,把系统的稳态误差按输入信号形式不同分为扰动作用下的稳态误差和给定作用下的稳态误差。对于恒值系统,由于给定量是不变的,常用扰动作用下的稳态误差来衡量系统的稳态品质;而对随动系统,给定量是变化的,要求输出量以一定的精度跟随给定量的变化,因此给定稳态误差成为恒量随动系统稳态品质的指标。本节将讨论计算和减少稳态误差的方法。

3.6.1 稳态误差的定义

设控制系统的典型动态结构图如图 3-16 所示。

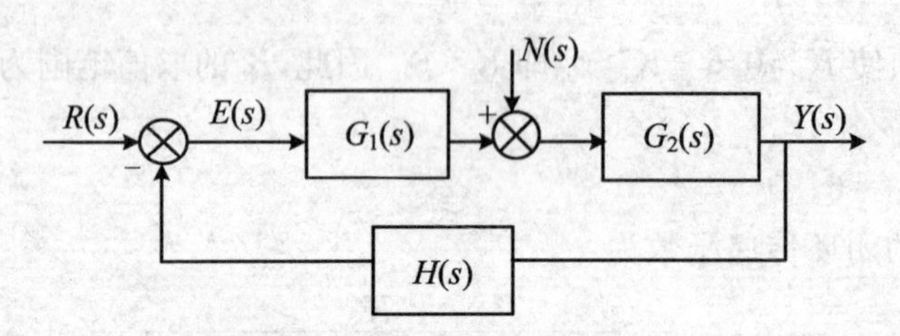

图 3-16 控制系统的典型动态结构图

设给定信号为 $r(t)$,主反馈信号为 $b(t)$,一般定义其差值 $e(t)$ 为误差信号,即

$$e(t) = r(t) - b(t)$$

当时间 $t \to \infty$ 时,此值就是稳态误差,用 e_{ss} 表示,即

$$e_{ss} = \lim_{t \to \infty}[r(t) - b(t)]$$

这种稳态误差的定义是从系统输入端定义的。这个误差在实际系统中是可以测量的,因而具有一定的物理意义。

另一种定义误差的方法是由系统的输出端定义,系统输出量的实际值与期望值之差为稳态误差,这种方法定义的误差在实际系统中有时无法测量,因而只有数学上的意义。

对于单位反馈系统,这两种定义是相同的。对于图 3-16 所示的系统两种定义有如下的简单关系:

$$E'(s) = \frac{E(s)}{H(s)}$$

$E(s)$ 为从系统输入端定义的稳态误差,$E'(s)$ 为从系统输出端定义的稳态误差。本书以下均采用从系统输入端定义的稳态误差。

根据前一种定义,由图 3-16 可得系统的误差传递函数为:

$$\phi_{ER}(s)=\frac{E(s)}{R(s)}=1-\frac{B(s)}{R(s)}=\frac{1}{1+G_1(s)G_2(s)H(s)}=\frac{1}{1+G(s)}$$

式中 $G(s)=G_1(s)G_2(s)H(s)$ 为系统开环传递函数。

此误差的拉氏变换为：

$$E(s)=\frac{R(s)}{1+G(s)}$$

给定稳态误差为：

$$e_{ss}=\lim_{t\to\infty}e(t)=\lim_{s\to 0}sE(s)=\lim_{s\to 0}\frac{sR(s)}{1+G(s)}$$

由此可见，有两个因素决定稳态误差，即系统的开环传递函数 $G(s)$ 和输入信号 $R(s)$。即系统的结构和参数的不同，输入信号的形式和大小的差异，都会引起系统稳态误差的变化。下面讨论就这两个因素对稳态误差的影响。

3.6.2 系统的分类

根据开环传递函数中串联积分环节的个数，将系统分为几种不同的类型。把系统开环传递函数表示成下面形式：

$$G(s)=\frac{K\prod_{i=1}^{m}(\tau_i s+1)}{s^v\prod_{j=1}^{n-v}(T_j s+1)}$$

式中 K 为系统的开环增益，v 为开环传递函数中积分环节的个数。

系统按 v 的不同取值可以分为不同类型。$v=0,1,2$ 时，系统分别称为0型、Ⅰ型和Ⅱ型系统。$v>2$ 的系统很少见，实际上很难使之稳定，所以这种系统在控制工程中一般不会碰到。

3.6.3 给定作用下的稳态误差

控制系统的稳态性能一般是以阶跃、斜坡和抛物线信号作用在系统上而产生的稳态误差来表征。下面分别讨论这三种不同输入信号作用于不同类型的系统时产生的稳态误差。

3.6.3.1 单位阶跃函数输入

当 $R(s)=\frac{1}{s}$ 时，系统稳态误差为：

$$e_{ss}=\lim_{s\to 0}\frac{s\times\frac{1}{s}}{1+G(s)}=\frac{1}{1+\lim\limits_{s\to 0}G(s)}=\frac{1}{1+K_p}$$

定义 $K_p=\lim\limits_{s\to 0}G(s)$，$K_p$ 为位置误差系数。根据定义得：

$$K_p=\lim_{s\to 0}\frac{K\prod_{i=1}^{m}(\tau_i s+1)}{s^v\prod_{j=1}^{n-v}(T_j s+1)}$$

对 0 型系统：$v=0, K_p=K, e_{ss}=\frac{1}{1+K_p}$。

对Ⅰ型系统及Ⅰ型以上的系统：$v=1,2,\cdots, K_p=\infty, e_{ss}=0$。

由此可见，对于单位阶跃输入，只有 0 型系统有稳态误差，其大小与系统的开环增益成反比。而Ⅰ型和Ⅰ型以上的系统位置误差系数均为无穷大，稳态误差均为零。

3.6.3.2 单位斜坡函数输入

当 $R(s)=\frac{1}{s^2}$ 时，系统稳态误差为：

$$e_{ss}=\lim_{s\to 0}\frac{s\times\frac{1}{s^2}}{1+G(s)}=\frac{1}{\lim\limits_{s\to 0}sG(s)}=\frac{1}{K_v}$$

定义 $K_v=\lim\limits_{s\to 0}sG(s)$，$K_v$ 为速度误差系数。则

$$K_v=\lim_{s\to 0}\frac{sK\prod_{i=1}^{m}(\tau_i s+1)}{s^v\prod_{j=1}^{n-v}(T_j s+1)}$$

对 0 型系统：$v=0, K_v=0, e_{ss}=\infty$。

对Ⅰ型系统：$v=1, K_v=K, e_{ss}=\frac{1}{K_v}$。

对Ⅱ型或高于Ⅱ型的系统：$v=2,3,\cdots, K_v=\infty, e_{ss}=0$。

由此可见，对于单位斜坡输入，0 型系统稳态误差为无穷大；Ⅰ型系统可以跟踪输入信号，但有稳态误差，该误差与系统的开环增益成反比；Ⅱ型或高于Ⅱ型系统，稳态误差为零。

3.6.3.3 单位抛物线函数输入

当 $R(s)=\frac{1}{s^3}$ 时，系统的稳态误差为：

$$e_{ss}=\lim_{s\to 0}\frac{s\times\frac{1}{s^3}}{1+G(s)}=\frac{1}{\lim\limits_{s\to 0}s^2G(s)}=\frac{1}{K_a}$$

定义 $K_a=\lim\limits_{s\to 0}s^2G(s)$，$K_a$ 为加速度误差系数。则

$$K_a=\lim_{s\to 0}\frac{s^2K\prod_{i=1}^{m}(\tau_i s+1)}{s^v\prod_{j=1}^{n-v}(T_j s+1)}$$

对 0 型系统：$v=0, K_a=0, e_{ss}=\infty$。

对Ⅰ型系统：$v=1, K_a=0, e_{ss}=\infty$。

对Ⅱ型系统：$v=2, K_a=K, e_{ss}=\frac{1}{K}$。

对Ⅲ型或高于Ⅲ型的系统：$v=3,4,\cdots, K_a=\infty, e_{ss}=0$。

由此可知，0 型及Ⅰ型系统都不能跟踪抛物线输入；Ⅱ型系统可以跟踪抛物线输入，但存在一定的误差，该误差与系统的开环增益成反比；只有Ⅲ型或高于Ⅲ型的系统，才能准确跟踪抛物线输入信号。

表 3-2 列出了不同类型的系统在不同参考输入下的稳态误差。

表 3-2 误差系数和稳态误差

系统类型	误差系数			典型输入作用下稳态误差		
	K_p	K_v	K_a	阶跃输入 $r(t)=A\cdot 1(t)$	斜坡输入 $r(t)=At$	抛物线输入 $r(t)=\frac{At^2}{2}$
0 型系统	K	0	0	$\frac{A}{1+K_p}$	∞	∞
Ⅰ型系统	∞	K	0	0	$\frac{A}{K_v}$	∞
Ⅱ型系统	∞	∞	K	0	0	$\frac{A}{K_a}$

例 3-10 设控制系统如图 3-17 所示，输入信号 $r(t)=1(t)$，试分别确定当 K_k 为 1 和 0.1 时，系统输出量的稳态误差 e_{ss}。

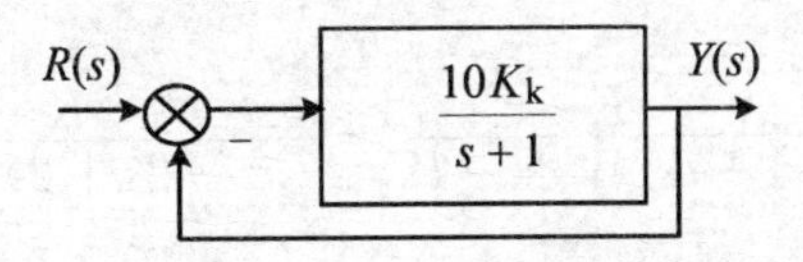

图 3-17 例 3-10 所示系统

解：系统的开环传递函数为：

$$G(s)=\frac{10K_k}{s+1}$$

由于是 0 型系统，所以位置误差系数为：

$$K_p=\lim_{s\to 0}G(s)=10K_k$$

所以

$$e_{ss}=\frac{1}{1+K_p}=\frac{1}{1+10K_k}$$

当 $K_k=1$ 时

$$e_{ss}=\frac{1}{1+10K_k}=\frac{1}{11}$$

当 $K_k=0.1$ 时

$$e_{ss}=\frac{1}{2}=0.5$$

可以看出，随着 K_k 的增加，稳态误差 e_{ss} 下降。

例 3-11 已知单位负反馈系统的开环传递函数为：

$$G(s)=\frac{10(s+1)}{s^2(s+4)}$$

当参考输入为 $u(t)=4+6t+3t^2$ 时，试求系统的稳态误差。

解：由于系统为Ⅱ型系统，所以对阶跃输入和斜坡输入下的稳态误差均为零，对抛物线输入，由于

$$K_a=\lim_{s\to 0}s^2G(s)=\frac{10}{4}$$

所以稳态误差为：

$$e_{ss}=\frac{6}{K_a}=\frac{24}{10}=2.4$$

例 3-12 一单位反馈系统，要求：(1) 跟踪单位斜坡输入时系统的稳态误差为 2。(2) 设该系统为三阶，其中一对复数闭环极点为$-1\pm j1$。求满足上述要求的开环传递函数。

解：根据要求，可知该系统为Ⅰ型三阶系统，设其开环传递函数为：

$$G(s)=\frac{K}{s(s^2+bs+c)}$$

因为

$$e_{ss}=\frac{1}{K_v}=2, K_v=0.5$$

可求得：

$$K_v=\frac{K}{c}=0.5, K=0.5c$$

系统的闭环传递函数为：

$$\begin{aligned}\phi(s)&=\frac{K}{s^3+bs^2+cs+K}=\frac{K}{(s^2+2s+2)(s+p)}\\&=\frac{K}{s^3+(p+2)s^2+(2p+2)s+2p}\end{aligned}$$

由上式可得：

$$2p=K, 2p+2=c, p+2=b$$

解得

$$c=4, K=2, p=1, b=3$$

所以系统的开环传递函数为：

$$G(s)=\frac{2}{s(s^2+3s+4)}$$

3.6.4 扰动输入作用下的稳态误差

系统除有给定输入信号外，还承受扰动信号的作用。扰动信号破坏了系统输出和给定输入间的关系。控制系统一方面使输出保持和给定输入一致，另一方面要使干扰对输出的影响尽可能小，因此干扰对输出的影响反映了系统的抗干扰能力。

计算系统在干扰作用下的稳态误差常用终值定理。应注意：第一，由于给定输入与扰动输入作用于系统的不同位置，因此即使系统对某种形式的给定输入信号作用的稳态误差为零，但对同一形式的扰动信号作用，其稳态误差不一定为零。第二，干扰引起的全部输出就是误差。

下面讨论对图 3-16 所示的恒值控制系统在给定量$r(t)=0$时，扰动作用下系统的稳态误差。此时，扰动作用下的误差称为扰动误差，用$e_n(t)$表示，其拉氏变换为：

$$E_n(s)=-\frac{G_2(s)H(s)N(s)}{1+G(s)}=\phi_{EN}(s)N(s)$$

其中，$G(s)$为系统开环传递函数。

扰动作用下系统的误差传递函数为：

$$\phi_{EN}(s)=\frac{E_n(s)}{N(s)}=-\frac{G_2(s)H(s)}{1+G(s)}$$

根据拉氏变换终值定理,求得扰动作用下的稳态误差为:

$$\begin{aligned}e_{ssn}&=\lim_{t\to\infty}e_n(t)=\lim_{s\to0}sE_n(s)=\lim_{s\to0}s\phi_{EN}(s)N(s)\\&=\lim_{s\to0}\frac{-sG_2(s)H(s)N(s)}{1+G(s)}\end{aligned}$$

由上式可知,系统扰动误差决定于系统的误差传递函数和扰动量。

例 3-13 设系统结构图如图 3-18 所示,$n(t)=0.1\times1(t)$,为使其稳态误差$|e_{ss}|\leqslant0.05$,试求 K_1的数值范围。

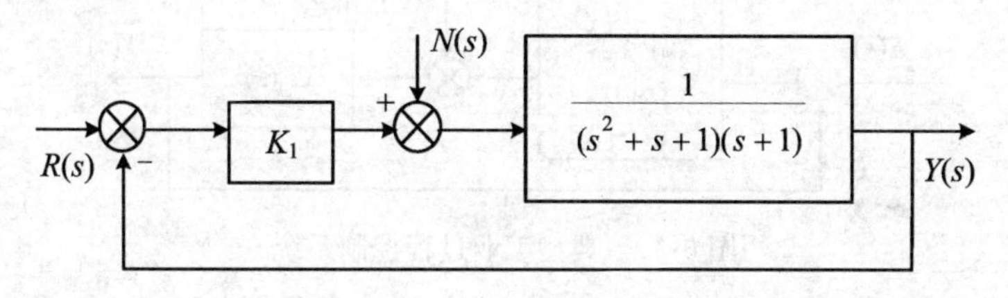

图 3-18 例 3-13 的系统结构图

解:对扰动的误差传递函数为:

$$\phi_{EN}(s)=\frac{-\dfrac{1}{(s^2+s+1)(s+1)}}{1+\dfrac{K_1}{(s^2+s+1)(s+1)}}=\frac{-1}{s^3+2s^2+2s+1+K_1}$$

因而

$$E(s)=\phi_{EN}(s)\cdot N(s)=\frac{-1}{s^3+2s^2+2s+K_1+1}\cdot\frac{0.1}{s}$$

$$e_{ssn}=\lim_{s\to0}sE(s)=\lim_{s\to0}s\frac{-1}{s^3+2s^2+2s+K_1+1}\cdot\frac{0.1}{s}=\frac{-0.1}{1+K_1}$$

根据要求$|e_{ss}|\leqslant0.05$,则有

$$\frac{0.1}{1+K_1}\leqslant0.05\qquad(K_1\geqslant1)$$

应用劳斯判据可以计算出系统稳定时 K_1的数值范围是 $0<K_1<3$。因此既满足稳态误差的要求,又保证系统稳定,应选取 $1<K_1<3$。

对于恒值系统,典型的扰动量为单位阶跃函数,即 $N(s)=1/s$;则扰动稳态误差为:

$$e_{ssn}=\lim_{t\to\infty}e_n(t)=\lim_{s\to0}\frac{-G_2(s)H(s)}{1+G(s)}$$

下面举例说明。

例 3-14 图 3-19 所示的是典型工业过程控制系统的动态结构图。设被控对象的传递函数为 $G_p(s)=\dfrac{K_2}{s(T_2s+1)}$。

求当采用比例调节器和比例积分调节器时,求阶跃输入下系统的稳态误差。

解:(1) 若采用比例调节器,即 $G_c(s)=K_p$。

由图 3-19 可以看出,系统对给定输入为Ⅰ型系统,令 $N(s)=0$ 扰动,给定输入 $R(s)=\dfrac{A}{s}$,

则系统对阶跃给定输入的稳定误差为零。

若令 $R(s)=0, N(s)=\frac{N}{s}$，则系统对阶跃扰动输入的稳态误差为：

$$e_{\text{ssn}}=\lim_{s\to 0}\frac{-s\times\frac{K_2}{s(T_2s+1)}}{1+\frac{K_pK_2}{s(T_2s+1)}}\times\frac{N}{s}=\lim_{s\to 0}\frac{-K_2N}{s(T_2s+1)+K_pK_2}=-\frac{N}{K_p}$$

可见，阶跃扰动输入下系统的稳态误差为常值，它与阶跃信号的幅值成正比，与控制器比例系数 K_p 成反比。

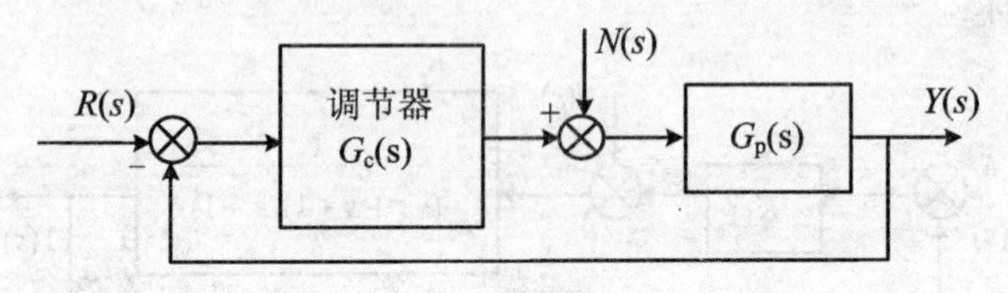

图 3-19 典型工业过程控制系统

(2) 若采用比例积分调节器，即

$$G_c(s)=K_p(1+\frac{1}{T_is})$$

这时控制系统对给定输入来说是Ⅱ型系统，因此给定输入为阶跃信号、斜坡信号时，系统的稳定误差为零。

当 $R(s)=0, N(s)=\frac{N}{s}$ 时

$$e_{\text{ssn}}=\lim_{s\to 0}\frac{-s\times\frac{K_2}{s(T_2s+1)}}{1+\frac{K_pK_2(T_is+1)}{T_is^2(T_2s+1)}}\times\frac{N}{s}=\lim_{s\to 0}\frac{-K_2NT_is}{T_iT_2s^3+T_is^2+K_pK_2T_is+K_pK_2}=0$$

当 $R(s)=0, N(s)=\frac{N}{s^2}$ 时

$$e_{\text{ssn}}=\lim_{s\to 0}\frac{-NK_2T_i}{T_iT_2s^3+T_is^2+K_pK_2T_is+K_pK_2}=-\frac{NT_i}{K_p}$$

可见，采用比例积分调节器后，能够消除阶跃扰动作用下的稳态误差。其物理意义在于：因为调节器中包含积分环节，只要稳态误差不为零，调节器的输出必然继续增加，并力图减小这个误差。只有当稳态误差为零时，才能使调节器的输出与扰动信号大小相等而方向相反。这时，系统才进入新的平衡状态。在斜坡扰动作用下，由于扰动为斜坡函数，因此调节器必须有一个反向斜坡输出与之平衡，这只有调节输入的误差信号为负常值才行。

3.6.5 减小稳态误差的方法

通过上面的分析，我们得出为了减小系统给定或扰动作用下的稳态误差，可以采取以下几种方法。

(1) 保证系统中各个环节(或元件)，特别是反馈回路中元件的参数具有一定的精度和恒定性，必要时需采用误差补偿措施。

(2) 增大开环放大系数，以提高系统对给定输入的跟踪能力；增大扰动作用前系统前向通道的增益，以降低扰动稳态误差。

增大系统开环放大系数是降低稳态误差的一种简单而有效的方法，但增加开环放大系数同时会使系统的稳定性降低，为了解决这个问题，在增加开环放大系数的同时附加校正装置，以确保系统的稳定性。

(3) 增加系统前向通道中串联积分环节数目，使系统型号提高，可以消除不同输入信号时的稳态误差。但是，积分环节数目增加会降低系统的稳定性，并影响到其他暂态性能指标。在过程控制系统中，采用比例积分调节器可以消除系统在扰动作用下的稳态误差，但为了保证系统的稳定性，相应地要降低比例增益。如果采用比例积分微分调节器，则可以得到更满意的调节效果。

(4) 采用前馈控制(复合控制)。为了进一步减小给定误差和扰动稳态误差，可采用补偿方法。所谓补偿是指在作用于控制对象的控制信号中，除了偏差信号外，还引入与扰动或给定量有关的补偿信号，以提高系统的控制精度，减小误差。这种控制称前馈控制或复合控制。该控制的补偿方法如下。

3.6.5.1 对干扰补偿

图 3-20 是按扰动进行补偿的系统框图。图中 $N(s)$为扰动，由 $N(s)$到 $Y(s)$是扰动作用通道。它表示扰动对输出的影响。通过 $G_n(s)$人为加上补偿通道，目的在于补偿扰动对系统产生的影响。$G_n(s)$为补偿装置的传递函数。为此，要求当令 $R(s)=0$ 时，求得扰动引起系统的输出为：

$$Y_n(s)=\frac{G_2(s)[G_1(s)G_n(s)+1]}{1+G_1(s)G_2(s)}N(s)$$

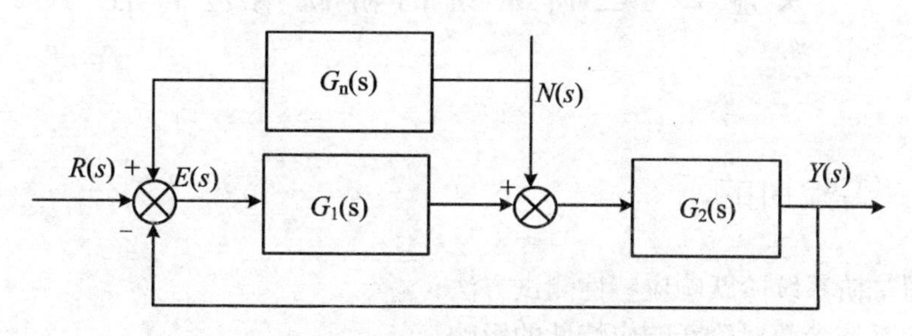

图 3-20 按扰动进行补偿的复合控制系统

为了补偿扰动对系统的影响，使 $Y_n(s)=0$，令

$$G_2(s)[G_1(s)G_n(s)+1]=0$$

则

$$G_n(s)=-\frac{1}{G_1(s)}$$

从而实现了对干扰的全补偿。由于从物理可实现性看，$G_1(s)$的分母阶次高于分子，因而 $G_n(s)$的分母阶次低于分子，物理实现很困难，在工程上只能得到近似满足。

3.6.5.2 对给定输入补偿

图 3-21 是对给定输入进行补偿的系统框图。图中 $G_r(s)$为前馈装置的传递函数。由图 3-21可得误差 $E(s)$为：

$$E(s)=R(s)-Y(s)=\frac{1-G_r(s)G(s)}{1+G(s)}R(s)$$

为了实现对误差全补偿，即令 $E(s)=0$，下式应成立。

$$Y(s)=\frac{[G_r(s)+1]G(s)}{1+G(s)}R(s)$$

$$G_r(s)=\frac{1}{G(s)}$$

同样，这是一个理想的结果，在工程上只能给予近似的满足。

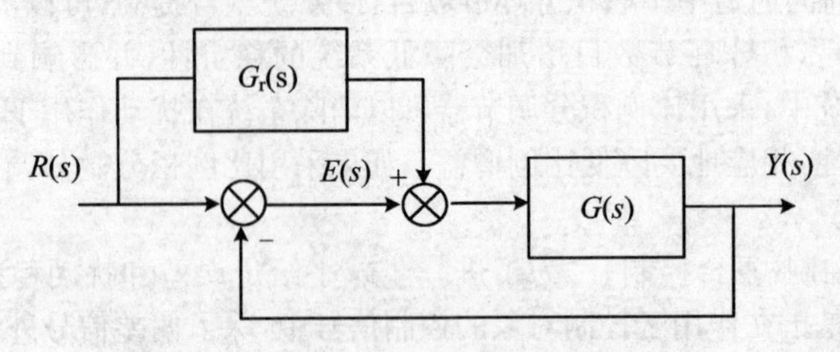

图 3-21　对输入进行补偿的复合控制系统

以上两种补偿方法的补偿器都是在闭环之外。这样在设计系统时，一般按稳定性和动态性能设计闭合回路，然后按稳态精度要求设计补偿器，从而很好地解决了稳态精度和稳定性、动态性能对系统不同要求的矛盾。在设计补偿器时，还需考虑到系统模型和参数的误差、周围环境和使用条件的变化，因而在前馈补偿器设计时要有一定的调节裕量，以便获得满意的补偿效果。

实验 2　二阶系统的阶跃响应特性

T2.1　实验目的

(1) 学习二阶系统阶跃响应特性测试方法；

(2) 了解系统参数对阶跃响应特性的影响。

T2.2　实验设备和仪器

(1) 自动控制系统模拟机一台；

(2) 数字存储示波器一台；

(3) 万用表一块。

T2.3　实验线路

实验线路如图 3-22 所示。

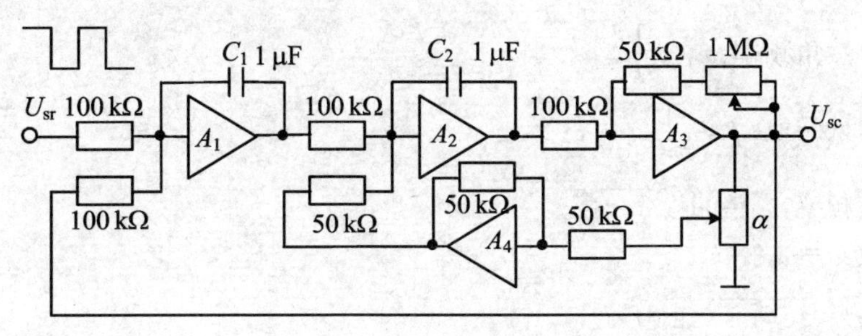

图 3-22

T2.4 方框图

方框图如图 3-23、图 3-24 所示。

$$G(s)=\frac{U_{sc}(s)}{U_{sr}(s)}=\frac{K_3}{T_1s(T_2s+K_3K_4\alpha)+K_3}$$

$$=\frac{K_3}{\frac{T_1T_2}{K_3}s^2+K_4\alpha T_1s+1}$$

$$=\frac{1}{T^2s^2+2\xi Ts+1}$$

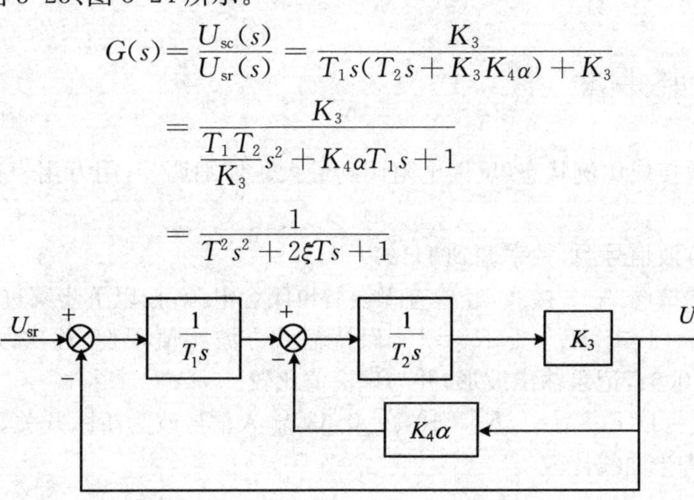

图 3-23

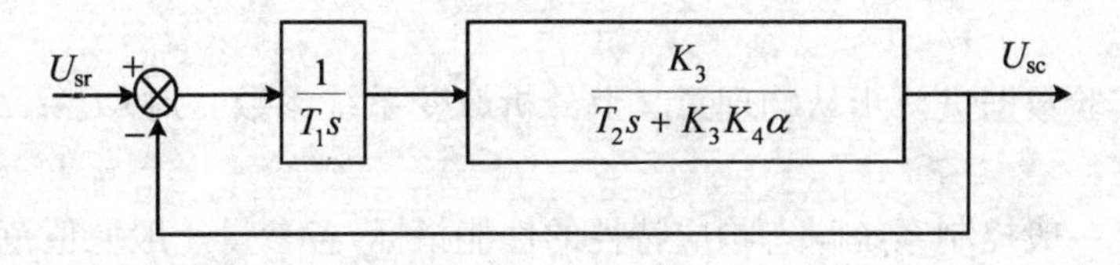

图 3-24

式中:时间常数 $T=\sqrt{\frac{T_1T_2}{K_3}}$;无阻尼自然频率 $\omega_n=\frac{1}{T}$;$\xi=\frac{K_4\alpha T_1}{2T}=\frac{K_4\alpha}{2}\sqrt{\frac{T_1}{T_2}K_3}$。

例:若 $T_1=T_2=T_0$,则 $T=\frac{T_0}{\sqrt{K_3}}$。

当 $C_1=C_2=1\ \mu F$,$T_0=0.1$ s,$K_3=10$ 时,$T=0.0316$ s,$\omega_n=31.6$ rad/s,$f=5$ Hz。

当 $C_1=C_2=1\ \mu F$,$T_0=0.1$ s,$K_3=1$ 时,$T=0.1$ s,$\omega_n=10$ rad/s,$f=1.6$ Hz。

$$\xi=\frac{K_4\alpha}{2}\sqrt{\frac{T_1}{T_2}K_3}=\frac{\alpha}{2}\sqrt{K_3}\quad (K_4=1,T_1=T_2)$$

当 $K_3=10$ 时,$\xi=1.58\alpha$;而 $K_3=1$ 时,$\xi=0.52\alpha$。

根据 T 及 ξ 的值则依下述公式可求其他参量。

无阻尼自然角频率：$\omega_n=\frac{1}{T}$。

无阻尼自然频率：$f=\frac{1}{2\pi T}$。

阻尼自然频率：$\omega_d=\omega_n\sqrt{1-\xi^2}$。

衰减系数：$\sigma=\omega_n\xi$。

超调量：$\sigma\%=e^{\frac{-\xi\pi}{\sqrt{1-\xi^2}}}\times100\%$。

峰值时间：$t_p=\frac{\pi}{\omega_d}$。

调整时间：$t_s=\frac{3}{\sigma}$。

阻尼振荡周期：$t_T=\frac{2\pi}{\omega_d}$。

T2.5 实验步骤

(1) 将各运放接成比例状态(反馈电阻调到最大)，仔细调零，用万用表直流毫伏挡或示波器直流电平挡。

(2) 调整好方波信号源，频率调到 1Hz 以下。

(3) 断开电源按图 3-22 接线，经检查无误后再闭合电源，按以下步骤进行实验记录：

① 令 $C_1=C_2=1\ \mu F, K_4=1, K_3=10$，保持输入方波幅值不变，逐次改变 α 分别为 0，0.13，0.33，0.44，0.63，记录输出波形，并与理论值比较。

② 令 $C_1=C_2=1\ \mu F, K_4=1, K_3=10, \alpha=0.33$，输入信号改为阶跃开关，记录 $U_{sc}(t)$ 的瞬态响应曲线并与理论曲线比较。

T2.6 实验分析及思考

(1) 结合实验数据进一步从物理意义上分析改变系统参数 α 对 M_p，t_s 等系统瞬态响应参数的影响。

(2) 为满足一般控制系统瞬态响应特性的性能指标，各参量一般取值范围。

(3) 通过实验总结出观测一个实验二阶系统阶跃响应的方法。

实验 3 线性系统稳定性的研究

T3.1 实验目的

(1) 观察线性系统稳定和不稳定的运动状态，验证理论上的稳定判别的正确性。

(2) 研究系统的开环放大系数 K 对稳定性的影响。

(3) 了解系统时间常数对稳定性的影响。

T3.2 实验设备和仪器

(1) 自动控制系统模拟机一台；
(2) 数字存储示波器一台；
(3)万用表一块。

T3.3 实验内容

T3.3.1 系统稳定性观察，验证理论判据

1. 实验线路

实验线路如图 3-25 所示。

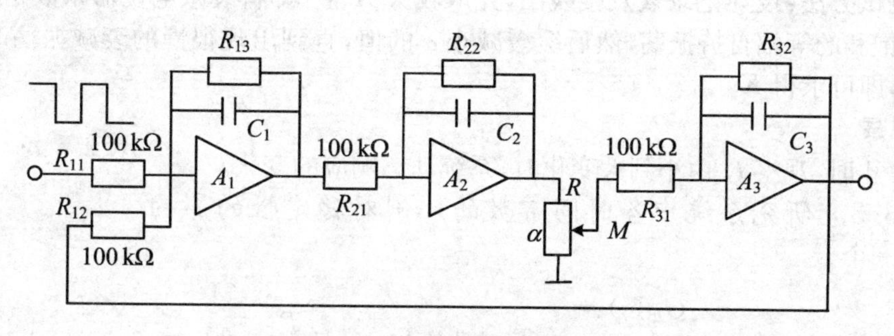

图 3-25

2. 连接实验线路

按表 3-3 所示分别连接实验线路。

表 3-3

参数 / 方案	R_{13}	C_1	R_{22}	C_2	R_{32}	C_3
方案一	1 MΩ	1 μF	1 MΩ	10 μF	100 kΩ	1 μF
方案二	1 MΩ	1 μF	1 MΩ	10 μF	100 kΩ	0.1 μF
方案三	1 MΩ	1 μF	1 MΩ	10 μF	1 MΩ	1 μF

在 A_1 输入端接适当宽度的方波信号，将 α（即 U_R/U_M 之值）由 0→1 逐步变化，观察并记录各组参数时系统稳定性变化，特别是系统由稳定到出现自持振荡的 α 值。

3. 调整参数

按表 3-4 调整图 3-25 所示线路参数（将 A_1 接成积分器）。

表 3-4

参数 / 组别	R_{13}	C_1	R_{22}	C_2	R_{32}	C_3
第一组	∞	1μF	1MΩ	1μF	100KΩ	1μF
第二组	∞	1μF	1MΩ	1μF	50KΩ	1μF

重复步骤 2 的实验过程并做记录。

T3.3.2 测系统临界比例系数，观察该系数对稳定性的影响

1. 实验线路结构图

按图 3-26 所示连接线路。

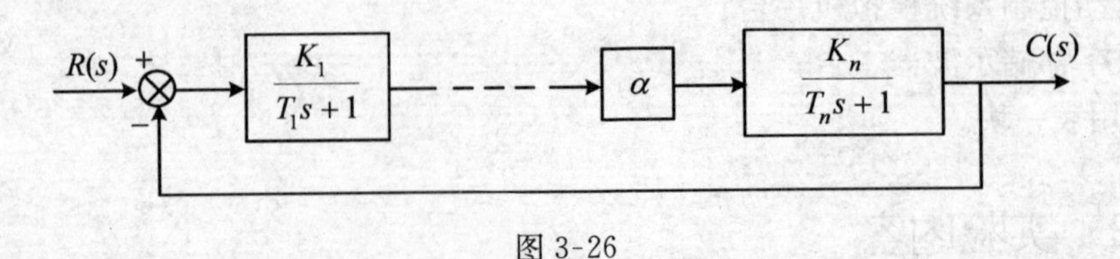

图 3-26

2. 设置参数

对于图 3-26 所示的系统，当 $n=4,5,6,7$ 时，分别测出其临界开环比例系数，并与理论值比较。建议 T 选 0.01～0.5 s，K 选 0.5～10。

$K_{临}$ 测试方法：设计记录表及接线图，先取较大 K 值（即将衰减电位器系数 α 置于 1）使系统出现饱和的等幅自持振荡，然后缓缓减小 α 的值，直到出现很慢的衰减振荡时，记下此时的 α 值，即可求得 $K_{临}$。

3. 观察

当 $n=4$ 时，观察 K 由小到大变化时，系统动态响应的变化。

T3.3.3 研究系统中各时间常数的比例对稳定性的影响

对于一个

$$G_{开}(s)=\frac{K}{(\alpha Ts+1)(Ts+1)(\frac{T}{\alpha}s+1)}$$

的系统，建议选 $T=0.5\text{s}$，测出当 $\alpha=1,2,5$ 时系统的 $K_{临}$ 和自振频率。

T3.4 实验准备及要求

(1) 对实验内容 T3.3.1 的实验线路，分别用代数稳定判据和频率分析法判据，判定其稳定性，验证实验结果。

(2) 对实验内容 T3.3.2 所给结构图，分别画出模拟实验图，选择好各组参数，拟定实验步骤，分别计算 $K_{临}$。

(3) 对实验内容 T3.3.3 给的开环传递函数，选择设计各项参数，拟定实验步骤。

(4) 设计各项实验内容中的记录表格。

实验 4 线性系统静态误差实验

T4.1 实验目的

分析 0 型、Ⅰ型、Ⅱ型系统在三种不同典型输入下的静态误差，验证理论上的结论。

T4.2 实验设备和仪器

(1) 自动控制系统模拟机一台；
(2) 数字存储示波器一台；
(3) 万用表一块。

T4.3 实验原理与线路

1. 实验线路

实验线路如图 3-27 所示。

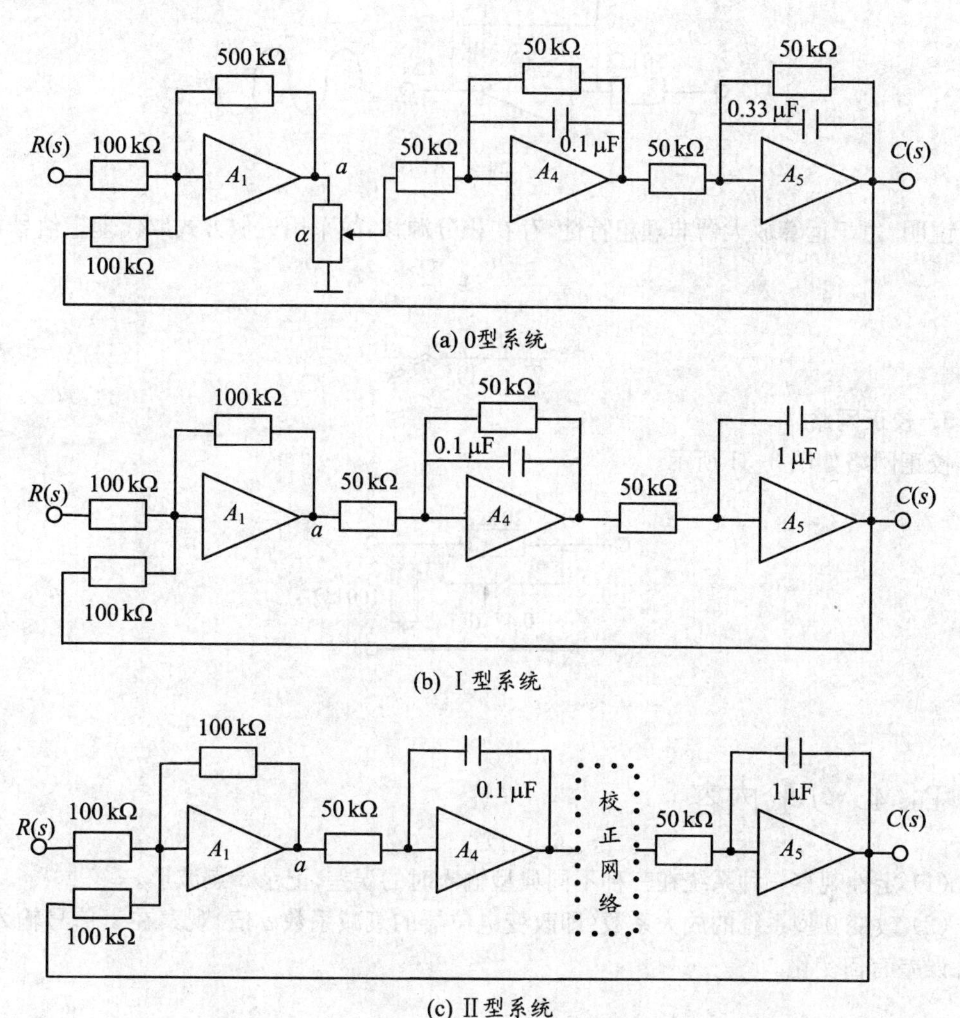

(a) 0型系统

(b) Ⅰ型系统

(c) Ⅱ型系统

图 3-27

2. 典型输入信号

(1) 方波信号 s_1(图 3-28)由信号源直接取得。

(2) 斜坡信号 s_2 如图 3-29 所示。

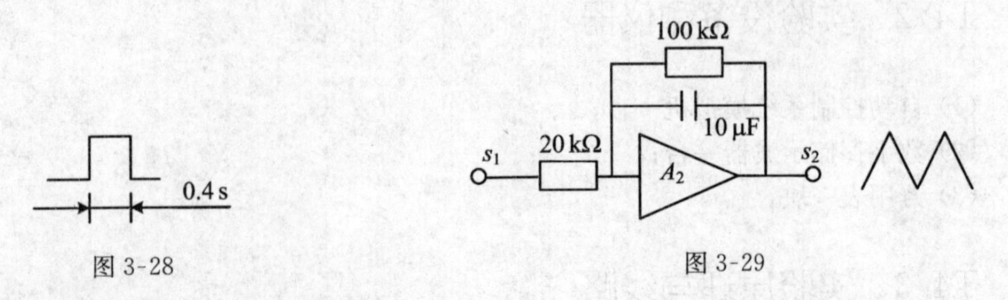

图 3-28　　　　图 3-29

(3) 加速度输入信号 s_3 如图 3-30 所示。

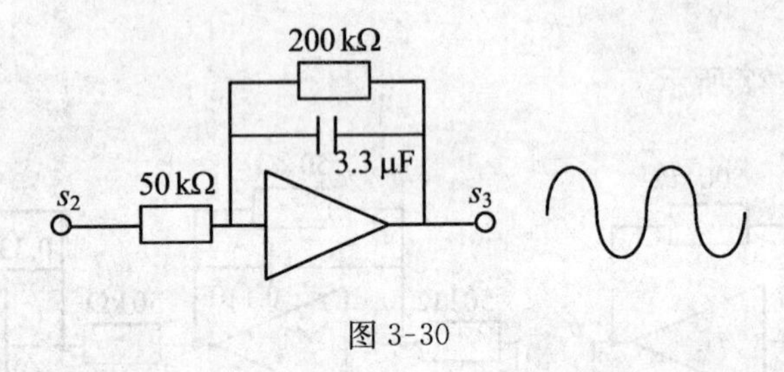

图 3-30

说明：由于运算放大器非理想特性，存在积分源移，故采用近似方式取代理想信号，即用

$$\frac{1}{Ts+1} \approx \frac{1}{s}$$

$$\frac{1}{(Ts+1)^2} \approx \frac{1}{s^2}$$

3. 校正网络

校正网络如图 3-31 所示。

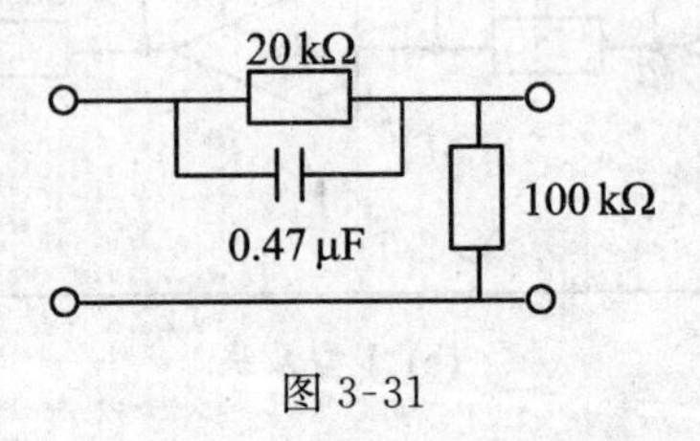

图 3-31

T4.4　实验内容

(1) 定性观察三种系统在三种不同典型输入时的误差，记录 a 点波形。

(2) 改变 0 型系统的放大系数(即改变电位器的衰减系数 α 值)观察在 s_1 信号输入时的静态误差有何变化。

T4.5　思考问题

在取得不同典型输入信号波形的线路中，在什么情况下可以用 $\frac{1}{Ts+1}$ 近似为 $\frac{1}{s}$；在什么时候用$\frac{1}{(Ts+1)^2}$近似为$\frac{1}{s^2}$？

本章小结

(1) 时域分析法是通过直接求解系统在典型输入信号作用下的时域响应，来分析控制系统的稳定性、暂态性能和稳态性能。对稳定系统，在工程上常用单位阶跃响应的超调量、调节时间和稳态误差等性能指标来评价控制系统性能的优劣。

(2) 由于传递函数和微分方程之间具有确定的关系，故常利用传递函数进行时域分析。例如由闭环传递函数的极点决定系统的稳定性，由阻尼比确定超调量以及由开环传递函数中积分环节的个数和放大系数确定稳态误差等等。此时无需直接求解微分方程，可使系统分析工作大为简化。

(3) 对二阶系统的分析，在时域分析中占有重要位置。应牢牢掌握系统性能和系统特征参数间的关系。对一阶、二阶系统理论分析的结果，常是分析高阶系统的基础。

二阶系统在欠阻尼的响应虽有振荡，但只要阻尼比ζ取值适当(如ζ在0.7左右)，则系统既有响应的快速性，又有过渡过程的平稳性，因而在控制工程中常把二阶系统设计为欠阻尼。

如果高阶系统中含有一对闭环主导极点，则该系统的瞬态响应就可以近似用这对主导极点所描述的二阶系统来表征。

(4) 稳定性是系统正常工作的首要条件。线性系统的稳定性是系统的一种固有特性，完全由系统的结构和参数所决定。判别稳定性的代数方法是劳斯—古尔维茨代数稳定性判据。稳定性判据只回答特征方程式的根在s平面上的分布情况，而不能确定根的具体数值。

(5) 稳态误差是系统很重要的性能指标，它标志着系统最终可能达到的精度。稳态误差既和系统的结构、参数有关，又和外作用的形式及大小有关。系统类型和误差系数既是衡量稳态误差的一种标志，同时也是计算稳态误差的简便方法。系统型号越高，误差系数越大，系统稳态误差越小。

稳态精度与动态性能在对系统的类型和开环增益的要求上是相矛盾的。解决这一矛盾的方法，除了在系统中设置校正装置外，还可用前馈补偿的方法来提高系统的稳态精度。

思考与练习题

3-1 将一个温度计插入100℃水中测温，经3 min后，指示95℃，如果温度计可视作一个一阶环节且$K=1$，求：

(1) 时间常数T；

(2) $t=1$ min时的单位阶跃响应；

(3) 给该容器加热，使容器内水温以0.1 ℃/s的速度匀速上升，当定义$e(t)=r(t)-$

$c(t)$时，温度计的稳态指示误差。

3-2　设一单位负反馈系统的开环传递函数

$$G(s)=\frac{K}{s(0.1s+1)}$$

试分别求 $K=10$ 和 $K=20$ 时系统的阻尼比 ξ、无阻尼自振频率 ω_n、单位阶跃响应的超调量 $\sigma_p\%$ 和峰值时间 t_p，并讨论 K 的大小对动态性能的影响。

3-3　一控制系统的单位阶跃响应为：

$$y(t)=1+0.2e^{-60t}-1.2e^{-10t}$$

求：

(1) 系统的闭环传递函数；

(2) 计算系统的阻尼比 ξ 和无阻尼自振频率 ω_n。

3-4　单位反馈的二阶系统，其单位阶跃输入下的系统响应如题 3-4 图所示。要求：

(1) 确定系统的开环传递函数；

(2) 求出系统在单位斜坡输入信号作用下的稳态误差。

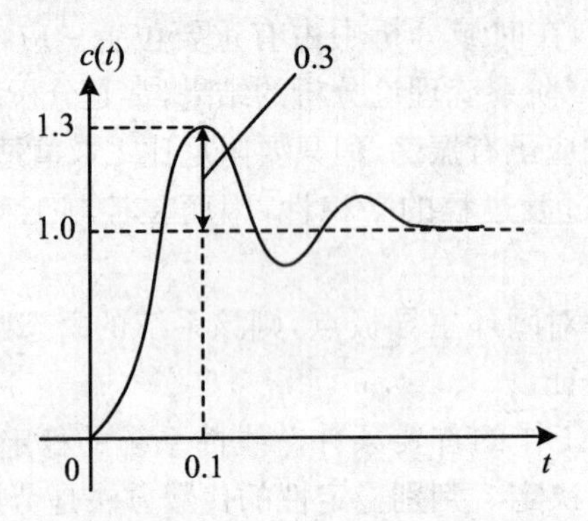

题 3-4 图　单位阶跃响应曲线

3-5　系统方框图如题 3-5 图所示，要求超调量 $\sigma\%=16.3\%$，峰值时间 $t_p=1s$，求：K 与 τ。

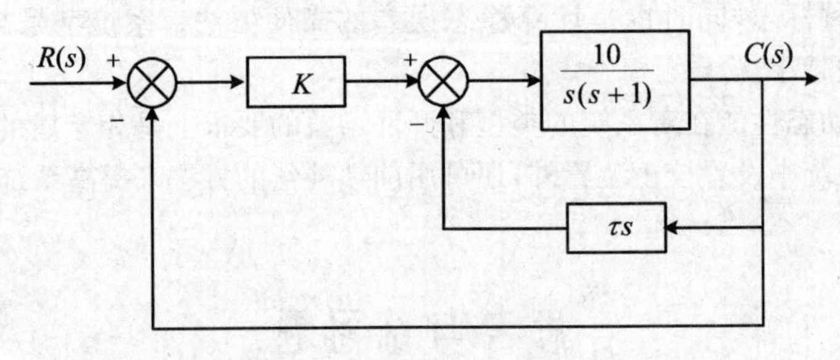

题 3-5 图　系统方框图

3-6　已知下列各单位反馈系统的开环传递函数：

(1) $G(s)=\frac{10(s+1)}{s(s-1)(s+5)}$；

(2) $G(s)=\frac{100}{s(s^2+8s+24)}$；

(3) $G(s)=\dfrac{10}{s(s-1)(2s+3)}$。

试求它们相应闭环系统的稳定性。

3-7 试用劳斯判据确定具有下列特征方程式的系统稳定性。

(1) $0.02s^3+0.3s^2+s+20=0$；

(2) $s^4+2s^3+2s^2+4s+2=0$；

(3) $s^5+12s^4+44s^3+48s^2+s+1=0$；

(4) $s^6+3s^5+5s^4+9s^3+8s^2+6s+4=0$。

3-8 已知闭环系统的特征方程如下：

(1) $0.1s^3+s^2+s+K=0$；

(2) $s^4+4s^3+13s^2+36s+K=0$。

试确定系统稳定的 K 的取值范围。

3-9 单位反馈系统的开环传递函数为：

$$G(s)=\frac{K(s+1)}{s^3+as^2+2s+1}$$

若系统单位阶跃响应以 $\omega_n=2$ rad/s 的频率振荡，试确定振荡时的 K 和 a 值。

3-10 用劳斯判据判别题 3-10 图所示系统的稳定性。

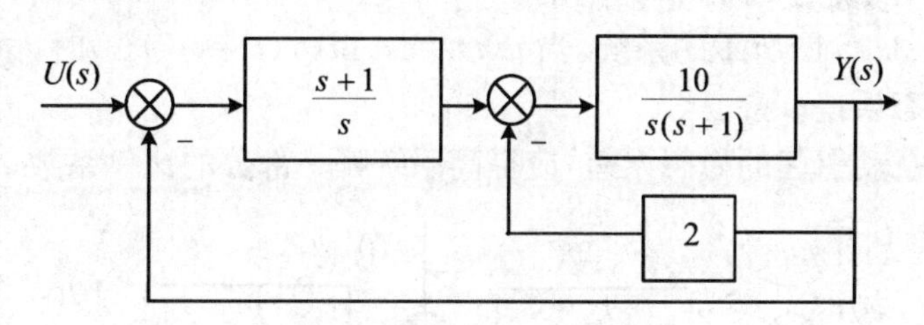

题 3-10 图

3-11 已知单位反馈控制系统的开环传递函数如下：

(1) $G(s)=\dfrac{10}{s(0.1s+1)(0.5s+1)}$；

(2) $G(s)=\dfrac{10}{s(s+1)(0.2s+1)}$。

试求其静态位置、速度和加速度误差系数，并求当输入信号为(a) $r(t)=1(t)$；(b) $r(t)=4t$；(c) $r(t)=t^2$；(d) $r(t)=1+4t+t^2$ 时系统的稳态误差。

3-12 有一位置随动系统，结构图如题 3-12 图所示，$K=40$，$\tau=0.1$。(1) 求系统的开环和闭环极点；(2) 当输入量 $r(t)$ 为单位阶跃函数时，求系统的自然振荡角频率 ω_n，阻尼比 ζ 和系统的动态性能指标 t_r，t_s，$\sigma_p\%$。

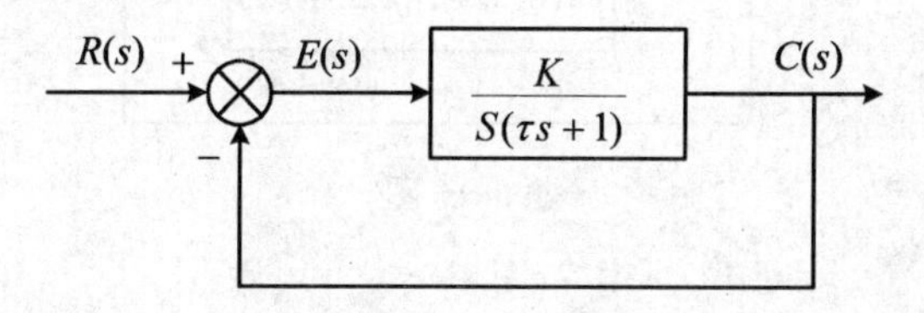

题 3-12 图　系统结构图

3-13　控制系统如题 3-13 图所示，已知 $u(t)=n(t)=1(t)$，试求：

(1) 当 $K=40$ 时系统的稳态误差；

(2) 当 $K=20$ 时系统的稳态误差；

(3) 在扰动作用点之前的前向通道中引入积分环节 $\frac{1}{s}$，对结果有什么影响？在扰动作用点之后引入积分环节 $\frac{1}{s}$，结果如何？

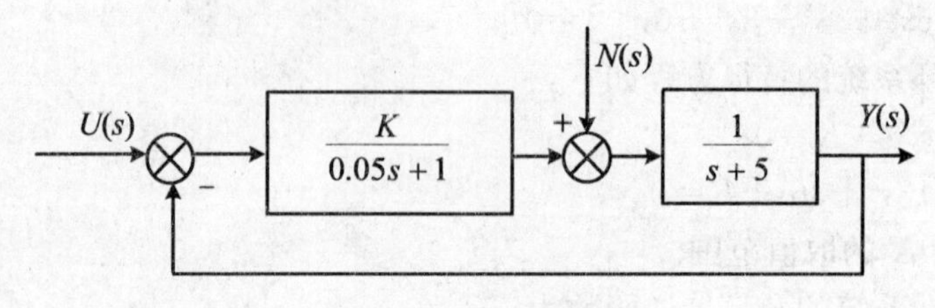

题 3-13 图　结构图

3-14　单位负反馈系统的开环传递函数为：

$$G(s)=\frac{K(s+1)}{s(Ts+1)(2s+1)}$$

要求系统闭环稳定，试确定 K 和 T 的范围。

3-15　对于题 3-15 图所示的系统，当 $u(t)=4+6t$，$f(t)=-1(t)$ 时，试求：

(1) 系统的稳态误差；

(2) 如要减少扰动引起的稳态误差，应提高系统哪一部分的比例系数，为什么？

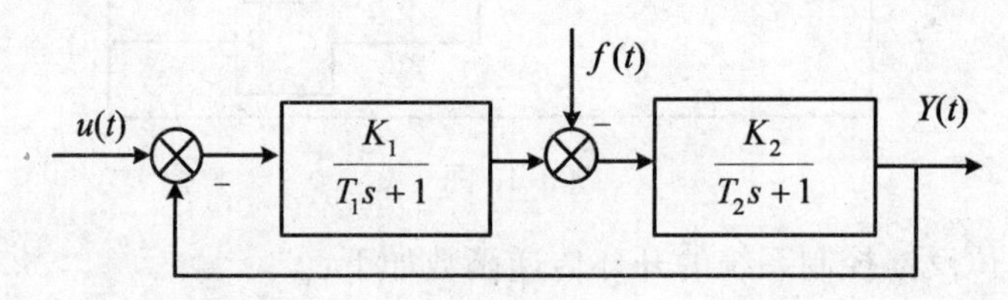

题 3-15 图

3-16　系统结构图如题 3-16 图所示，试求：

(1) 可使系统闭环稳定的 K 的取值范围；

(2) 当 K 为何值时系统出现等幅振荡，并确定等幅振荡的频率；

(3) 为使系统的闭环极点全部位于 s 平面的虚轴左移一个单位后的左侧，试确定 K 的取值范围。

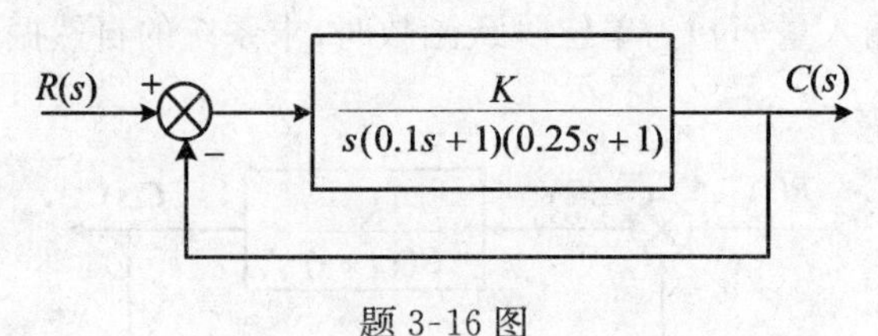

题 3-16 图

第 4 章　线性系统的频域分析法

前面介绍的控制系统的时域分析法是分析控制系统的直接方法，比较直观、精确。但是，如果不借助计算机，分析高阶系统将非常繁琐。因此，发展了其他一些分析控制系统的方法，其中频域分析法是一种工程上广为采用的分析和综合系统的间接方法。

频域分析法是一种图解分析法。它依据系统的又一种数学模型——频率特性，对系统的性能，如稳定性、快速性和准确性进行分析。频域分析法的特点是可以根据开环频率特性去分析闭环系统的性能，并能较方便地分析系统参数对系统性能的影响，从而找到进一步改善系统性能的途径。此外，除了一些超低频的热工系统，频率特性都可以方便地由实验确定。频率特性主要适用于线性定常系统。在线性定常系统中，频率特性与输入正弦信号的幅值和相位无关，这种方法也可以有条件地推广应用到非线性系统中。本章学习目标如下：

(1) 掌握频率特性的基本概念，频率特性与传递函数的关系；

(2) 了解频率特性的表达方法，熟练掌握奈氏(Nyquist)图和伯德(Bode)图的一般绘制方法；

(3) 熟练运用奈氏判据判断系统的稳定性；

(4) 熟练运用伯德图分析系统性能；

(5) 了解频域中的性能指标，掌握稳定裕度的概念。

4.1　频率特性的基本概念

4.1.1　频率特性的基本概念

频率响应是指系统对正弦输入的稳态响应。考虑传递函数为 $G(s)$ 的线性系统，若输入正弦信号

$$x_{\mathrm{i}}(t) = x_{\mathrm{i}}\sin\omega t$$

根据微分方程解的理论，系统的稳态输出仍然为与输入信号同频率的正弦信号，只是其幅值和相位发生了变化。输出幅值正比于输入的幅值 x_{i}，而且是输入正弦频率 ω 的函数。输出的相位与 x_{i} 无关，只与输入信号产生一个相位差 φ，且也是输入信号频率 ω 的函数。即线性系统的稳态输出为：

$$x_{\mathrm{o}}(t) = x_{\mathrm{o}}(\omega)\sin(\omega t + \varphi)$$

由此可知，输出信号与输入信号的幅值比是 ω 的函数，称为系统的幅频特性，记为 $A(\omega)$。输出信号与输入信号相位差也是 ω 的函数，称为系统的相频特性，记为 $\varphi(\omega)$。

幅频特性：

$$A(\omega)=\frac{x_o(\omega)}{x_i(\omega)}$$

相频特性：

$$\varphi(\omega)=\varphi_o(\omega)-\varphi_i(\omega)$$

频率特性是指系统在正弦信号作用下，稳态输出与输入之比对频率的关系特性，可表示为：

$$G(j\omega)=\frac{x_o(j\omega)}{x_i(j\omega)}$$

频率特性 $G(j\omega)$ 是传递函数 $G(s)$ 的一种特殊形式。任何线性连续时间系统的频率特性都可由系统传递函数中的 s 以 $j\omega$ 代替而求得。

$G(j\omega)$ 有三种表示方法：

$$G(j\omega)=A(\omega)e^{j\varphi(\omega)}$$
$$G(j\omega)=U(\omega)+jV(\omega)$$
$$G(j\omega)=A(\omega)\cos(\omega)+jA(\omega)\sin\varphi(\omega)$$

式中，实频特性：

$$U(\omega)=A(\omega)\cos\varphi(\omega)$$

虚频特性：

$$V(\omega)=A(\omega)\sin\varphi(\omega)$$
$$A(\omega)=\sqrt{U^2(\omega)+V^2(\omega)}$$
$$\varphi(\omega)=\arctan\frac{V(\omega)}{U(\omega)}$$

一般在分析系统的结构及参数变化对系统性能的影响时，频域分析比时域分析要容易些。根据频率特性，可以较方便地判别系统的稳定性和稳定裕度，并可通过频率特性选择系统参数或对系统进行校正，使系统性能达到预期的性能指标。同时，由频率特性易于选择系统工作频率范围，或根据工作频率要求，设计具有合适的频率特性的系统。

频率特性物理意义明确并且可以用实验的方法测定出来。控制系统的频率特性与其动态特性和静态性能之间存在着定性和定量的关系，因此，可以利用图表、曲线和经验公式作为辅助工具来分析和设计系统。

4.1.2 频率特性的图解表示法

在工程分析和设计中，通常把频率特性画成曲线，从这些频率特性曲线出发研究。现以 RC 网络为例，如图 4-1 所示，其频率特性如图 4-2 所示：

$$G(j\omega)=\frac{1}{1+Tj\omega}(T=RC)$$
$$A(\omega)=G(j\omega)=\frac{1}{\sqrt{1+(T\omega)^2}}$$
$$\varphi(\omega)=-\arctan(T\omega)$$

4.1.2.1 极坐标图

当 ω 由 $0\to\infty$ 变化时，$A(\omega)$ 和 $\varphi(\omega)$ 随 ω 而变，以 $A(\omega)$ 作幅值，$\varphi(\omega)$ 作相角的端点在 s 平面上形成的轨迹，称奈氏曲线（幅相频率特性曲线）简称幅相曲线，是频率响应法中常用的一种曲线,如图 4-3 所示。

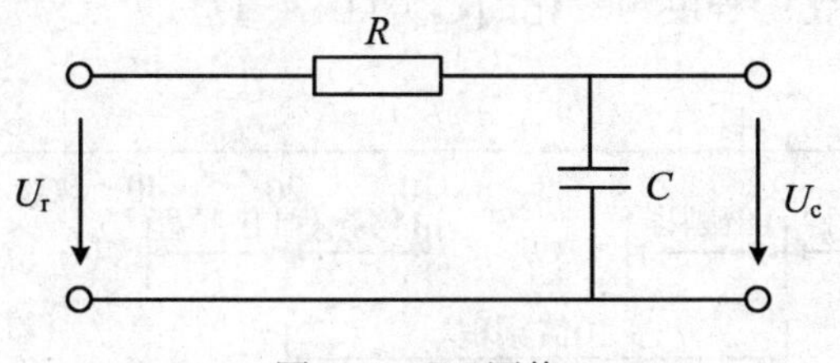

图 4-1　RC 网络

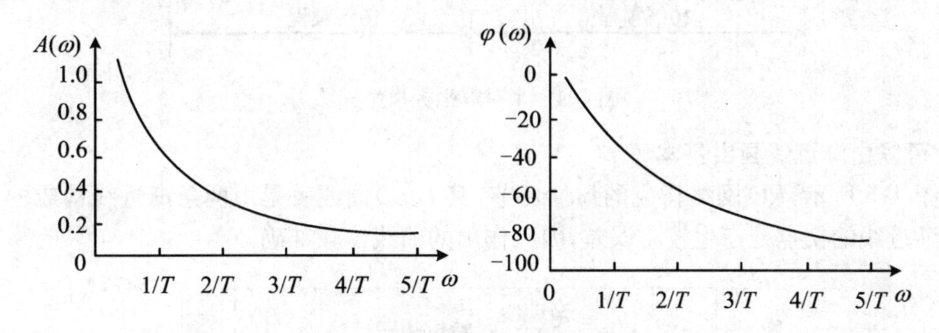

图 4-2　幅频和相频特性曲线

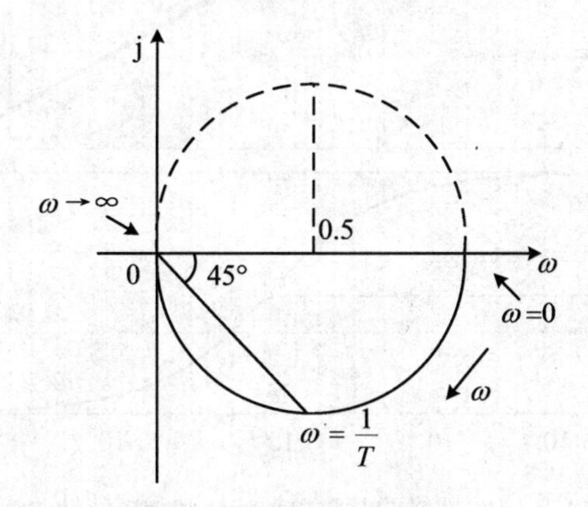

图 4-3　幅相特性曲线

4.1.2.2　对数坐标图——伯德图

对数频率特性曲线又称伯德曲线,包括对数幅频和对数相频两条曲线。横坐标是 ω 的对数分度,单位是(rad/s)。对数幅频的纵坐标是 $L(\omega)=20\lg|G(\mathrm{j}\omega)|$ 的线性分度,单位是分贝(dB);对数相频特性曲线的纵坐标表示相频特性的函数值线性分度,单位是度(°)。

一倍频程(oct)→对 2 而言 $2^m(\cdots,2^0,2^1,2^2,2^3,\cdots)$

十倍频程(dec)→对 10 而言 $10^n(\cdots,10^{-1},10^0,10^1,10^2,\cdots)$

1 oct＝0.301 个单位长度,1 dec＝3.32 oct。

对数频率特性有许多优点,因此在伯德图上来展示控制系统的各种性能是非常方便的。其优点如下所述:

1. 伯德图可以双重展宽频带

由于横坐标 ω 轴作了对数变换,其效果是:将高频频段各十倍频程拉近,展宽了可视频带宽度。另一方面，又将低频频段的各十倍频程分得很细，展宽了表示频带宽度，便于细致观察幅值、相角随频率变化的程度与变化的趋势(图 4-4)。

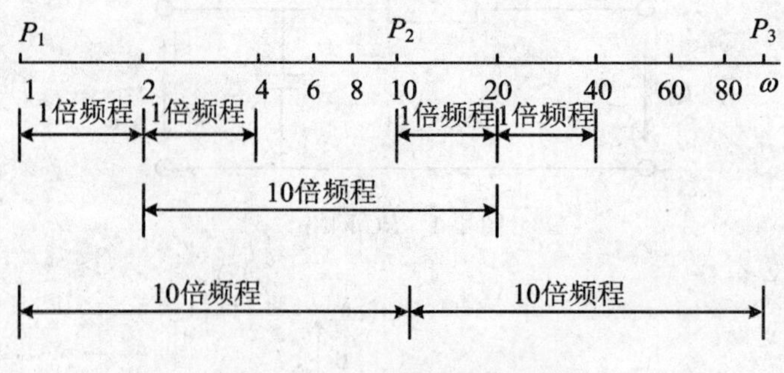

图 4-4　半对数坐标横坐标

2. 可以由渐近线画出基本环节

如图 4-5 所示，RC 网络构成的惯性环节，其 $L(\omega)$ 曲线就是由两条渐近线构成的，且仅在两条渐近线的交点处产生较小误差，因此作出的曲线比较准确。

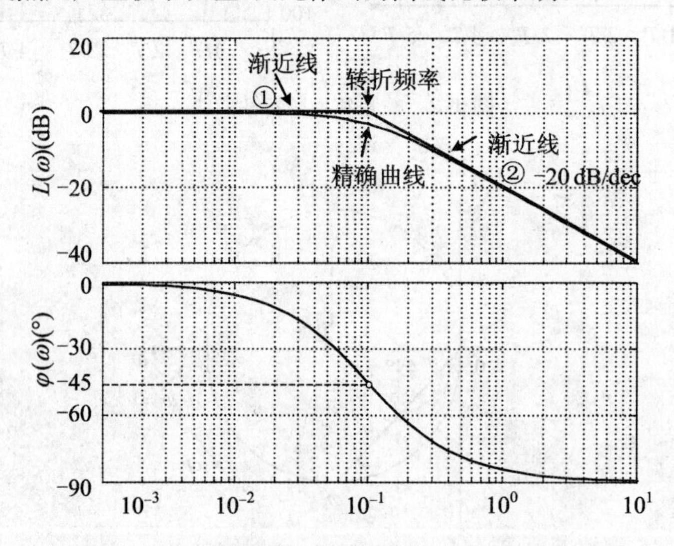

图 4-5　RC 网络的对数幅频特性和相频特性曲线

3. 叠加作图

控制系统的频率特性一般为因子相乘，如下例：

$$G(\mathrm{j}\omega)=\frac{1}{(1+\mathrm{j}\omega)(1+\mathrm{j}2\omega)}$$

其对数幅频特性为：

$$L(\omega)=20\lg|G(\mathrm{j}\omega)|=20\lg\left|\frac{1}{1+\mathrm{j}\omega}\right|+20\lg\left|\frac{1}{1+\mathrm{j}2\omega}\right|$$

其对数相频特性为：

$$\varphi(\omega)=-\angle(1+\mathrm{j}\omega)-\angle(1+\mathrm{j}2\omega)$$

由于 $L(\omega)$，$\varphi(\omega)$ 都是各因子特性的叠加，因此作图方便。

4.2 系统的极坐标图

频率特性表达式为：

$$G(\mathrm{j}\omega) = P(\omega) + \mathrm{j}Q(\omega) = |G(\mathrm{j}\omega)| \mathrm{e}^{\mathrm{j}\angle G(\mathrm{j}\omega)}$$

极坐标图(奈奎斯特曲线,奈氏图)：当输入信号的频率 ω 由 $0\to\infty$时,向量 $G(\mathrm{j}\omega)$的幅值和相位也随之变化,其端点在复平面上移动的轨迹即是极坐标图。

4.2.1 典型环节的极坐标图

4.2.1.1 比例环节的频率特性

比例环节的传递函数(图 4-6)为：

$$G(s) = \frac{C(s)}{R(s)} = K$$

$$G(\mathrm{j}\omega) = K + \mathrm{j}0 = P(\omega) + \mathrm{j}Q(\omega)$$

式中 $P(\omega)=K, Q(\omega)=0$。

幅频特性：

$$A(\omega) = K$$

相频特性：

$$\varphi(\omega) = 0$$

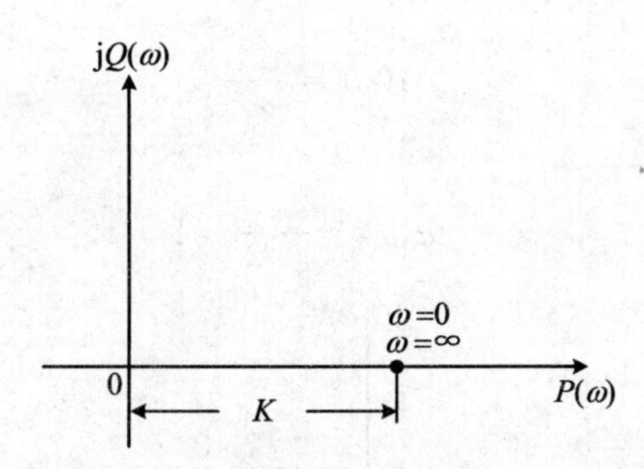

图 4-6 比例环节的幅相频率特性

4.2.1.2 惯性环节的频率特性

惯性环节的传递函数(图 4-7)为：

$$G(s) = \frac{C(s)}{R(s)} = \frac{1}{1+Ts}$$

式中 T 为环节的时间常数,用 $\mathrm{j}\omega$ 替换 s 即得其频率特性：

$$G(\mathrm{j}\omega) = \frac{1}{1+\mathrm{j}T\omega} = \frac{1-\mathrm{j}T\omega}{(1+\mathrm{j}T\omega)(1-\mathrm{j}T\omega)} = \frac{1-\mathrm{j}T\omega}{1+T^2\omega^2} = P(\omega) + \mathrm{j}Q(\omega)$$

式中 $P(\omega)=\dfrac{1}{1+T^2\omega^2}, Q(\omega)=\dfrac{-T\omega}{1+T^2\omega^2}$。

幅频特性：

$$A(\omega)=\frac{1}{\sqrt{1+T^2\omega^2}}$$

相频特性：

$$\varphi(\omega)=-\arctan T\omega$$

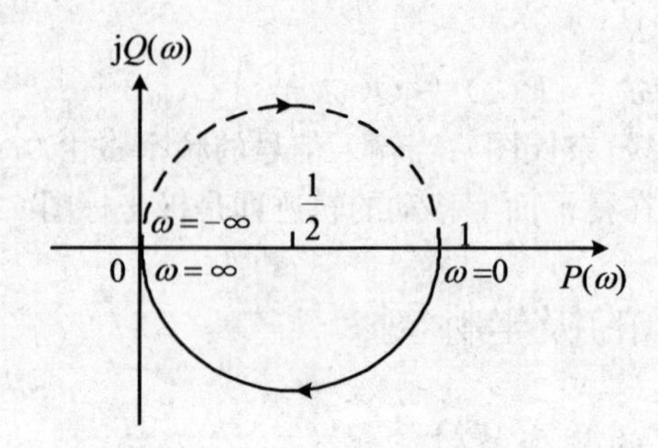

图 4-7　惯性环节的幅相频率特性

4.2.1.3　积分环节的频率特性

积分环节的传递函数(图 4-8)为：

$$G(s)=\frac{C(s)}{R(s)}=\frac{1}{s}$$

$$G(\mathrm{j}\omega)=\frac{1}{\mathrm{j}\omega}=-\mathrm{j}\frac{1}{\omega}=P(\omega)+\mathrm{j}Q(\omega)$$

式中 $P(\omega)=0, Q(\omega)=-\frac{1}{\omega}$。

幅频特性：

$$A(\omega)=\frac{1}{\omega}$$

相频特性：

$$\varphi(\omega)=-\frac{\pi}{2}$$

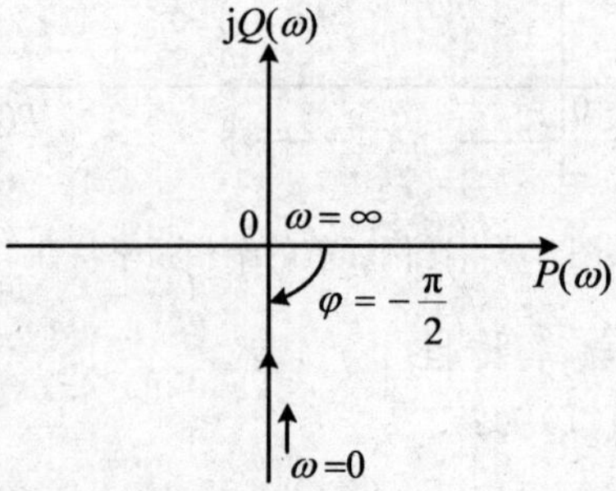

图 4-8　积分环节的幅相频率特性

在 $0\leqslant\omega\leqslant\infty$ 时，幅相特性为虚轴的 $-\infty$ 趋向原点。

4.2.1.4　微分环节的频率特性

1. 理想微分环节

理想微分环节的传递函数(图 4-9)为：

$$G(s) = s$$

$$G(\mathrm{j}\omega) = \mathrm{j}\omega = P(\omega) + \mathrm{j}Q(\omega)$$

式中 $P(\omega)=0, Q(\omega)=\omega$。

幅频特性：

$$A(\omega) = \omega$$

相频特性：

$$\varphi(\omega) = \frac{\pi}{2}$$

理想微分环节的幅相频率特性如图 4-9 所示。在 $0 \leqslant \omega \leqslant \infty$ 时，幅相特性为虚轴的原点趋向∞。

2. 一阶微分环节

一阶微分环节传递函数(图 4-10)为：

$$G(s) = Ts + 1$$

$$G(\mathrm{j}\omega) = 1 + \mathrm{j}\omega = P(\omega) + \mathrm{j}Q(\omega)$$

式中 $P(\omega)=1, Q(\omega)=T\omega$。

幅频特性：

$$A(\omega) = \sqrt{1 + T^2\omega^2}$$

相频特性：

$$\varphi(\omega) = \arctan T\omega$$

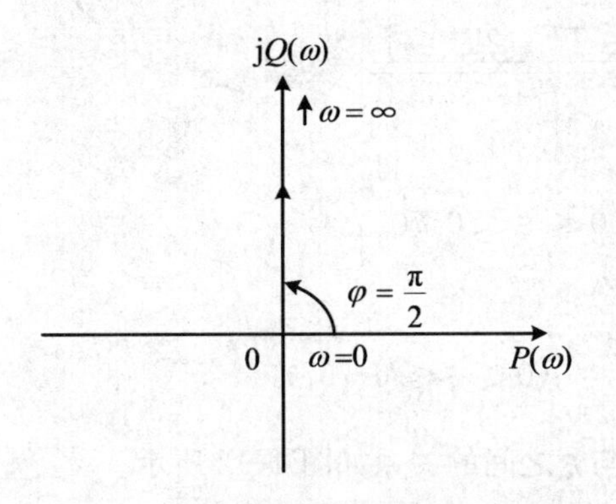

图 4-9 理想微分环节的幅相频率特性

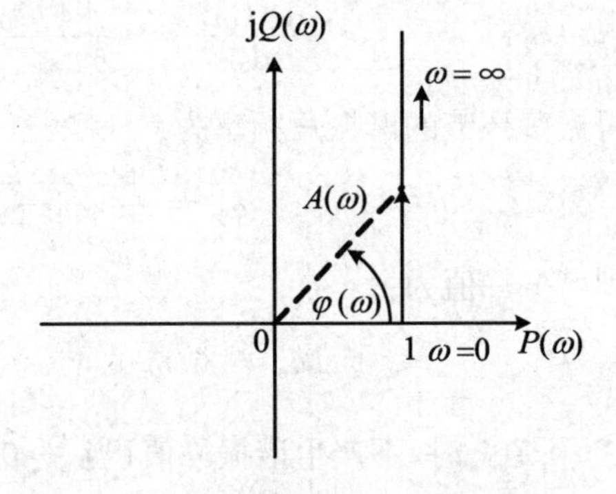

图 4-10 一阶微分环节的幅相频率特性

4.2.1.5 振荡环节的频率特性

振荡环节的传递函数(图 4-11)为：

$$G(s) = \frac{1}{T^2 s^2 + 2\xi Ts + 1}$$

$$G(\mathrm{j}\omega) = \frac{1}{1 - T^2\omega^2 + 2\xi T\mathrm{j}\omega} = \frac{1 - T^2\omega^2 + 2\xi T\mathrm{j}\omega}{(1 - T^2\omega^2)^2 + (2\xi T\omega)^2} = P(\omega) + \mathrm{j}Q(\omega)$$

式中 $P(\omega)=\frac{1-T^2\omega^2}{(1-T^2\omega^2)^2+(2\xi T\omega)^2}, Q(\omega)=\frac{-2\xi T\omega}{(1-T^2\omega^2)^2+(2\xi T\omega)^2}$。

幅频特性：

$$A(\omega) = \frac{1}{\sqrt{(1 - T^2\omega^2)^2 + (2\xi T\omega)^2}}$$

相频特性：

$$\varphi(\omega)=\begin{cases}-\arctan\left(\dfrac{2\xi T\omega}{1-T^2\omega^2}\right) & (\omega T<1)\\ -\pi+\arctan\left(\dfrac{2\xi T\omega}{T^2\omega^2-1}\right) & (\omega T\geqslant 1)\end{cases}$$

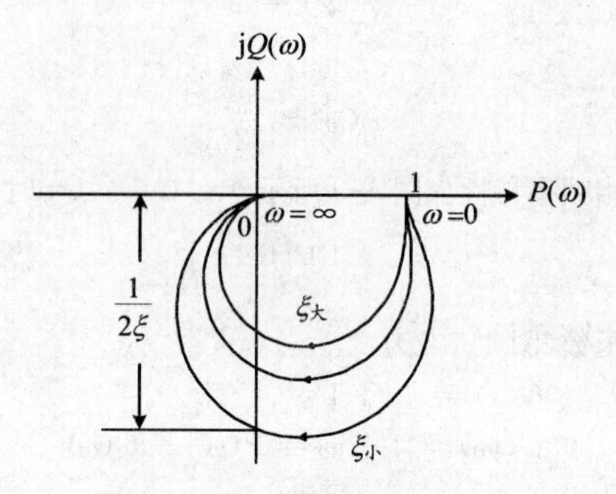

图 4-11　振荡环节的幅相频率特性

在 $\omega=\dfrac{1}{T}$附近，幅频特性将出现谐振峰值 M_p，其大小与阻尼比有关。

由幅频特性 $A(\omega)$对频率 ω 求导数，并令其等于零，可求得谐振角频率 ω_p 和谐振峰值 M_p。即由

$$\frac{\mathrm{d}A(\omega)}{\mathrm{d}\omega}=-\frac{[4T^4\omega^3+2(4\xi^2T^2-2T^2)\omega]}{2\sqrt{[(1-T^2\omega^2)^2+4\xi^2T^2\omega^2]^3}}=0$$

可得振荡环节的谐振角频率为：

$$\omega_p=\frac{1}{T}\sqrt{1-2\xi^2}\qquad(0\leqslant\xi\leqslant 0.707)$$

得到谐振峰值为：

$$M_p=A(\omega_p)=\frac{1}{2\xi\sqrt{1-\xi^2}}\qquad(0\leqslant\xi\leqslant 0.707)$$

当 $\xi>0.707$ 时，不产生谐振峰值；当 $\xi\to 0$ 时，M_p 与 ξ 之间的关系如图 4-12 所示。

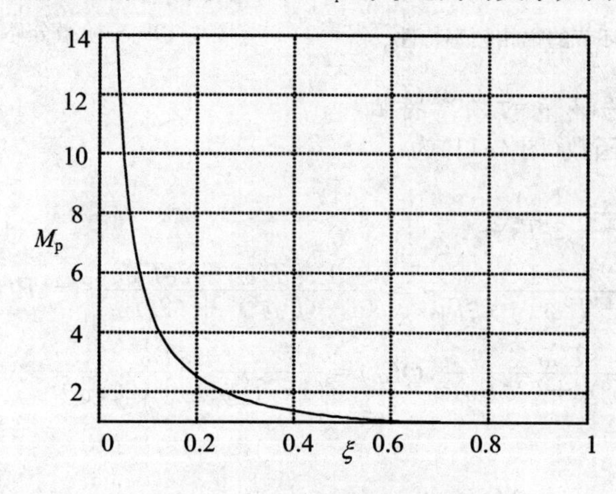

图 4-12　M_p 与 ξ 的关系曲线

4.2.1.6 二阶微分环节的频率特性

二阶微分环节的传递函数(图 4-13)为：

$$G(s) = T^2 s^2 + 2\xi T s + 1 \qquad (0 \leqslant \xi < 1)$$

式中 $P(\omega)=1-T^2\omega^2, Q(\omega)=2\xi T\omega$。

幅频特性：

$$A(\omega) = \sqrt{(1-T^2\omega^2)^2 + (2\xi T\omega)^2}$$

相频特性：

$$\varphi(\omega) = \begin{cases} \arctan\left(\dfrac{2\xi T\omega}{1-T^2\omega^2}\right) & (\omega T < 1) \\ \pi - \arctan\left(\dfrac{2\xi T\omega}{T^2\omega^2-1}\right) & (\omega T \geqslant 1) \end{cases}$$

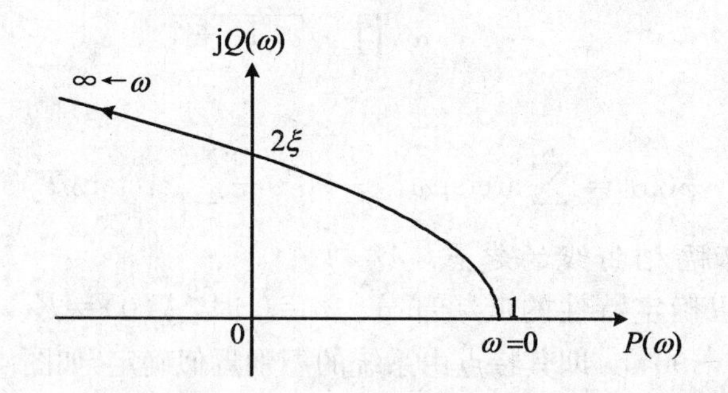

图 4-13 二阶微分环节的幅相频率特性

4.2.1.7 时滞环节的频率特性

时滞环节的传递函数(图 4-14)为：

$$G(S) = e^{-\tau s}$$

$$G(j\omega) = \cos\tau\omega - j\cos\tau\omega = P(\omega) + jQ(\omega)$$

式中 $P(\omega)=\cos\tau\omega, Q(\omega)=-\sin\tau\omega$。

幅频特性：

$$A(\omega) = 1$$

相频特性：

$$\varphi(\omega) = -\tau\omega$$

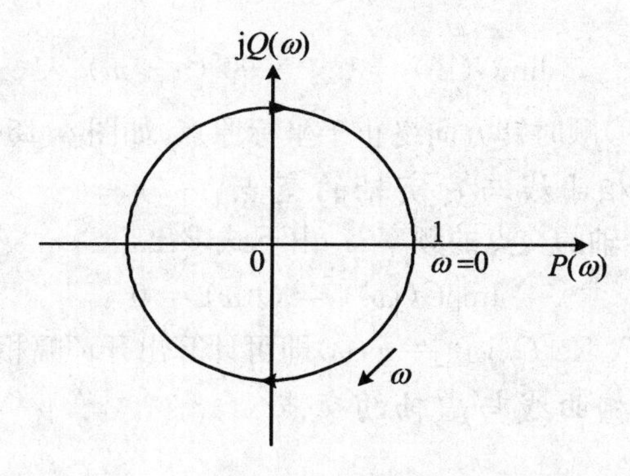

图 4-14 时滞环节的幅相频率特性

4.2.2 开环幅相频率特性曲线的绘制

系统的开环频率特性为：

$$G(\mathrm{j}\omega)=\frac{K_{\mathrm{k}}\prod_{i=1}^{m}(\mathrm{j}\omega T_i+1)}{(\mathrm{j}\omega)^v\prod_{j=1}^{n-v}(\mathrm{j}\omega T_j+1)}$$

由上式可得开环幅频特性：

$$A(\omega)=\frac{K_{\mathrm{k}}\prod_{i=1}^{m}\sqrt{\omega^2T_i^2+1}}{\omega^v\prod_{j=1}^{n-v}\sqrt{\omega^2T_j^2+1}}$$

开环相频特性：

$$\varphi(\omega)=\sum_{i=1}^{m}\arctan\omega T_i-90°v-\sum_{j=1}^{n-v}\arctan\omega T_j$$

4.2.2.1 开环幅相曲线的起点

当$\omega\to0^+$时，可以确定特性的低频部分。$v=0$ 时，$A(0)=K_{\mathrm{k}}$，$\varphi(0)=0°$；$v>0$ 时，$A(0^+)=\infty$，$\varphi(0^+)=-90°v$。即其特点由系统的型别近似确定，如图 4-15(a)所示。

0 型($v=0$)系统：$A(0)=K_{\mathrm{k}}$，$\varphi(0)=0°$，因此，0 型系统的开环幅相曲线起始于实轴上的$(K,\mathrm{j}0)$点。

Ⅰ型($v=1$)系统：$A(0^+)=\infty$，$\varphi(0^+)=-90°$，因此，Ⅰ型系统的开环幅相曲线起始于相角为$-90°$的无穷远处。当$\omega\to0^+$时，开环幅相曲线趋于一条与虚轴平行的渐近线，这一渐近线可以由下式确定：

$$\sigma_x=\lim_{\omega\to0^+}\mathrm{Re}[G(\mathrm{j}\omega)]=\lim_{\omega\to0^+}P(\omega)$$

Ⅱ型($v=2$)系统：$A(0^+)=\infty$，$\varphi(0^+)=-180°$，因此，Ⅱ型系统的开环幅相曲线起始于相角为$-180°$的无穷远处。

4.2.2.2 开环幅相曲线的终点

当$\omega\to\infty$时，可以确定特性的高频部分。一般，有 $n>m$，故当 $\omega=\infty$时，有 $A(\infty)=0$，$\varphi(\infty)=-90°(n-m)$，即

$$\lim_{\omega\to\infty}G(\mathrm{j}\omega)=0\angle-90°(n-m)$$

即特性总是以$-90°(n-m)$顺时针方向终止于坐标原点，如图 4-15(b)所示。

4.2.2.3 开环幅相曲线与负实轴的交点

开环幅相曲线与负实轴的交点的频率 ω_{g} 由下式求出。

$$\mathrm{Im}[G(\mathrm{j}\omega)]=Q(\omega)=0$$

将求出的交点频率 ω_{g} 代入 $\mathrm{Re}[G(\mathrm{j}\omega)]=P(\omega)$即可计算出开环幅相曲线与负实轴的交点。

4.2.2.4 开环幅相曲线与虚轴的交点

令

$$\mathrm{Re}[G(\mathrm{j}\omega)]=0$$

或

$$\angle G(\mathrm{j}\omega)=\frac{2k+1}{2}\pi \qquad (k=0,\pm 1,\pm 2,\cdots)$$

求得 ω 代入 $\mathrm{Im}[G(\mathrm{j}\omega)]$ 中即可。

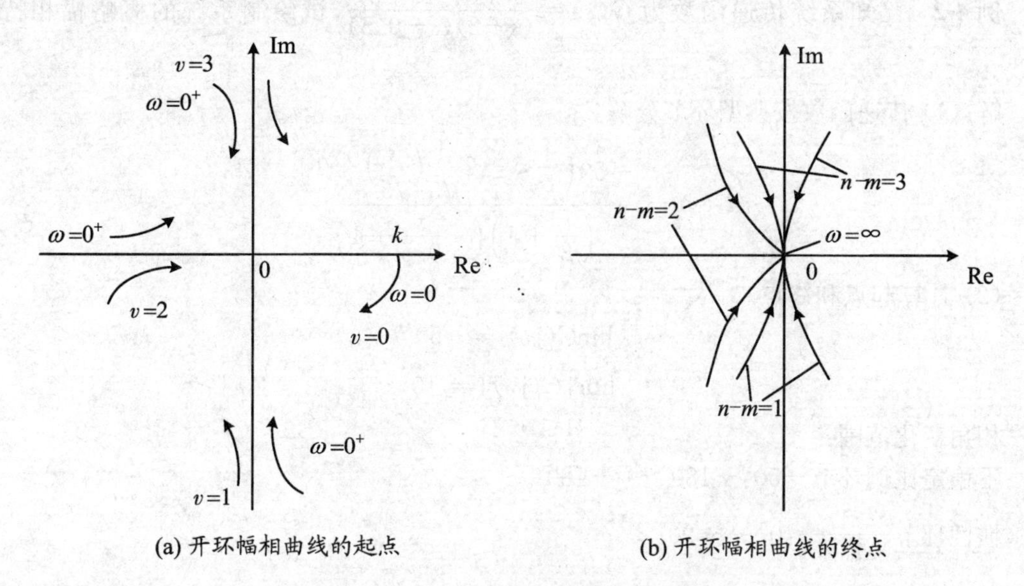

(a) 开环幅相曲线的起点　　(b) 开环幅相曲线的终点

图 4-15　不同型别系统的幅相频率特性

例 4-1　系统的传递函数为 $G(s)=\dfrac{k}{s^2(T_1s+1)(T_2s+1)}$，试绘制系统概略幅相特性曲线。

解：(1) 组成系统的环节为两个积分环节、两个惯性环节和比例环节。

(2) 确定起点和终点。

$$G(\mathrm{j}\omega)=\frac{-k(1-T_1T_2\omega^2)+\mathrm{j}k(T_1+T_2)\omega}{\omega^2(1+T_1^2\omega^2)(1+T_2^2\omega^2)}$$

$$\lim_{\omega\to 0}\mathrm{Re}[G(\mathrm{j}\omega)]=-\infty$$

$$\lim_{\omega\to 0}\mathrm{Im}[G(\mathrm{j}\omega)]=\infty$$

由于 $\mathrm{Re}[G(\mathrm{j}\omega)]$ 趋向于 $-\infty$ 的速度快，故初始相角为 $-180°$。终点为

$$\lim_{\omega\to\infty}|G(\mathrm{j}\omega)|=0$$

$$\lim_{\omega\to\infty}\angle G(\mathrm{j}\omega)=-360°$$

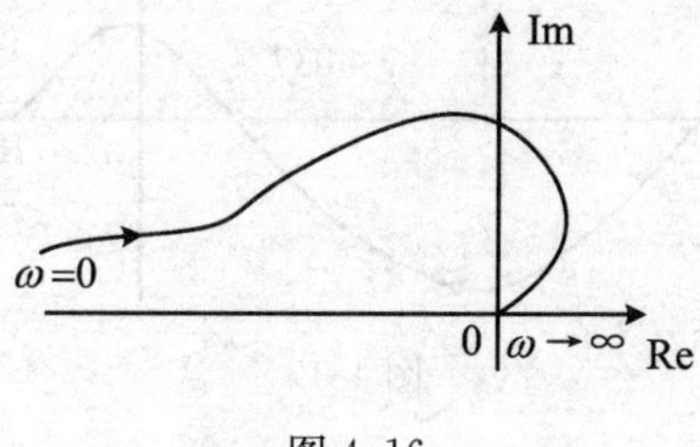

图 4-16

(3) 求幅相曲线与负实轴的交点。

由 $G(\mathrm{j}\omega)$ 的表达式知，ω 为有限值时，$\mathrm{Im}[G(\mathrm{j}\omega)]>0$，故幅相曲线与负实轴无交点。

(4) 组成系统的环节都为最小相位环节，并且无零点，故 $\varphi(\omega)$ 单调地从 $-180°$ 递减至 $-360°$。做系统的概略幅相特性曲线如图 4-16 所示。

例 4-2 已知系统传递函数为 $G(s)=\dfrac{10(s^2-2s+5)}{(s+2)(s-0.5)}$，试绘制系统的概略幅相特性曲线。

解：(1) 传递函数按典型环节分解。

$$G(s)=\frac{-50\left(\frac{1}{5}s^2-2\frac{1}{\sqrt{5}}\left(\frac{s}{\sqrt{5}}\right)+1\right)}{\left(\frac{s}{2}+1\right)\left(-\frac{s}{0.5}+1\right)}$$

(2) 计算起点和终点。

$$\lim_{\omega\to 0}G(j\omega)=-50$$

$$\lim_{\omega\to\infty}|G(j\omega)|=10$$

相角变化范围：

不稳定比例环节 -50：$-180°\sim-180°$。

惯性环节 $\dfrac{1}{0.2s+1}$：$0°\sim-90°$。

不稳定惯性环节 $\dfrac{1}{-2s+1}$：$0°\sim+90°$。

不稳定二阶微分环节 $0.2s^2-0.4s+1$：$0°\sim-180°$。

(3) 计算与实轴的交点。

$$G(j\omega)=\frac{10(5-\omega^2-2j\omega)(-\omega^2-1-1.5j\omega)}{(\omega^2+1)^2+(1.5\omega)^2}$$

$$=\frac{10[-(5-\omega^2)(\omega^2+1)+3\omega^2+j\omega(-5.5+3.5\omega^2)]}{(\omega^2+1)^2+(1.5\omega)^2}$$

令 $\mathrm{Im}[G(j\omega)]=0$，得：

$$\omega_x=\sqrt{\frac{5.5}{3.5}}=1.254\ (\mathrm{rad/s})$$

$$\mathrm{Re}[G(j\omega_x)]=-4.037$$

(4) 确定变化趋势。根据 $G(j\omega)$ 的表达式，当 $\omega<\omega_x$ 时，$\mathrm{Im}[G(j\omega)]<0$；当 $\omega>\omega_x$ 时，$\mathrm{Im}[G(j\omega)]>0$。作系统概略幅相曲线如图 4-17 所示。

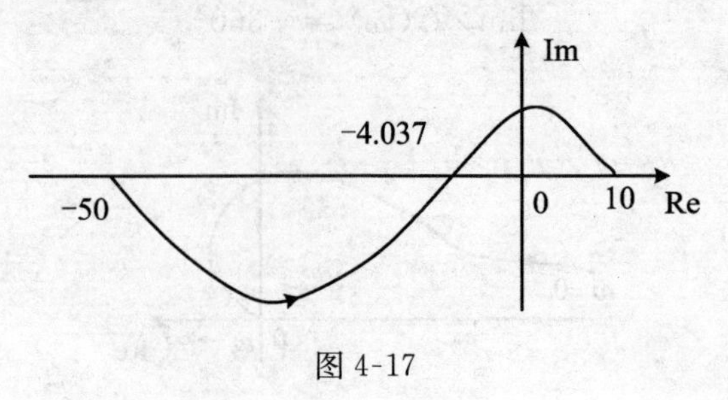

图 4-17

4.3 系统的对数坐标图

由于对数频率特性是频率法分析的主要工具,且根据作图特点,很容易掌握草图的徒手绘制方法。因此,本节叙述各典型环节的绘图要点及绘图方法。

4.3.1 典型环节的伯德图

4.3.1.1 比例环节的对数频率特性

比例环节的对数幅频特性为:

$$L(\omega) = 20\lg|G(j\omega)| = 20\lg K$$

比例环节的对数相频特性为:

$$\varphi(\omega) = 0°$$

因此,对数相频特性是一条与0°线重合的直线。$K=100$ 时,比例环节的对数频率特性如图4-18所示。

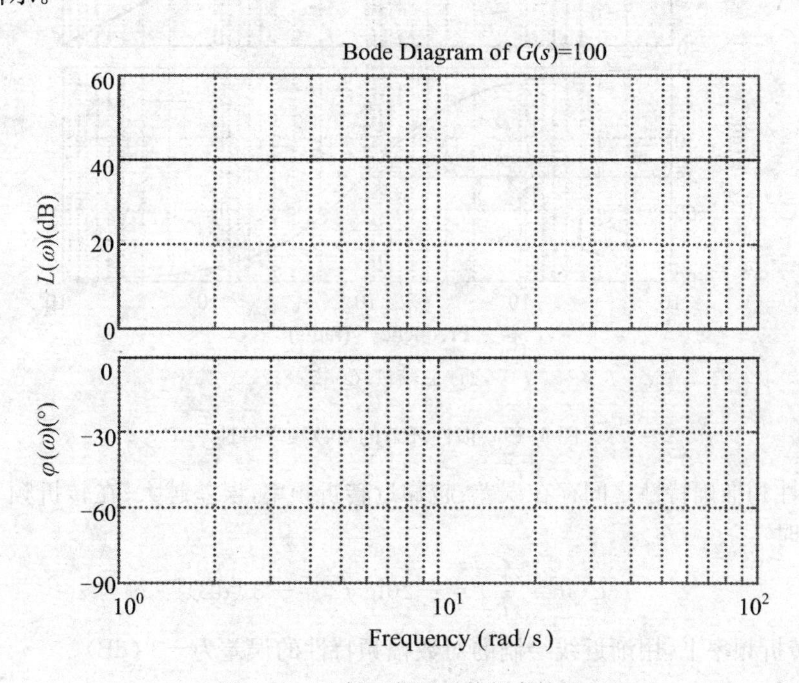

图4-18 比例环节的对数频率特性

4.3.1.2 惯性环节的对数频率特性

惯性环节的对数幅频特性为:

$$L(\omega) = 20\lg|A(\omega)| = 20\lg\frac{1}{\sqrt{1+T^2\omega^2}} = -20\lg\sqrt{1+T^2\omega^2}$$

① 低频段:

当 $T\omega \ll 1$（或 $\omega \ll \frac{1}{T}$）时：

$$L(\omega) = -20\lg\sqrt{1+T^2\omega^2} \approx -20\lg 1 = 0$$

② 高频段：

当 $T\omega \gg 1$（或 $\omega \gg \frac{1}{T}$）时：

$$L(\omega) = -20\lg\sqrt{1+T^2\omega^2} \approx -20\lg T\omega$$

惯性环节的对数相频特性为：

$$\varphi(\omega) = -\arctan T\omega$$

T=10 s时，惯性环节的对数频率特性如图 4-19 所示。

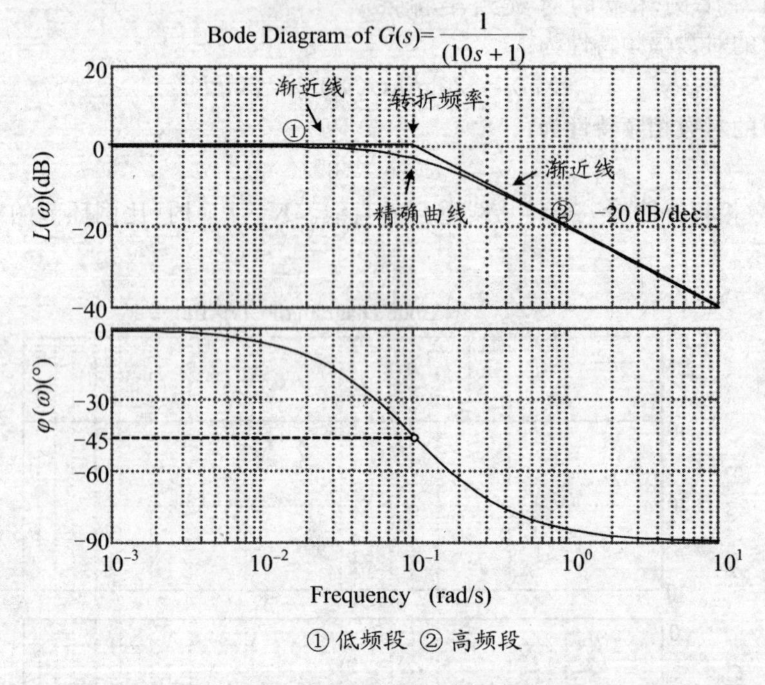

图 4-19 惯性环节的对数频率特性

渐近特性和准确特性之间存在误差：越靠近转折频率，误差越大；在转折频率这一点，误差最大。这时

$$L(\omega = \frac{1}{T}) = -20\lg\sqrt{2} = -3\ (\text{dB})$$

这说明，在转折频率上，用渐近线绘制的对数幅频特性的误差为－3 (dB)。

4.3.1.3 积分环节的对数频率特性

积分环节的对数幅频特性为：

$$L(\omega) = 20\lg A(\omega) = 20\lg\frac{1}{\omega} = -20\lg\omega$$

积分环节的对数相频特性为：

$$\varphi(\omega) = -\frac{\pi}{2}$$

它与频率无关，在 $0\leqslant\omega\leqslant\infty$ 时，为平行于横轴的一条直线，如图 4-20 所示。

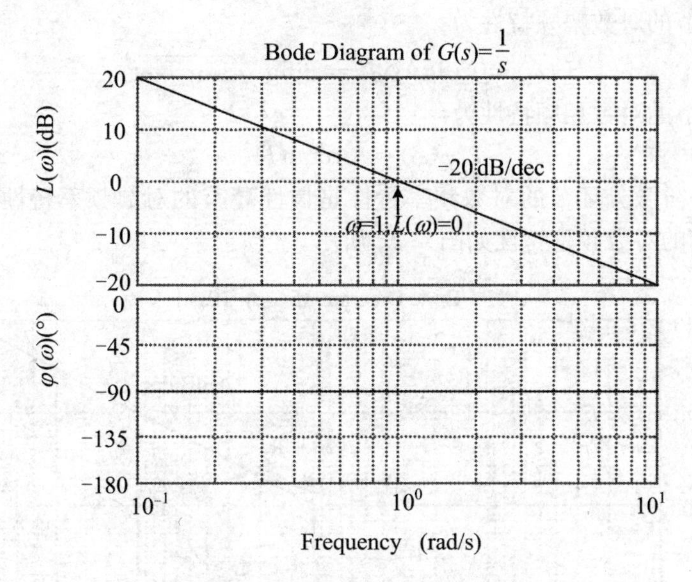

图 4-20 积分环节的对数频率特性

4.3.1.4 微分环节的对数频率特性

1. 理想微分环节的对数频率特性

理想微分环节的对数幅频特性为：

$$L(\omega)=20\lg A(\omega)=20\lg\omega$$

理想微分环节的对数相频特性为：

$$\varphi(\omega)=\frac{\pi}{2}$$

它与频率无关，在 $0\leqslant\omega\leqslant\infty$ 时，它是平行于横轴的一条直线，如图 4-21 所示。

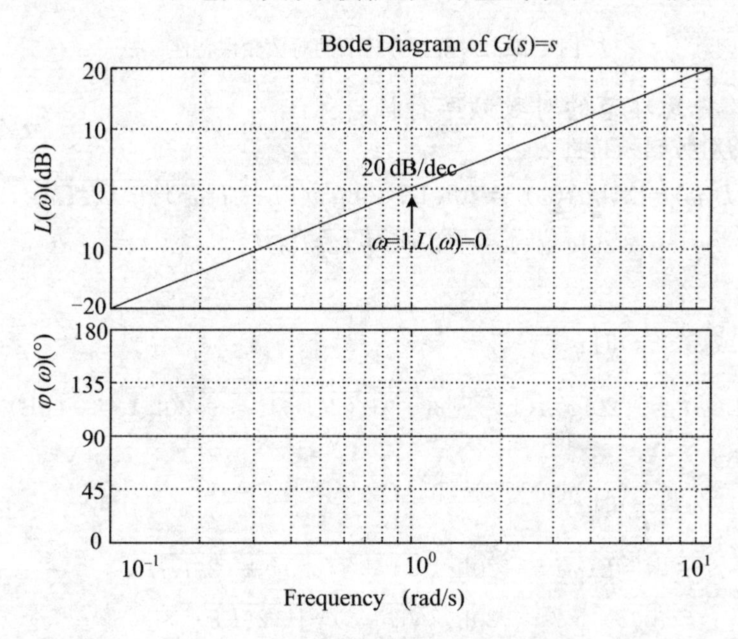

图 4-21 理想微分环节的对数频率特性

2. 一阶微分环节的对数频率特性

一阶微分环节的对数幅频特性为：

$$L(\omega) = 20\lg A(\omega) = 20\lg \sqrt{1 + T^2\omega^2}$$

一阶微分环节的对数相频特性为：

$$\varphi(\omega) = \arctan T\omega$$

通过比较，一阶微分环节的对数频率特性是惯性环节的对数频率特性的负值。$T=10$ 时，一阶微分环节的对数频率特性如图 4-22 所示。

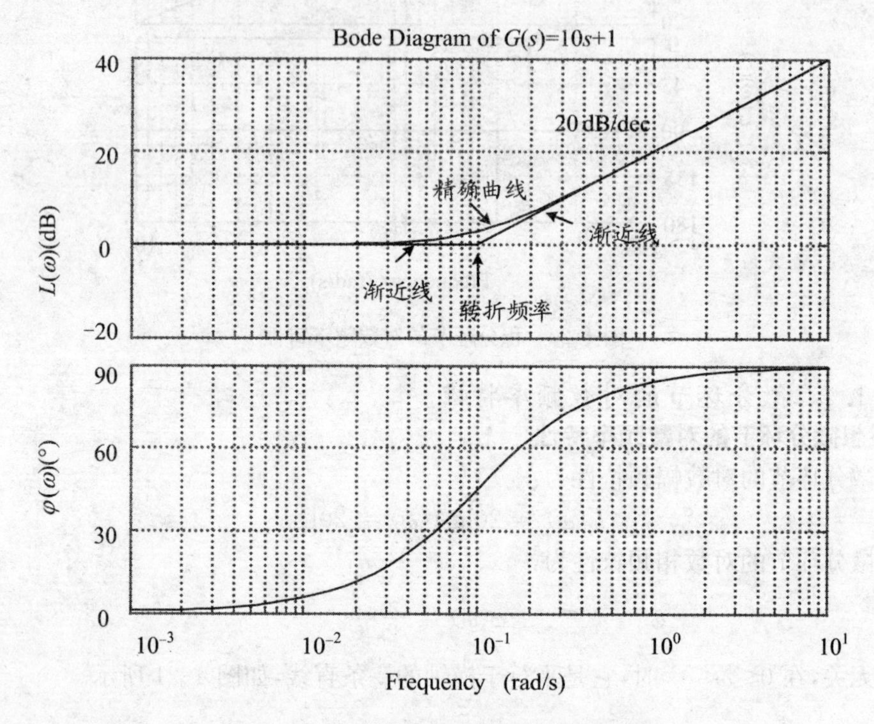

图 4-22 一阶微分环节的对数频率特性

4.3.1.5 振荡环节的对数频率特性

振荡环节的对数幅频特性为：

$$\begin{aligned} L(\omega) &= 20\lg A(\omega) = 20\lg 1 - 20\lg \sqrt{(1 - T^2\omega^2)^2 + (2\xi T\omega)^2} \\ &= -20\lg \sqrt{(1 - T^2\omega^2)^2 + (2\xi T\omega)^2} \end{aligned}$$

① 低频段：

当 $T\omega \ll 1$（或 $\omega \ll \frac{1}{T}$）时：

$$L(\omega) = -20\lg \sqrt{(1 - T^2\omega^2)^2 + (2\xi T\omega)^2} \approx -20\lg 1 = 0\ (\text{dB})$$

② 高频段：

当 $T\omega \gg 1$（或 $\omega \gg \frac{1}{T}$）时：

$$\begin{aligned} L(\omega) &= -20\lg \sqrt{(1 - T^2\omega^2)^2 + (2\xi T\omega)^2} \\ &\approx -20\lg \sqrt{(T^2\omega^2)^2 + (2\xi T\omega)^2} \\ &\approx -20\lg \sqrt{(T^2\omega^2)(T^2\omega^2 + 4\xi^2)} \end{aligned}$$

$$\approx -20\lg\sqrt{(T^2\omega^2)^2} = -40\lg T\omega$$

在 $\omega=\frac{1}{T}$ 附近，用渐近线得到的对数幅频特性存在较大的误差。$\omega=\frac{1}{T}$ 时，用渐近线得到：

$$L(\omega=\frac{1}{T}) = 20\lg 1 = 0$$

而用准确特性时，得到：

$$L(\omega=\frac{1}{T}) = 20\lg\frac{1}{2\xi}$$

只有在 $\xi=0.5$ 时两者相等。在 ξ 不同时，精确曲线如图 4-23 所示。所以，对于振荡环节，以渐近线代替实际幅频特性时，要特别加以注意。如果 ξ 在 0.4～0.7 内，误差不大；而当 ξ 很小时，要考虑它有一个尖峰。

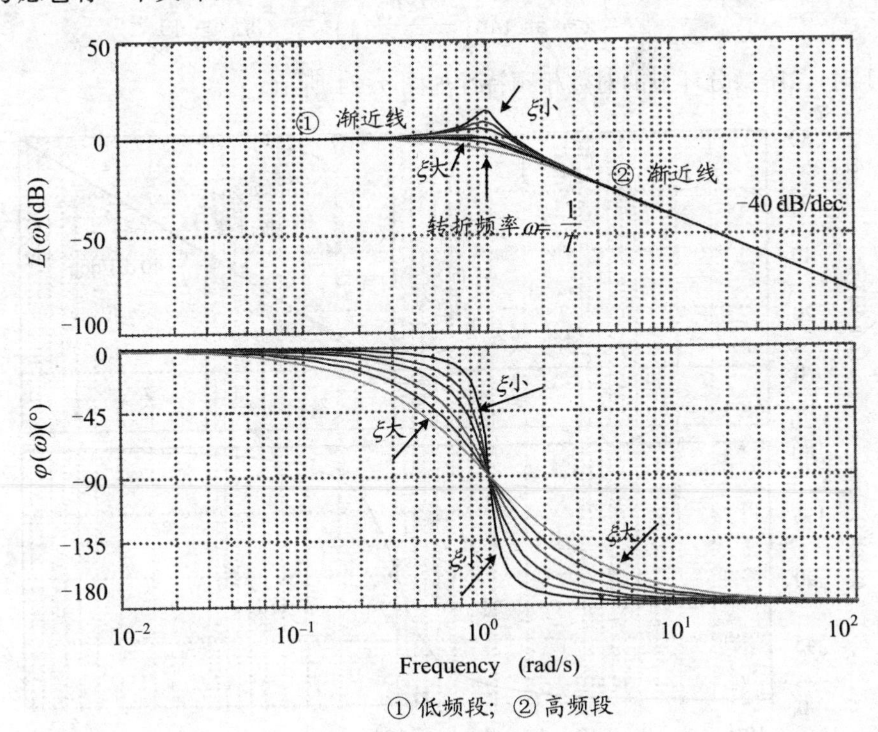

图 4-23 振荡环节的对数频率特性

振荡环节对数相频特性为：

① 低频段：

当 $T\omega\ll 1$（或 $\omega\ll\frac{1}{T}$）时：

$$\varphi(\omega) = -\arctan\left(\frac{2\xi T\omega}{1-T^2\omega^2}\right) = -\arctan\frac{2\xi\frac{\omega}{\omega_n}}{1-\frac{\omega^2}{\omega_n^2}} \approx -\arctan 2\xi\frac{\omega}{\omega_n}$$

② 高频段：

当 $T\omega\gg 1$（或 $\omega\gg\frac{1}{T}$）时：

$$\varphi(\omega)=-\pi+\arctan\left(\frac{2\xi T\omega}{T^2\omega^2-1}\right)$$

$$=-\pi+\arctan\frac{2\xi\dfrac{\omega}{\omega_n}}{\dfrac{\omega^2}{\omega_n^2}-1}\approx-\pi+\arctan\frac{2\xi}{\dfrac{\omega}{\omega_n}}$$

4.3.1.6 二阶微分环节的对数频率特性

二阶微分环节的对数幅频特性为：

$$L(\omega)=20\lg A(\omega)=20\lg\sqrt{(1-T^2\omega^2)^2+(2\xi T\omega)^2}$$

二阶微分环节的对数相频特性为：

$$\varphi(\omega)=\begin{cases}\arctan\left(\dfrac{2\xi T\omega}{1-T^2\omega^2}\right) & (\omega T<1)\\ \pi-\arctan\left(\dfrac{2\xi T\omega}{T^2\omega^2-1}\right) & (\omega T\geqslant 1)\end{cases}$$

$T=1$ 时，二阶微分环节的对数相频特性如图 4-24 所示。

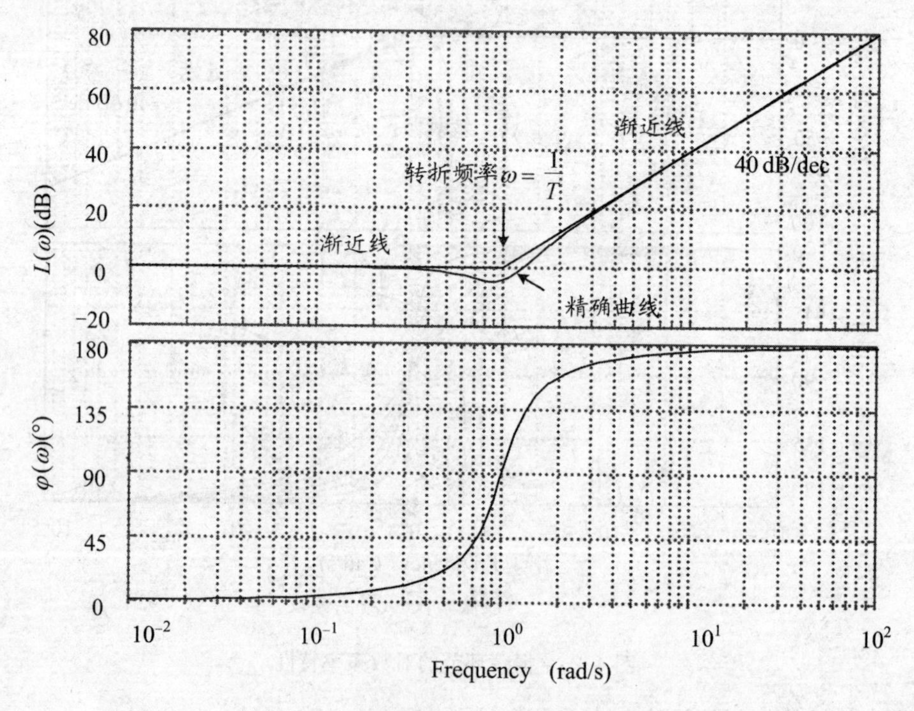

图 4-24 二阶微分环节的对数频率特性

4.3.1.7 时滞环节的对数频率特性

时滞环节的对数幅频特性为：

$$L(\omega)=20\lg A(\omega)=0\ (\text{dB})$$

对数相频特性为：

$$\varphi(\omega)=-\tau\omega$$

时滞环节的对数频率特性如图 4-25 所示。

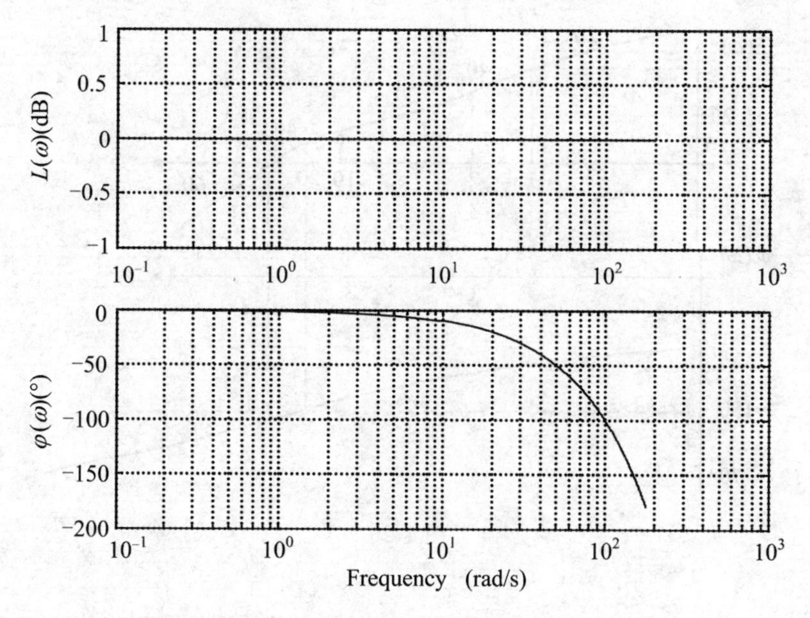

图 4-25 时滞环节的对数频率特性

4.3.2 开环对数频率特性曲线的绘制

开环对数频率特性曲线又称伯德图，画图步骤如下：

(1) 将传递函数分解成典型环节并按转折频率从小到大排序，计算斜率累加值。

(2) 过$(1, 20\lg K)$点作低频渐进线，斜率为$-20v$ dB/dec，v为积分因子的个数。

(3) 根据斜率累加值，每遇转折频率即改变渐进线斜率，作出幅频特性。斜率改变取决于典型环节的种类。例如：在$G(s)=(Ts+1)^{\pm 1}$的环节，在$\omega=\dfrac{1}{T}$处斜率减少± 20 dB/dec，而在$G(s)=(T^2s^2+2\xi Ts+1)^{\pm 1}$的环节，在$\omega=\dfrac{1}{T}$处斜率改变$\pm 40$ dB/dec。

(4) 用描点连线的方法绘制相频特性。

例 4-3 已知单位反馈系统的开环传递函数

$$G(s)=\frac{100\left(\frac{s}{2}+1\right)}{s(s+1)\left(\frac{s}{10}+1\right)\left(\frac{s}{20}+1\right)}$$

试画伯德图。

解：由题给传递函数知，系统的转折频率依次为 1，2，10，20。低频段渐近线斜率为-20 dB/dec，且过(1，40 dB)点。

系统相频特性按下式计算：

$$\varphi(\omega)=-90^\circ+\arctan\frac{\omega}{2}-\arctan\omega-\arctan\frac{\omega}{10}-\arctan\frac{\omega}{20}$$

得系统开环对数频率特性，如图 4-26 所示。

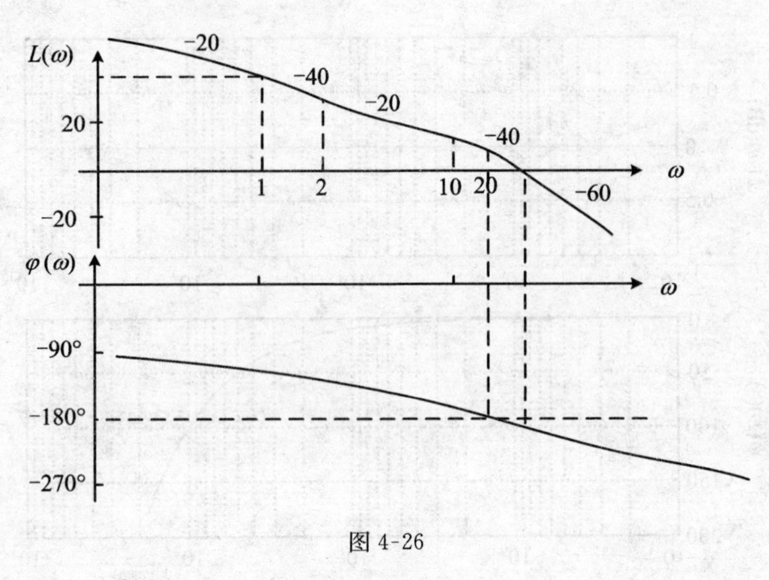

图 4-26

4.3.3 开环对数幅频特性低频段特点与系统型别的关系

4.3.3.1 0 型系统

0 型系统的开环频率特性有如下形式(图 4-27)：

$$G(\mathrm{j}\omega)=\frac{K_{\mathrm{k}}\prod_{i=1}^{m}(\mathrm{j}\omega T_i+1)}{\prod_{j=1}^{n}(\mathrm{j}\omega T_j+1)}$$

低频段时($T_i\omega\ll1,T_j\omega\ll1$)，有

$$G(\mathrm{j}\omega)\approx K_{\mathrm{k}},\ A(\omega)=K_{\mathrm{k}}$$

即

$$L(\omega)=20\lg A(\omega)=20\lg K_{\mathrm{k}}$$

所以 0 型系统开环对数幅频特性低频段有如下特点：

(1) 在低频段，斜率为 0 dB/dec；

(2) 低频段的幅值为 $20\lg K_k$ dB，由此可以确定稳态位置误差系数 $K_{\mathrm{p}}=K_{\mathrm{k}}$。

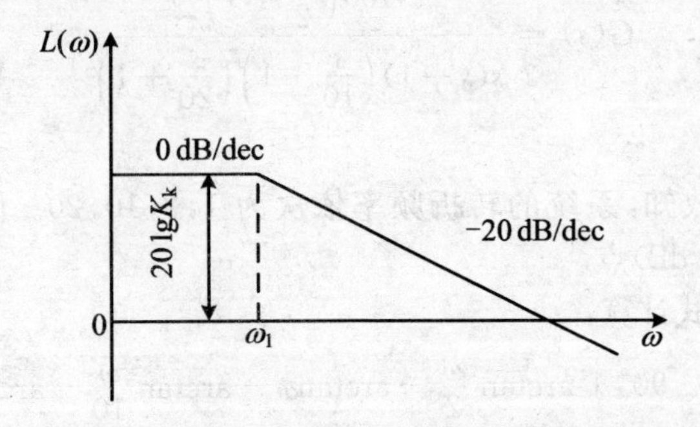

图 4-27 0 型系统的开环对数幅频特性的低频段

4.3.3.2 Ⅰ型系统

Ⅰ型系统的开环频率特性有如下形(图4-28)式：

$$G(j\omega)=\frac{K_k\prod_{i=1}^{m}(j\omega T_i+1)}{j\omega\prod_{j=1}^{n-1}(j\omega T_j+1)}$$

低频段时($T_i\omega\ll1, T_j\omega\ll1$)，有

$$G(j\omega)\approx\frac{K_k}{j\omega},\ A(\omega)=\frac{K_k}{\omega}$$

即

$$L(\omega)=20\lg A(\omega)=20\lg\frac{K_k}{\omega}=20\lg K_k-20\lg\omega$$

当$\omega=1$时，$L(1)=20\lg K_k$；当$L(\omega_{c0})=0$时，有$\omega_{c0}=K_k$。

所以Ⅰ型系统开环对数幅频特性低频段有如下特点：

(1) 在低频段的渐近线斜率为-20 dB/dec；

(2) 低频渐近线(或其延长线)与0分贝线的交点为$\omega_{c0}=K_k$，由此可以确定系统的稳态速度误差系数$K_v=K_k$；

(3) 低频渐近线(或其延长线)在$\omega=1$时的幅值为$20\lg K_k$ dB。

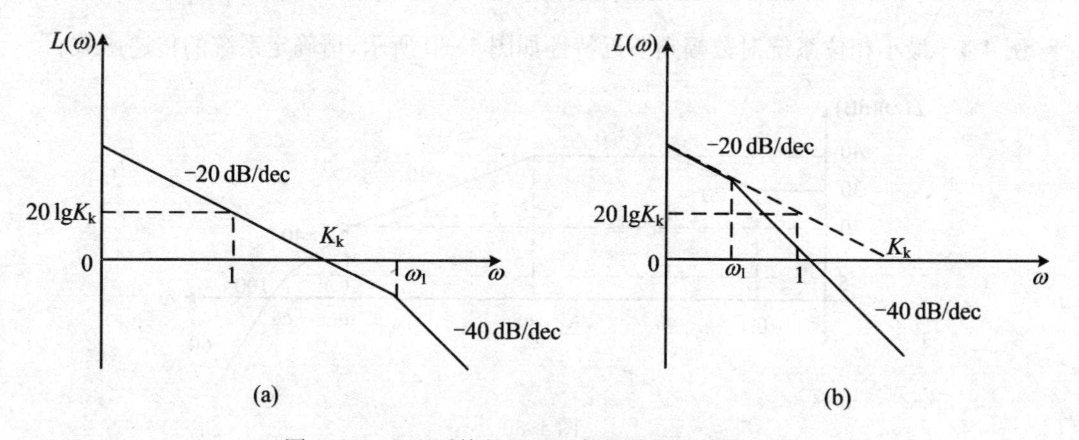

图4-28 Ⅰ型系统的开环对数幅频特性的低频段

4.3.3.3 Ⅱ型系统

Ⅱ型系统的频率特性有如下形式(图4-29)：

$$G(j\omega)=\frac{K_k\prod_{i=1}^{m}(j\omega T_i+1)}{(j\omega)^2\prod_{j=1}^{n-2}(j\omega T_j+1)}$$

低频段时($T_i\omega\ll1, T_j\omega\ll1$)，有

$$G(j\omega)\approx\frac{K_k}{(j\omega)^2},\ A(\omega)=\frac{K_k}{\omega^2}$$

即

$$L(\omega)=20\lg A(\omega)=20\lg\frac{K_k}{\omega^2}=20\lg K_k-40\lg\omega$$

当 $\omega=1$ 时，$L(1)=20\lg K_k$；当 $L(\omega_{c0})=0$ 时，有 $\omega_{c0}=\sqrt{K_k}$。

所以Ⅱ型系统开环对数幅频特性低频段有如下特点：

(1) 低频渐近线的斜率为 -40 dB/dec；

(2) 低频渐近线(或其延长线)与 0 分贝线的交点为 $\omega_{c0}=\sqrt{K_k}$，由此可以确定加速度误差系数 $K_a=\sqrt{K_k}$；

(3) 低频渐近线(或其延长线)在 $\omega=1$ 时的幅值为 $20\lg K_k$ dB。

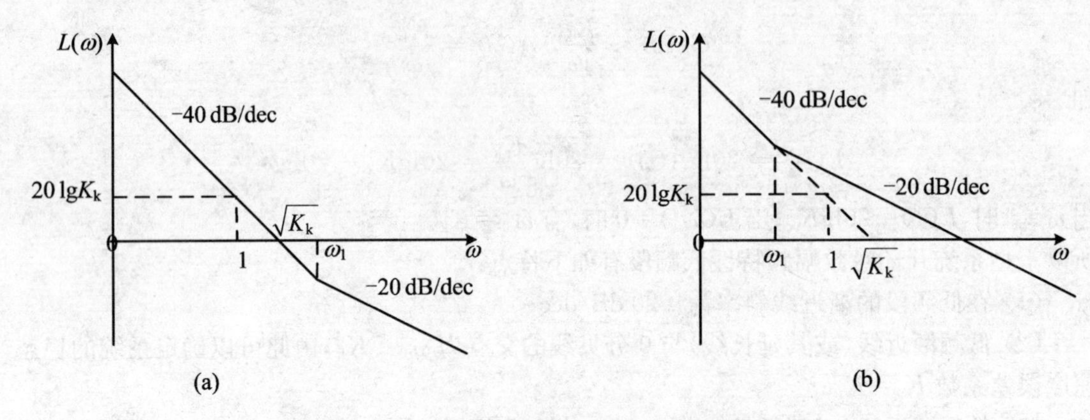

图 4-29 Ⅱ型系统的开环对数幅频特性的低频段

例 4-4 最小相位系统对数幅频渐近特性如图 4-30 所示，请确定系统的传递函数。

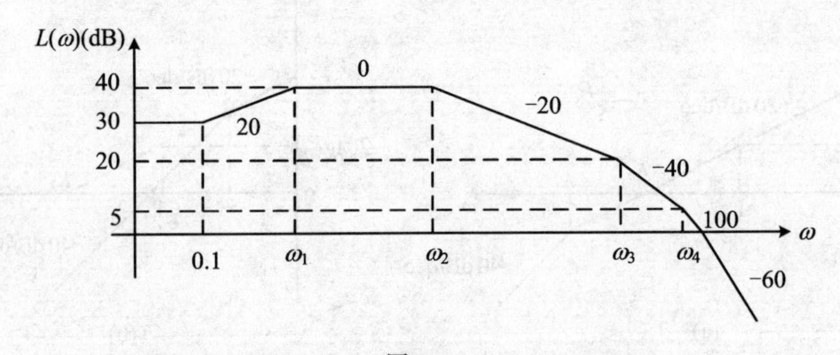

图 4-30

解：由图 4-30 知在低频段渐近线斜率为 0，故系统为 0 型系统。渐近特性为分段线性函数，在各交接频率处，渐近特性斜率发生变化：

在 $\omega=0.1$ 处，斜率从 0 dB/dec 变为 20 dB/dec，属于一阶微分环节。

在 $\omega=\omega_1$ 处，斜率从 20 dB/dec 变为 0 dB/dec，属于惯性环节。

在 $\omega=\omega_2$ 处，斜率从 0 dB/dec 变为 -20 dB/dec，属于惯性环节。

在 $\omega=\omega_3$ 处，斜率从 -20 dB/dec 变为 -40 dB/dec，属于惯性环节。

在 $\omega=\omega_4$ 处，斜率从 -40 dB/dec 变为 -60 dB/dec，属于惯性环节。

因此系统的传递函数具有下述形式：

$$G(s)=\frac{K\left(\frac{s}{0.1}+1\right)}{\left(\frac{s}{\omega_1}+1\right)\left(\frac{s}{\omega_2}+1\right)\left(\frac{s}{\omega_3}+1\right)\left(\frac{s}{\omega_4}+1\right)}$$

式中 $K,\omega_1,\omega_2,\omega_3,\omega_4$ 待定。

由 $20\lg K=30$ 得 $K=31.62$。

确定 ω_1：$20=\dfrac{40-30}{\lg\omega_1-\lg 0.1}$，所以 $\omega_1=0.316\ \text{rad/s}$。

确定 ω_4：$-60=\dfrac{-5+0}{\lg 100-\lg\omega_4}$，所以 $\omega_4=82.54\ \text{rad/s}$。

确定 ω_3：$-40=\dfrac{5-20}{\lg\omega_4-\lg\omega_3}$，所以 $\omega_3=34.81\ \text{rad/s}$。

确定 ω_2：$-20=\dfrac{20-40}{\lg\omega_3-\lg\omega_2}$，所以 $\omega_2=3.481\ \text{rad/s}$。

于是，所求的传递函数为：

$$G(s)=\frac{31.62(\frac{s}{0.1}+1)}{(\frac{s}{0.316}+1)(\frac{s}{3.481}+1)(\frac{s}{34.81}+1)(\frac{s}{82.54}+1)}$$

4.3.4 最小相位系统和非最小相位系统

(1) 最小相位系统：

系统的开环传递函数在右半 s 平面没有极点和零点，该系统称为最小相位系统。如：

$$G(s)H(s)=\frac{K(T_1s+1)}{s(T_2s+1)(T_3s+1)}$$

(2) 非最小相位系统：

系统的开环传递函数在右半 s 平面有零点或极点，或系统含 e^{-Ts}，该系统称为非最小相位系统。

(3) 如果两个系统有相同的幅频特性，那么对于大于零的任何频率，最小相角系统的相角始终小于非最小相角系统的相角(具有相同幅值的两个系统，最小相位系统的相角最小)，如：

$$G_1H_1=\frac{1+T_1s}{1+T_2s},\quad G_2H_2=\frac{1-T_1s}{1+T_2s}\qquad (T_2>T_1>0)$$

$$A_1(\omega)=A_2(\omega)=\frac{\sqrt{1+(\omega T_1)^2}}{\sqrt{1+(\omega T_2)^2}}\qquad (\varphi_1(\omega)<\varphi_2(\omega))$$

(4) 最小相位系统，当 $\omega\to\infty$ 时，相角为 $(n-m)(-90°)$。

(5) 最小相位系统的幅值特性和相角特性有一一对应关系。

4.4 用频率法分析系统的稳定性

用频率特性法分析系统的稳定性，是根据系统的开环频率特性来判断相应闭环系统的稳定性，还可以确定系统的相对稳定性。闭环系统稳定的充要条件是：特征方程的根的实部必须全小于零。要根据开环频率特性来判断闭环系统的稳定性，首先要找到开环频率特性和闭环特征式之间的关系，进而找到与闭环特征根的关系。

4.4.1 开环频率特性和闭环特征式的关系

设控制系统结构如图 4-31 所示。

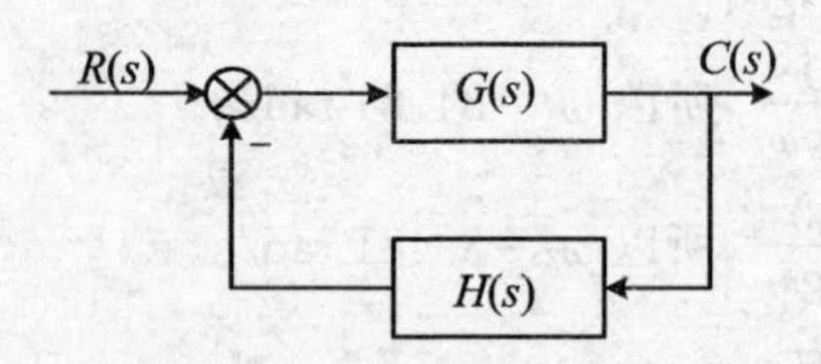

图 4-31 控制系统方框图

设 $G(s)$和 $H(s)$是两个多项式之比，即

$$G(s)=\frac{M_1(s)}{N_1(s)}$$

$$H(s)=\frac{M_2(s)}{N_2(s)}$$

如果 $G(s)$和 $H(s)$无极点和零点对消，则系统开环传递函数为：

$$G(s)H(s)=\frac{M_1(s)M_2(s)}{N_1(s)N_2(s)}$$

闭环传递函数为：

$$\Phi(s)=\frac{G(s)}{1+G(s)H(s)}=\frac{M_1(s)N_2(s)}{N_1(s)N_2(s)+M_1(s)M_2(s)}$$

从研究闭环和开环特征多项式之比这一函数着手，这个函数仍是复变量 s 的函数，并称之为辅助函数，记作 $F(s)$。

$$F(s)=\frac{N_1(s)N_2(s)+M_1(s)M_2(s)}{N_1(s)N_2(s)}$$

则辅助函数 $F(s)$和开环传递函数 $G(s)H(s)$有以下简单关系：

$$F(s)=1+G(s)H(s)$$

考虑到物理系统中，开环传递函数分子的最高次幂必小于分母的最高次幂，故 $F(s)$可写为：

$$F(s)=\frac{K_g\prod_{i=1}^{n}(s-z_i)}{\prod_{i=1}^{n}(s-p_i)}$$

式中 z_i 和 p_i 分别为 $F(s)$的零点和极点，K_g 为常数。

由上可知，辅助函数 $F(s)$具有如下特点：

第一，$F(s)$的零点是闭环系统的极点，$F(s)$的极点是开环系统的极点。

第二，零点和极点个数相同。

第三，$F(s)$和 $G(s)H(s)$只差常数 1。

4.4.2 奈奎斯特稳定判据

4.4.2.1 幅角原理

设 s 平面上的封闭曲线 Γ_s(Γ_s 不通过 $F(s)$ 的任何极点和零点)包围了 $F(s)$ 的 Z 个零点和 P 个极点,则当 s 沿 Γ_s 顺时针转一圈时,在 $F(s)$ 平面上,$F(s)$ 曲线绕坐标原点逆时针转过的圈数 N 为 P 和 Z 之差,即

$$N=P-Z$$

若 N 为负,表示 $F(s)$ 曲线绕原点顺时针转过的圈数;若 $N=0$,表示 $F(s)$ 曲线不包围 $F(s)$ 平面上的坐标原点(图 4-32)。

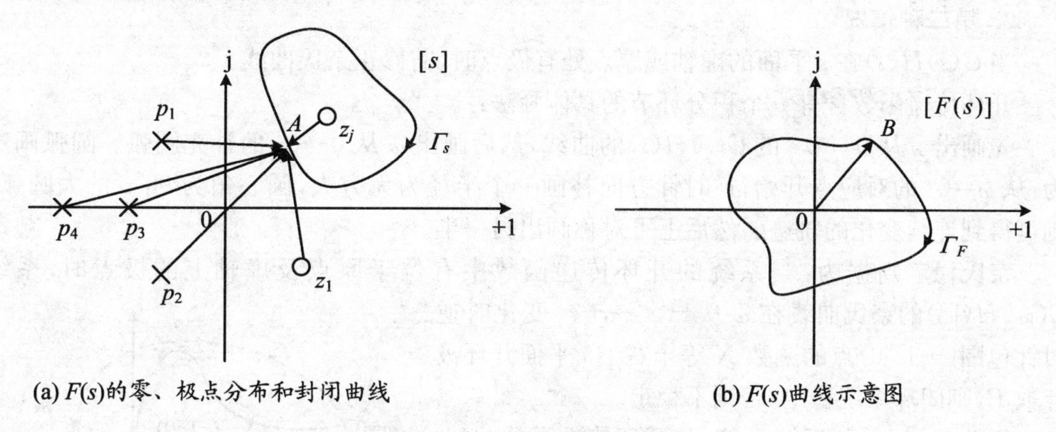

(a) $F(s)$的零、极点分布和封闭曲线　　(b) $F(s)$曲线示意图

图 4-32　s 与 $F(s)$ 的映射关系

4.4.2.2 奈氏曲线

线性闭环控制系统的稳定性充要条件是:闭环特征方程的根(闭环极点)全部位于 s 平面的左半平面。为了确定辅助函数 $F(s)$ 位于右半 s 平面上的所有零点个数,从而确定闭环系统的极点位于右半 s 平面的个数,现将封闭曲线 Γ_s 扩大为包括虚轴的整个右半 s 平面,这种封闭曲线 Γ_s 称为奈奎斯特路径,简称奈氏路径。

4.4.2.3 奈氏稳定判据

1. 第一种情况

$G(s)H(s)$ 在 s 平面的原点及虚轴上没有极点时,令

P 为右半 s 平面的开环极点数;

Z 为右半 s 平面的闭环极点数;

N 为奈氏曲线包围$(-1,\mathrm{j}0)$点的圈数。

奈氏稳定判据为:

反馈控制系统稳定的充要条件是:当 ω 由 $-\infty\to0\to+\infty$ 变化过程中,奈氏曲线逆时针包围临界稳定点$(-1,\mathrm{j}0)$的圈数为 N,当它等于该系统开环传递函数 $G(s)H(s)$ 在 S 平面右半部极点的个数 P 时,则必稳定;否则,必不稳定,且不稳定闭环系统的闭环极点个数 Z 由 $Z=P-N$ 计算。

注意:当 N 顺时针时,则 $Z=P+N$,上面判据可为如下说法,即:

当 $P=0$ 时,若 ω 从 $-\infty\to\infty$ 的奈氏曲线不包围$(-1,\mathrm{j}0)$点,即 $N=0$,则 $Z=0$,闭环系

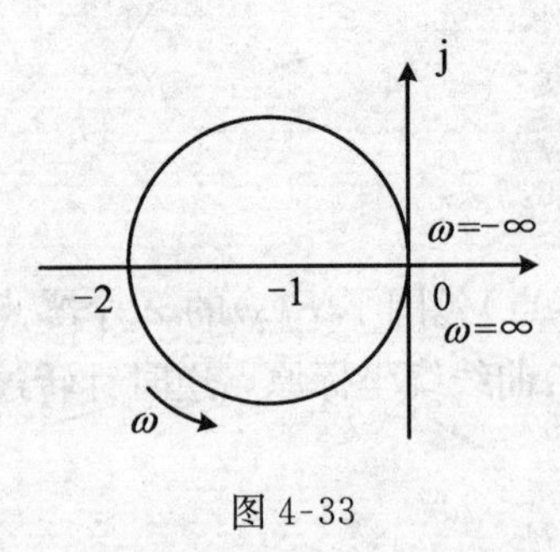

图 4-33

统稳定，否则不稳定；

当 $P\neq0$ 时，若 ω 从 $-\infty\rightarrow\infty$ 的奈氏曲线包围 $(-1,\mathrm{j}0)$ 点 N 次，则 $Z=P+N=0$，系统稳定，否则不稳定；

奈氏曲线通过 $(-1,\mathrm{j}0)$ 点时，临界稳定。

例 4-5 一单位反馈系统，其开环传递函数 $G(s)=\dfrac{2}{s-1}$，试用奈氏判据判断系统稳定性。

解：右半 s 平面的开环极点数 $P=1$，而奈氏曲线如图 4-33 所示，逆时针包围 $(-1,\mathrm{j}0)$ 点一圈，$N=1$，即 $Z=P-N=0$。所以系统稳定。

2. 第二种情况

当 $G(s)H(s)$ 在 s 平面的虚轴或原点处有极点时，需修正奈氏曲线。

开环传递函数含有 v 个积分环节的具体画法：

先画出 ω 从 $0^+\rightarrow\infty$ 的 $G(s)H(s)$ 的曲线，然后画出 ω 从 $0\rightarrow0^+$ 的补充圆弧。圆弧画法为：从 $\omega=0^+$ 的对应点开始，逆时针方向补画一个半径为无穷大，圆心角为 $90°v$ 的大圆弧，则可得到连续变化的轨迹。然后上下对称画出另一半。

奈氏稳定判据为：当系统的开环传递函数中有位于原点及虚轴上的极点时，系统 $G(\mathrm{j}\omega)H(\mathrm{j}\omega)$ 的奈氏曲线在 ω 从 $-\infty\rightarrow+\infty$ 变化时逆时针包围 $(-1,\mathrm{j}0)$ 点的圈数 N 等于右半 s 平面开环极点数 P，则闭环系统稳定，否则不稳定。

例 4-6 一单位反馈系统，其开环传递函数 $G(s)=\dfrac{k}{s^2(1+Ts)}$，试用奈氏判据判断系统稳定性。

解：系统开环幅相曲线如图 4-34 所示。

由图知：$N=2$，而 $P=0$，所以系统不稳定。

闭环特征方程实部根个数 $Z=P+N=2$（个）。

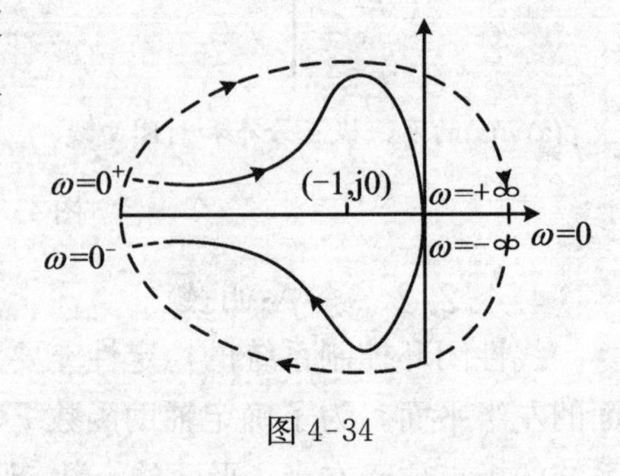

图 4-34

4.4.3 对数频率稳定判据

图 4-35(a)、(b)分别表示系统的幅相频率特性曲线和其对应的对数频率特性曲线。由图 4-35 可以看出这两种特性曲线之间存在下述对应关系：

(1) 幅相频率特性图上的单位圆对应对数频率特性图上的 0 分贝线，即对数幅频特性的横坐标轴；在 GH 平面上单位圆之外的区域对应对数幅频特性曲线 0 分贝线以上的区域，即 $L(\omega)>0$ 的部分；在 GH 平面上单位圆之内的区域对应对数幅频特性曲线 0 分贝线以下的区域，即 $L(\omega)>0$ 的部分。

(2) 幅相频率特性图上的负实轴对应于对数相频特性图上的 $-180°$ 线。根据上述对应关系，幅相频率特性曲线的穿越次数可以利用 $L(\omega)>0$ 的区间内，$\varphi(\omega)$ 曲线对 $-180°$ 线的穿越次数来计算。在 $L(\omega)>0$ 的区间内，$\varphi(\omega)$ 曲线自下而上通过 $-180°$ 线为正穿越（相角增加），如图 4-35(b)中的 B 点；$\varphi(\omega)$ 曲线自上而下通过 $-180°$ 线为负穿越（相角减小），如图 4-35(b)中的 A 点。

对数频率稳定判据：

设系统开环极点有 P 个在右半 s 平面上，则闭环系统稳定的充要条件为：开环对数幅频特性 $L(\omega)>0$ 的所有频率范围内，对数相频特性曲线 $\varphi(\omega)$ 与 $-180°$ 线的正负穿越次数之差为 $\frac{P}{2}$，即 $N_+ - N_- = \frac{P}{2}$；若闭环系统不稳定，系统位于右半 s 平面的闭环极点个数为 $Z=P-2(N_+ - N_-)$。

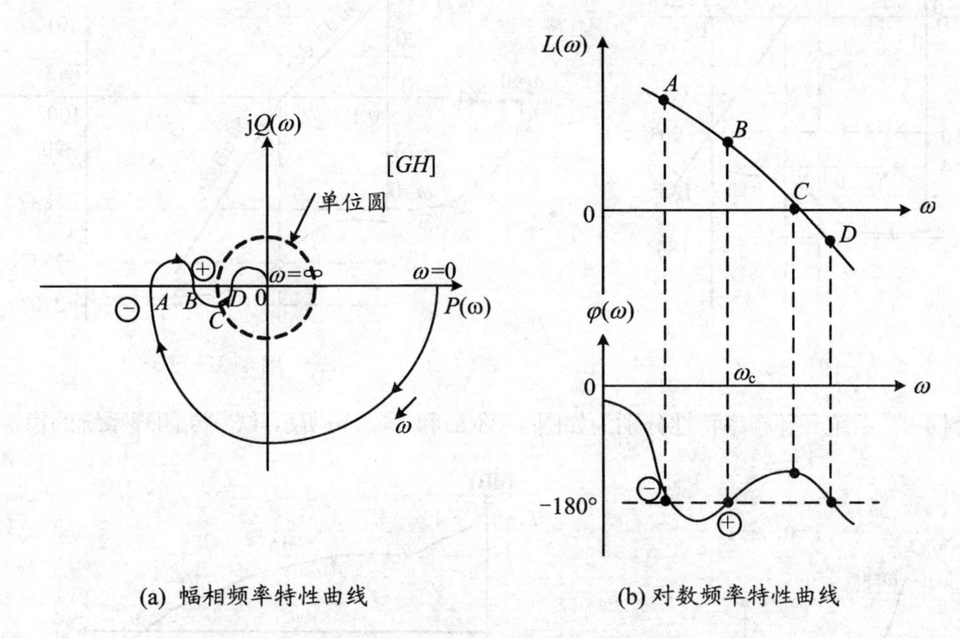

(a) 幅相频率特性曲线　　(b) 对数频率特性曲线

图 4-35　幅相频率特性曲线与对应的对数频率特性曲线

应用对数频率稳定判据时，应注意以下两点：

① 判据中的频率范围是：ω 从 0 至 $+\infty$，而非前述的 $-\infty \to +\infty$；

② 开环对数幅频特性 $L(\omega)>0$ 的所有频率范围内，$\varphi(\omega)$ 起始于或终止于 $-(2k+1)180°$ 线（$k=0,\pm1,\pm2,\Lambda$），记为半次穿越。即凡是伯德图 $\varphi(\omega)$ 曲线起于 $-180°$，并当 ω 由 0 增大时，$\varphi(\omega)$ 增大，则该起点处，规定为 $N_+=\frac{1}{2}$ 次，反之，当 ω 由 0 增大时，而 $\varphi(\omega)$ 减小，规定 $N_-=\frac{1}{2}$ 次。

例 4-7　在开环传递函数 $G(s)=\frac{2}{s-1}$ 中 $P=1$，用伯德判据判断系统稳定性。

解：系统伯德曲线如图 4-36 所示，由图知：

$\varphi(\omega)$ 曲线起于 $-180°$，$N_+=\frac{1}{2}$，所以系统稳定。

例 4-8　在开环传递函数 $G(s)=\frac{k}{s^2(1+Ts)}$ 中 $P=0$，用伯德判据判断系统稳定性。

解：系统的伯德曲线如图 4-37 所示（令 $k=1,T=1$）由图知 $N_-=\frac{1}{2}$ 所以

$$N = N_+ - N_- = -\frac{1}{2}$$

因为

$$P = 0, 2N = -1, P \neq 2N$$

所以系统不稳定。

系统在 s 平面右半部的闭环极点数 $Z=P-2N=0-(-1)=1$(个)。

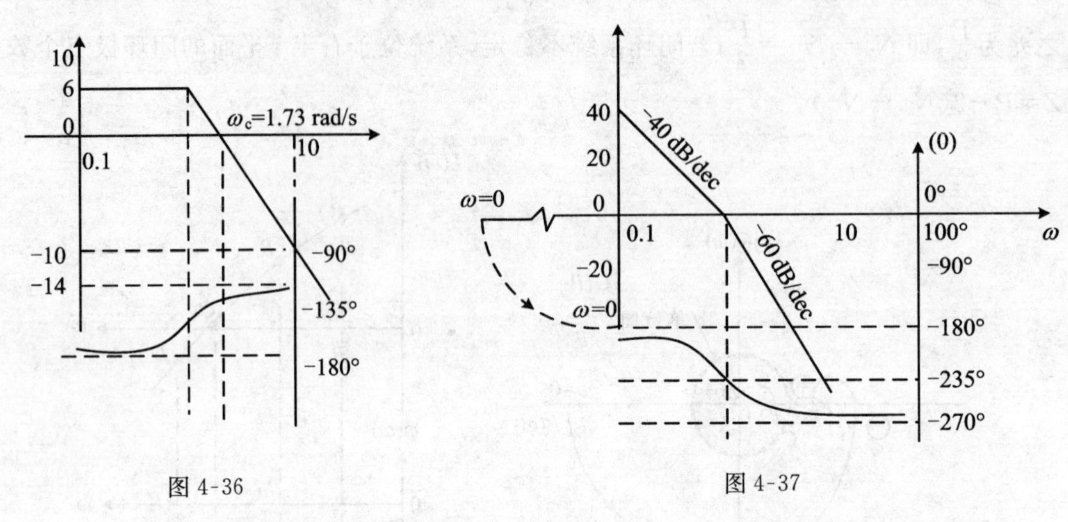

图 4-36　　　　图 4-37

例 4-9　系统开环频率特性分别为如图 4-38(a)和 4-38(b)所示，试判断闭环系统的稳定性。

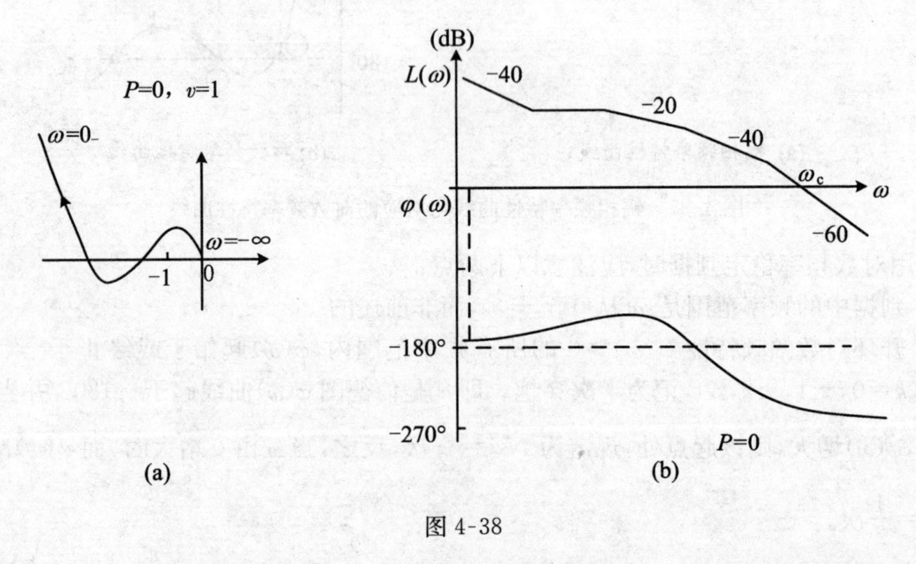

图 4-38

解：图 4-38(a)给出的是 $\omega \in (-\infty, 0)$ 的幅相曲线，而 $\omega \in (0, +\infty)$ 的幅相曲线与题给曲线对称于实轴，如图 4-39 所示。因为 $v=1$，故从 $\omega=0_+$ 的对应点起逆时针补作 $\pi/2$，半径为无穷大的圆弧。在(-1，j0)点左侧，幅相曲线逆时针、顺时针各穿越负实轴一次，故：

$$N_+ = N_- = 1, N = N_+ - N_- = 0$$

因此，右半 s 平面的闭环极点数

$$Z = P - 2N = 0$$

闭环系统稳定。

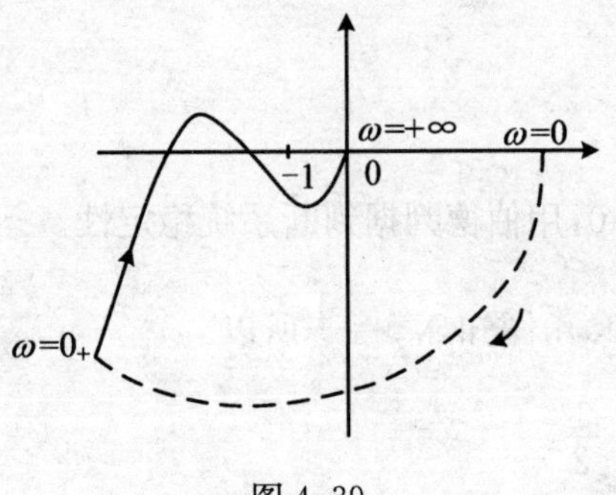

图 4-39

图 4-38(b)中，因为 $v=2$，$N_+=\frac{1}{2}$。当 $\omega<\omega_c$ 时，

有 $L(\omega)>0$，且在此频率范围内，$\varphi(\omega)$ 穿越 $-180°$ 线一次，且为由上向下穿越，因此 $N_-=1$。

$$N = N_+ - N_- = -\frac{1}{2}$$

于是算得右半平面的闭环极点数为：

$$Z = P - 2N = 1$$

系统闭环不稳定。

4.5 控制系统的相对稳定性分析

稳定裕度实质上是描写系统奈氏图线远离 $(-1,j0)$ 点的科学度量，包括相角裕量 γ 和幅值裕量 K_g。γ 和 K_g 常作为频域法校正的指标。幅相曲线越接近临界点 $(-1,j0)$，系统的稳定性就越差 。

4.5.1 相角裕量 γ 和幅值裕量 K_g 的定义

4.5.1.1 相角裕量 γ

截止频率(剪切频率) ω_c：当 $A(\omega)=1$ 或 $L(\omega)=0$ 时的频率，即称为截止频率 ω_c。在奈氏图上，表现为幅相曲线与单位圆交点处的频率(图 4-40)。

交界频率 ω_g：即 $\varphi(\omega_g)=-180°$ 时的角频率，亦即奈氏曲线穿越负实轴时的频率。

相角裕量 γ：$\gamma = 180° + \varphi(\omega_c)$

γ 的含义：如果系统对频率 ω_c 的信号的相角滞后再增大 γ 度，则系统处于临界稳定状态。

结论：开环稳定系统，若 $\gamma>0$，系统稳定，表示 $G(j\omega)H(j\omega)$ 曲线不包围 $(-1,j0)$ 点；$\gamma<0$，系统不稳定。

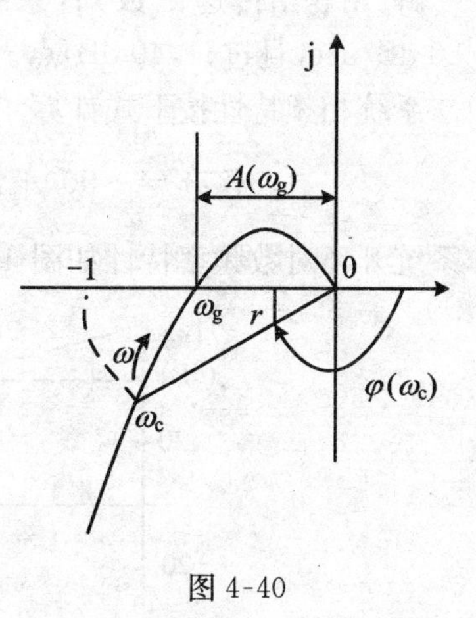

图 4-40

4.5.1.2 幅值裕量 K_g

$$K_g = \frac{1}{|G(j\omega_g)H(j\omega_g)|}$$

或

$$K_g(\text{dB}) = 20\lg K_g = -20\lg|G(j\omega_g)H(j\omega_g)|$$

K_g 含义为如果系统的开环传递函数增大到原来的 K_g 倍，则系统就处于临界稳定状态。

结论：$K_g>1$ 或 $K_g(\text{dB})>0$，系统稳定；$K_g<1$ 或 $K_g(\text{dB})<0$，系统不稳定。

工程上要求：$\gamma = 30°\sim60°$，$K_g>6\text{ dB}$。也可只对 γ 提要求。

4.5.1.3 对于最小相角系统

当 $\gamma>0$ 时，$K_g>1$ 或 $20\lg K_g>0$，系统稳定，γ 和 K_g 越大，系统稳定性越好。

当 $\gamma<0$ 时，$K_g<1$ 或 $20\lg K_g<0$，系统不稳定。

当 $\gamma=0$，$K_g=1$ 或 $20\lg K_g=0$ 时，系统临界稳定。

例 4-10 单位反馈控制系统开环传递函数 $G(s)=\dfrac{as+1}{s^2}$，试确定使相位裕度 $\gamma=45°$的 a 值。

解：

$$L(\omega)=20\lg\frac{\sqrt{(a\omega_c)^2+1}}{\omega_c^2}=0$$

$$\omega_c^4=a^2\omega_c^2+1$$

$$\gamma=180°+\arctan(a\omega_c)-180°=45°$$

$$a\omega_c=1$$

联立求解得：

$$\omega_c=\sqrt[4]{2}\ \text{rad/s}$$

$$a=\frac{1}{\sqrt[4]{2}}=0.84$$

例 4-11 已知单位反馈系统的开环传递函数

$$G(s)=\frac{100\left(\dfrac{s}{2}+1\right)}{s(s+1)\left(\dfrac{s}{10}+1\right)\left(\dfrac{s}{20}+1\right)}$$

试求系统的相角裕度和幅值裕度。

解：由题给传递函数知，系统的转折频率依次为 1，2，10，20。低频段渐近线斜率为 −20 dB/dec，且过(1，40 dB)点。

系统相频特性按下式计算

$$\varphi(\omega)=-90°+\arctan\frac{\omega}{2}-\arctan\omega-\arctan\frac{\omega}{10}-\arctan\frac{\omega}{20}$$

作系统开环对数频率特性如图 4-41 所示。

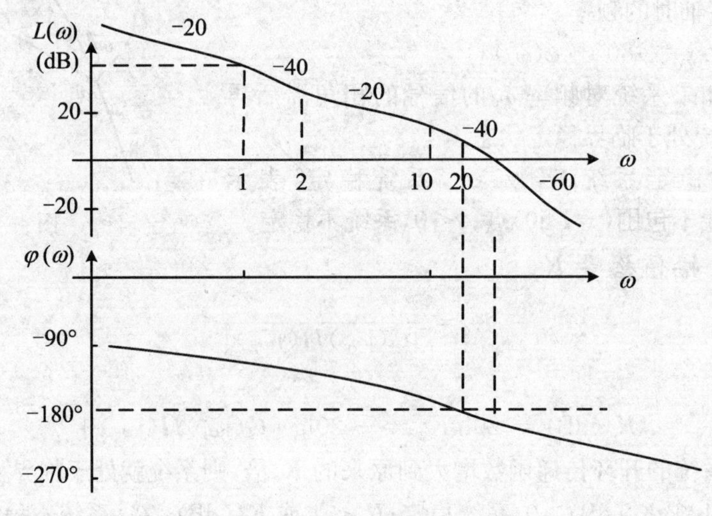

图 4-41

由对数幅频渐近特性 $A(\omega_c)=1$ 求得 ω_c的近似值为：

$$A(\omega_c)=\frac{100\times\dfrac{\omega_c}{2}}{\omega_c\times\omega_c\times\dfrac{\omega_c}{10}\times1}=1$$

$$\omega_c = 21.5 \text{ rad/s}$$

再用试探法求 $\varphi(\omega_g) = -180°$时的相角穿越频率 ω_g，得：

$$\omega_g = 13.1 \text{ rad/s}$$

系统的相角裕度和幅值裕度分别为：

$$K_g = 20\lg\left|\frac{1}{G(j\omega_g)}\right| = -9.3 \text{ (dB)}$$

$$\gamma = 180° + \varphi(\omega_c) = -24.8°$$

4.5.2 开环对数频率特性与相对稳定性的关系

伯德第一定理指出：对数幅频特性渐近线的斜率与相角位移有对应关系。

伯德第二定理指出：对于一个线性最小相位系统，幅频特性和相频特性之间的关系是唯一的（图4-42）。

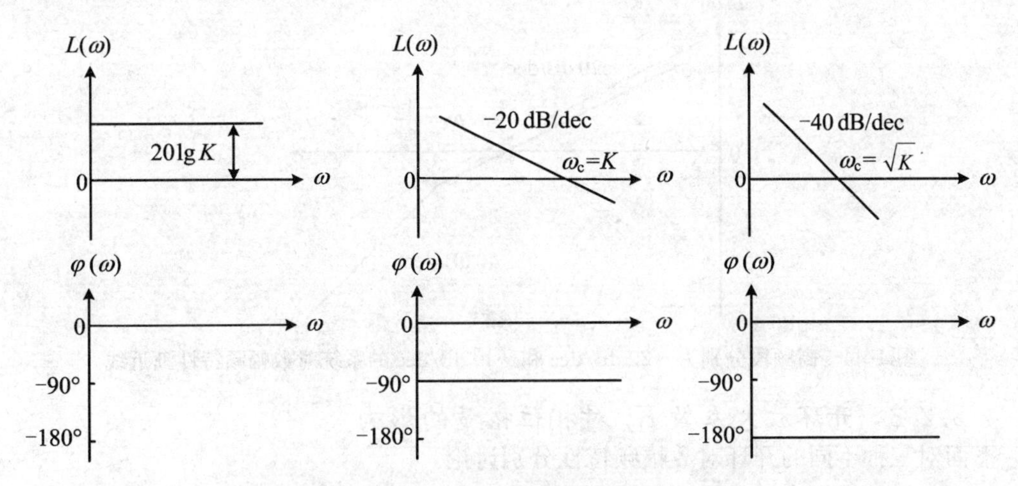

图4-42 开环对数幅频特性斜率与相角的关系

4.5.2.1 开环对数幅频特性低频段斜率对相位裕量的影响

在低频段有更大斜率的线段时，相位裕量减小，减小的程度和$\frac{\omega_c}{\omega_1}$的值有关。对于低频段斜率为−40 dB/dec的系统，当其幅值穿越频率 ω_c 远远大于低频段转折频率 ω_1 时，低频段斜率对相位裕量的影响较小（图4-43）。

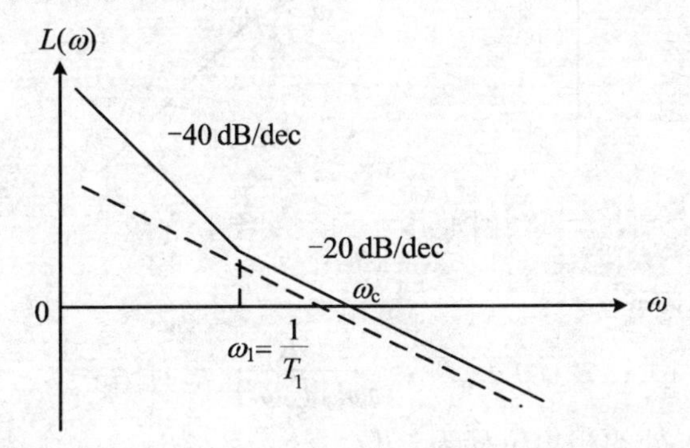

图4-43 低频段分别为−20 dB/dec和−40 dB/dec的系统对数幅频特性渐近线

4.5.2.2 开环对数幅频特性高频段斜率对相位裕量的影响

可以得到以下结论：在高频段有更大斜率的线段时，相位裕量减小，减小的程度和$\frac{\omega_c}{\omega_2}$的值有关。对于高频段斜率为－40 dB/dec 的系统，当其幅值穿越频率 ω_c 远远小于高频段转折频率 ω_2 时，高频段斜率对相位裕量的影响较小。

为讲解方便起见，以后我们把渐近线表示的对数幅频特性中各斜率线段标记如下：

0 dB/dec 渐近线：0。

20 dB/dec 渐近线：＋1。

－20 dB/dec 渐近线：－1。

－40 dB/dec 渐近线：－2。

－60 dB/dec 渐近线：－3。

这样，图 4-44 实线所示特性简称为－1/－2 特性。

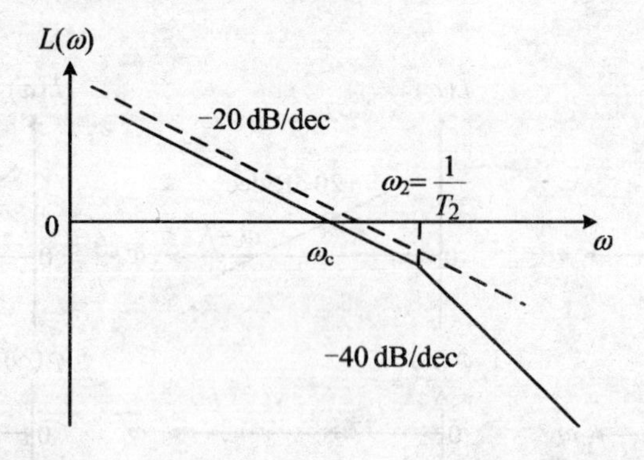

图 4-44 高频段分别为－20 dB/dec 和－40 dB/dec 的系统对数幅频特性渐近线

4.5.2.3 开环放大系数 K_k 对相位裕量的影响

下面对三种不同的开环对数幅频特性分别讨论。

1. －1/－2 特性

－1/－2 特性如图 4-45 所示。

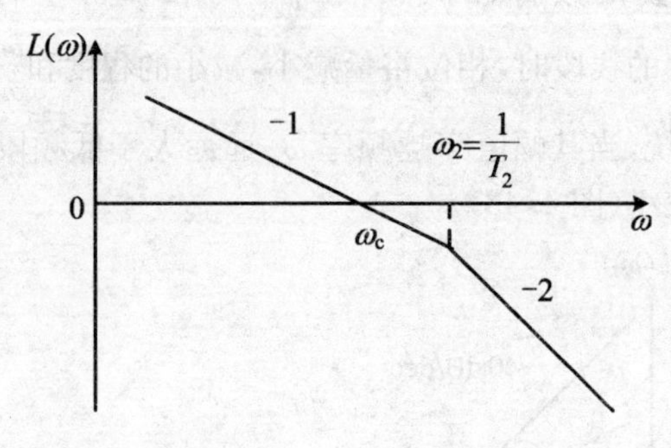

图 4-45 －1/－2 特性

系统开环频率特性为：

$$G(j\omega)=\frac{K_k}{j\omega(jT_2\omega+1)}$$

在幅值穿越频率 ω_c 处的相角位移为：

$$\varphi(\omega_c)=-90^\circ-\arctan T_2\omega_c$$

相位裕量为：

$$\gamma(\omega_c) = 180^\circ + \varphi(\omega_c) = 90^\circ - \arctan T_2\omega_c$$

由于系统是Ⅰ型系统，如图4-45所示的−1/−2特性的幅值穿越频率 ω_c 等于开环放大系数 K_k，即 $\omega_c = K_k$。

2. −2/−1/−2 特性

−2/−1/−2 特性如图4-46所示。

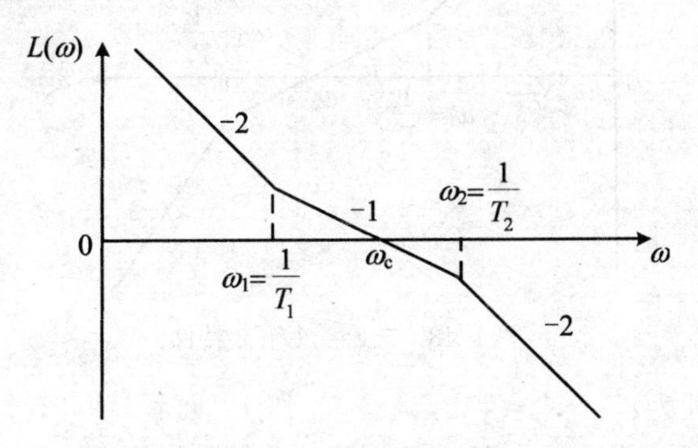

图4-46　−2/−1/−2 特性

系统开环频率特性为：

$$G(j\omega) = \frac{K_k(jT_1\omega + 1)}{(j\omega)^2(jT_2\omega + 1)} \qquad (T_1 > T_2)$$

$$\gamma(\omega_c) = 180^\circ + \varphi(\omega_c) = \arctan\frac{\omega_c}{\omega_1} - \arctan\frac{\omega_c}{n\omega_1}$$

$$\gamma_{max}(\omega_c) = \arctan\sqrt{n} - \arctan\frac{1}{\sqrt{n}}$$

由此可知：最大相位裕量与中频段线段长度有关。n 越大，中频段线段越长，最大相位裕量越大。

选择 K_k 使 $\omega_c = K_k T_1$ 和 $\frac{\omega_c}{\omega_1} = \sqrt{n}$ 同时成立时，相位裕量有最大值。放大系数 K_k 偏离这个值，均使相位裕量下降（图4-47）。

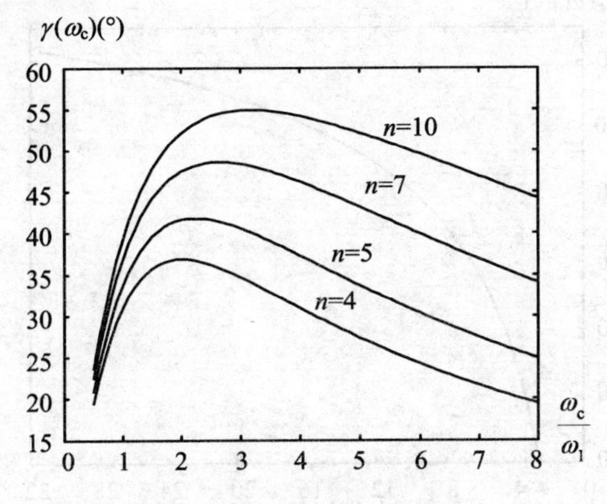

图4-47　$\gamma(\omega_c)$ 与 $\frac{\omega_c}{\omega_1}$ 之间的关系

3. −2/−1/−3 特性

−2/−1/−3 特性如图 4-48 所示。

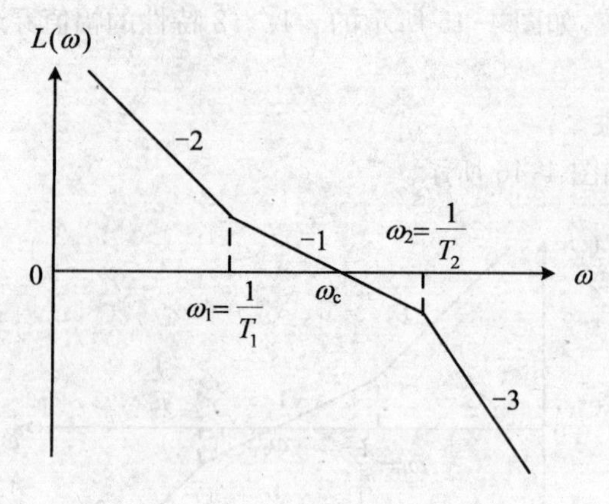

图 4-48　−2/−1/−3 特性

系统开环频率特性为：

$$G(\mathrm{j}\omega)=\frac{K_{\mathrm{k}}(\mathrm{j}T_1\omega+1)}{(\mathrm{j}\omega)^2(\mathrm{j}T_2\omega+1)^2}\qquad(T_1>T_2)$$

$$\varphi(\omega_{\mathrm{c}})=-180^\circ-2\arctan\frac{\omega_{\mathrm{c}}}{\omega_2}+\arctan\frac{\omega_{\mathrm{c}}}{\omega_1}$$

令 $\omega_2=n\omega_1$，则相位裕量为：

$$\gamma(\omega_{\mathrm{c}})=180^\circ+\varphi(\omega_{\mathrm{c}})=\arctan\frac{\omega_{\mathrm{c}}}{\omega_1}-2\arctan\frac{\omega_{\mathrm{c}}}{n\omega_1}$$

当 $\omega_2\gg\omega_1$ 时

$$\omega_{\mathrm{c}}\approx\sqrt{\frac{1}{2}\omega_1\omega_2}$$

$$\gamma_{\max}(\omega_{\mathrm{c}})=\arctan\sqrt{\frac{n}{2}}-2\arctan\sqrt{\frac{1}{2n}}$$

n 越大，中频段线段越长，最大相位裕量越大。取不同 n 时，所得 $\gamma_{\max}(\omega_{\mathrm{c}})$ 绘于图 4-49。

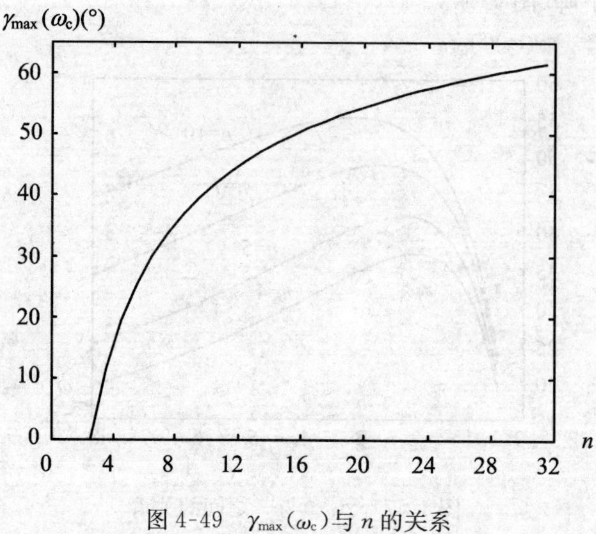

图 4-49　$\gamma_{\max}(\omega_{\mathrm{c}})$ 与 n 的关系

由以上分析可知，系统开环对数频率特性的三段频(低频段、中频段、高频段)应具有如下特点：

① 穿过 ω_c 的幅频特性斜率以 -20 dB/dec 为宜，一般最大不超过 -30 dB/dec。

② 低频段和高频段可以有更大的斜率。低频段有斜率更大的线段可以提高系统的稳态指标；高频段有斜率更大的线段可以更好地排除高频干扰。

③ 中频段的幅值穿越频率 ω_c 的选择，取决于系统暂态响应速度的要求。

④ 中频段的长度对相位裕量有很大影响，中频段越长，相位裕量越大。

4.6 频域性能指标与时域性能指标的关系

闭环系统幅频特性曲线的一般形状如图 4-50 所示。

用闭环频率特性来评价系统的性能，通常用以下指标。

1. 谐振峰值 M_r

谐振峰值 M_r 是闭环系统幅频特性的最大值，它反映系统的相对稳定性。通常，M_r 值越大，系统阶跃响应的超调量 $\sigma\%$ 也越大，因而系统的相对稳定性就比较差。通常希望系统的谐振峰值 M_r 在 1.1～1.3。

2. 谐振频率 ω_r

谐振频率 ω_r 是闭环系统幅频特性出现谐振峰值时所对应的频率，它在一定程度上反映了系统瞬态响应的速度。ω_r 值越大，瞬态响应越快。

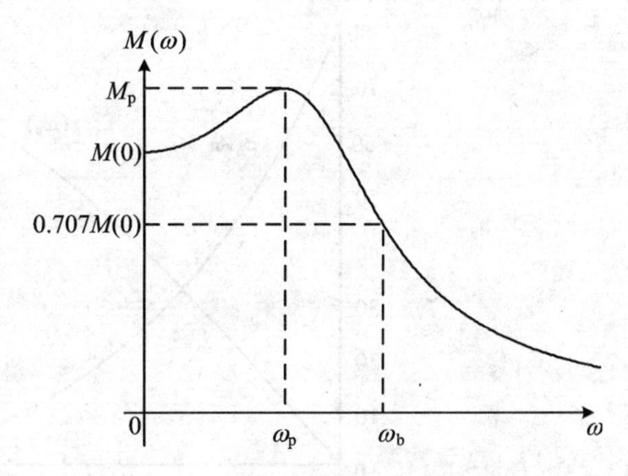

图 4-50 闭环系统的幅频特性曲线

3. 带宽频率 ω_b

当闭环系统频率特性的幅值 $M(\omega)$ 由其初始值 $M(0)$ 减小到 $0.707M(0)$(或零频率分贝值以下 3 dB)时，所对应的频率 ω_b 称为带宽频率，也称频带宽。$0\sim\omega_b$ 的频率范围称为系统的频带宽。系统的频带宽反映了系统对噪声的滤波特性，同时也反映了系统的响应速度。频带宽越大，瞬态响应速度越快，但对高频噪声的过滤能力越差。

4. 剪切速度

剪切速度是指在高频时频率特性衰减的快慢。在高频区衰减越快，对于信号和干扰两者的分辨能力越强。但是往往剪切速度越快，谐振峰值越大。

4.6.1 二阶系统的时域响应与频域响应的关系

二阶系统的时域响应与频域响应的关系见图 4-51 与图 4-52。

$$谐振峰值\ M_r=\frac{1}{2\xi\sqrt{1-\xi^2}}\qquad\left(0\leqslant\xi\leqslant\frac{\sqrt{2}}{2}\approx0.707\right)$$

谐振频率 $\omega_r = \omega_n \sqrt{1-2\xi^2}$

带宽频率 $\omega_b = \omega_n \sqrt{1-2\xi^2+\sqrt{(1-2\xi^2)^2+1}}$

截止频率 $\omega_c = \omega_n \sqrt{\sqrt{4\xi^4+1}-2\xi^2}$

相位裕度 $\gamma = \arctan \dfrac{2\xi}{\sqrt{\sqrt{4\xi^4+1}-2\xi^2}}$

超调量 $\sigma\% = e^{-\frac{\pi\xi}{\sqrt{1-\xi^2}}} \times 100\%$

调节时间 $t_s = \dfrac{3}{\xi\omega_n}, \omega_c t_s = \dfrac{6}{\tan\gamma}$

经验公式：

$$M_r = 1.09 + \sigma\% \qquad (0.4 \leqslant \xi \leqslant 0.7)$$

γ 与 ξ 之间的关系为 $\xi \approx 0.01\gamma$ ($\xi \leqslant 0.7$)，所以 $\gamma = 30° \sim 60°$ 时，$\xi = 0.3 \sim 0.6$。

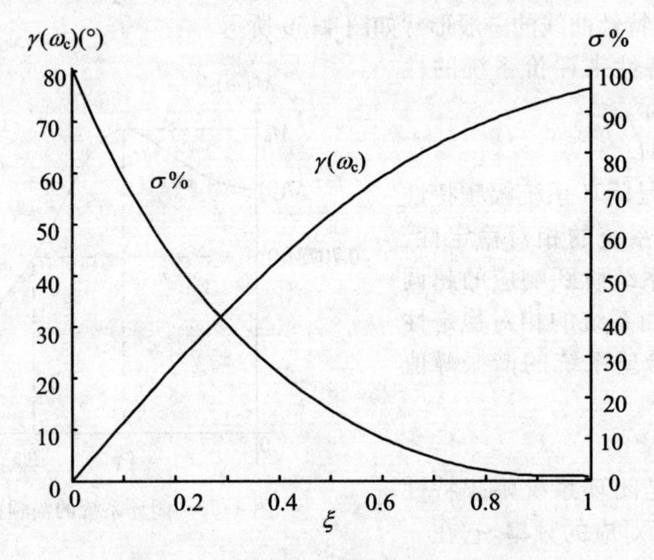

图 4-51 相位裕量 γ 与超调量 $\sigma\%$ 的关系

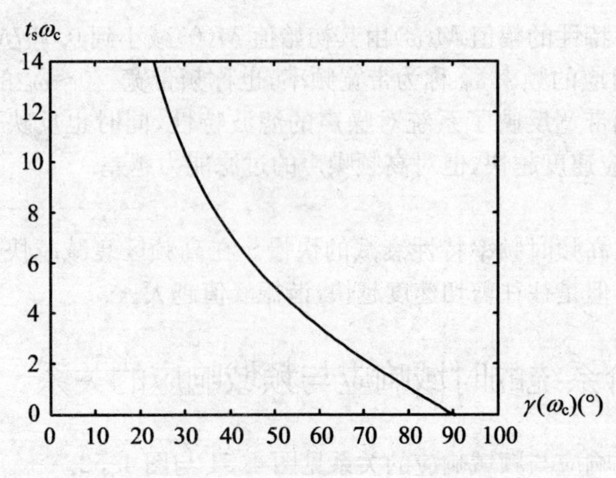

图 4-52 相位裕量 γ 与 $t_s\omega_c$ 的关系

4.6.2 高阶系统时域响应与频率响应的关系

谐振峰值 $M_r=\dfrac{1}{\sin\gamma}$

超调量 $\sigma\%=0.16+0.4(M_r-1) \qquad (1\leqslant M_r\leqslant 1.8)$

调节时间 $t_s=\dfrac{K\pi}{\omega_c}$

$$K=2+1.5(M_r-1)+2.5(M_r-1)^2 \qquad (1\leqslant M_r\leqslant 1.8)$$

1. 谐振峰值 M_r

$M_r\uparrow\rightarrow\sigma\%\uparrow$，一般 $M_r=1.1\sim1.4$，$\xi=0.4\sim0.7$。

2. 谐振频率 ω_r

$\omega_r\uparrow$，响应速度快。

3. 截止频率 ω_B

$\omega_B\uparrow$，响应快，抗噪声能力下降。

4. 剪切率

ω_c处 $L(\omega)$的斜率与 γ 和 ω_B 有关。

在控制工程的分析与设计中，通常采用下述两个近似公式来用频域指标估算系统的时域性能：

$$\sigma\%=\left[0.16+0.4\left(\frac{1}{\sin\gamma}-1\right)\right]\times100\% \qquad (35^\circ\leqslant\gamma\leqslant90^\circ)$$

$$t_s=\frac{\pi}{\omega_c}\left[2+1.5\left(\frac{1}{\sin\gamma}-1\right)+2.5\left(\frac{1}{\sin\gamma}-1\right)^2\right] \qquad (35^\circ\leqslant\gamma\leqslant90^\circ)$$

上两式表明，随着 γ 增大，高阶系统的超调量 $\sigma\%$和调节时间 t_s 减小。

实验5 控制系统频率特性仿真研究

T5.1 实验目的

(1) 熟悉 MATLAB 的一些基本操作。

(2) 掌握使用 MATLAB 绘制系统的频率特性图，如绘制伯德图、奈奎斯特曲线。

(3) 利用频率特性图分析闭环系统的稳定性，并用响应曲线验证。

T5.2 实验设备和仪器

(1) 自动控制系统模拟机一台；

(2) 数字存储示波器一台；

(3) 万用表一块；

（4）电脑一台。

T5.3　实验内容

1. 典型二阶系统

$$G(s)=\frac{\omega_n^2}{s^2+2\xi\omega_n s+\omega_n^2}$$

绘制出ξ取不同值时的伯德图。

2. 开环系统

$$G(s)=\frac{50}{(s+5)(s-2)}$$

绘制出系统的奈奎斯特曲线，并判别闭环系统的稳定性，最后求出闭环系统的单位冲激响应。

T5.4　实验步骤

（1）熟悉 MATLAB 的一些基本操作；

（2）熟悉 MATLAB 编程语言中与实验相关的函数的使用；

（3）打开 M 文件，在命令窗口（Command Window）中输入编写的 M 语句程序；

（4）打开自动生成的图形窗口（Figure）查看频率特性图及单位冲激响应。

本章小结

本章从另外一个角度，即在频域的范围内来分析系统的性能，因而引出了频率法。其核心内容就是奈奎斯特稳定判据，最基本的手段就是图解法，最本质的目的就是利用开环系统的频率特性的各种图线来分析闭环系统的各种性能。为此，我们在阐述了频率特性的定义和频率特性与传递函数的关系之后，着重介绍了频率特性的极坐标图、伯德图的具体画法，并在此基础上引出了著名的奈奎斯特稳定判据，从而开展了一系列的讨论，即如何使用这些图线来分析闭环系统的动态稳定性、稳态准确性和暂态快速性，并给出了一些性能指标如稳定的幅值裕量和相位裕量等。最后，又将讨论的问题返回到时域中来，确定出频域与时域的相互关系，从而最终解决系统的各种性能的分析问题，具体如下：

（1）频率特性是线性系统（或部件）的正弦输入信号作用下的稳态输出和输入之比。它和传递函数、微分方程一样能反映系统的动态性能，因而它是线性系统（或部件）的又一形式的数学模型。

（2）传递函数的极点和零点均在s平面左半部分的系统称为最小相位系统。由于这类系统的幅频特性和相频特性之间有着唯一的对应关系，因而只要根据它的对数幅频特性曲线就能写出对应系统的传递函数。

（3）奈奎斯特稳定判据是根据开环频率特性曲线围绕（-1，j0）点的情况（即N等于多少)和开环传递函数在右半 s 平面的极点数 P 来判别对应闭环系统的稳定性的。这种判据能从图形上直观地看出参数的变化对系统性能的影响,并提示改善系统性能的信息。

(4) 考虑到系统内部参数和外界环境的变化对系统稳定性的影响,要求系统不仅能稳定地工作,而且还需有足够的稳定裕量。稳定裕量通常用相位裕量和增益裕量来表示。在控制工程中,一般要求系统的相位裕量在 30°～60°范围内,这是十分必要的。

(5) 只要被测试的线性系统(或部件)是稳定的,就可以用实验的方法来估计它们的数学模型。这是频率响应法的一大优点。

思考与练习题

4-1 已知单位反馈系统的开环传递函数 $G(s)=\frac{10}{s+1}$,当输入信号频率 $f=1$ Hz,振幅 $A=10$ 时,求系统的稳态输出 c_{ss}。

4-2 已知单位反馈系统的开环传递函数为 $G(s)=\frac{K}{s(Ts+1)}$,当系统的输入 $r(t)=\sin 10t$ 时,闭环系统的稳态输出为 $c(t)=\sin(10t-90°)$,试计算参数 K 和 T 的数值。

4-3 试绘制下列开环传递函数的幅相特性,并判断其负反馈闭环时的稳定性。

(1) $G(s)H(s)=\frac{250}{s(s+5)(s+15)}$;

(2) $G(s)H(s)=\frac{250(s+1)}{s^2(s+5)(s+15)}$。

4-4 已知传递函数

$$G(s)=\frac{Ks}{(s+a)(s^2+20s+100)}$$

其对数频率特性如题 4-4 图所示,求 K 和 a 的值。

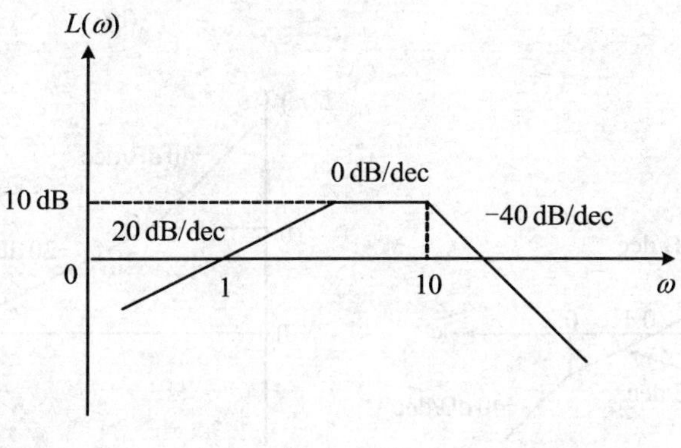

题 4-4 图

4-5 已知传递函数

$$G(s)=\frac{K(1+0.5s)(1+as)}{s\left(1+\frac{s}{8}\right)(1+bs)\left(1+\frac{s}{36}\right)}$$

其对数幅频特性如题 4-5 图所示，求 K，a 和 b 的值。

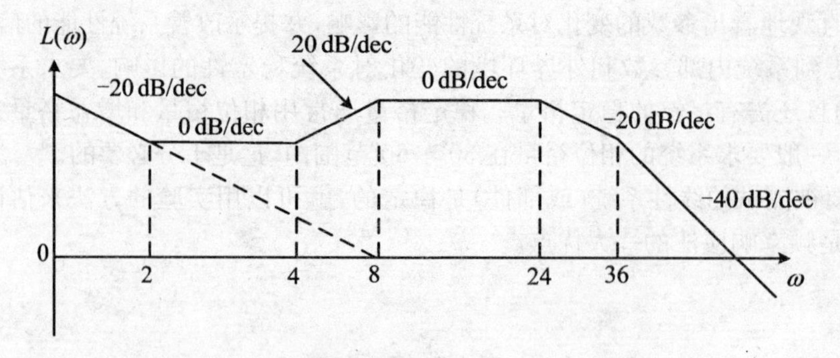

题 4-5 图

4-6　已知一反馈控制系统的开环传递函数为：

$$G(s)H(s)=\frac{10(1+0.1s)}{s(1+0.5s)}$$

试绘制开环系统的伯德图。

4-7　已知系统开环传递函数为 $G(s)H(s)=\frac{75(0.2s+1)}{s(s^2+16s+100)}$，试绘制系统的开环对数频率特性，并确定剪切频率 ω_c。

4-8　已知最小相位系统的对数幅频特性如题 4-8 图所示，试确定其传递函数。

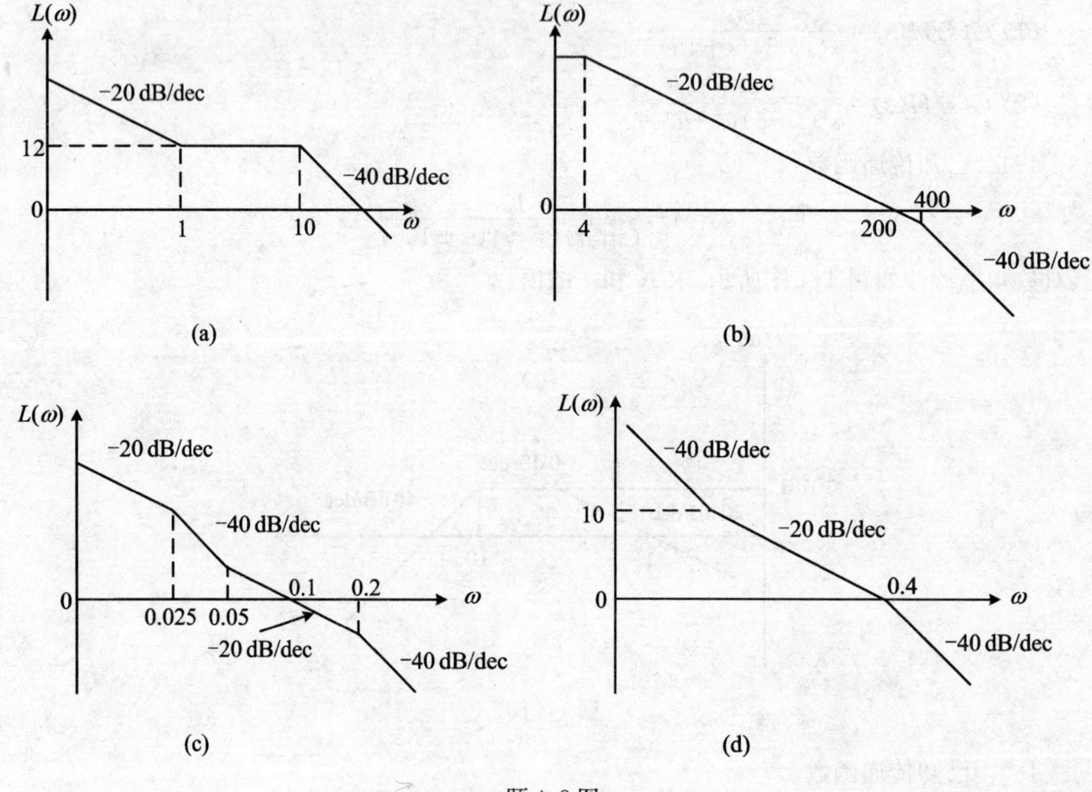

题 4-8 图

4-9　设开环系统的奈氏曲线如题 4-9 图所示，其中，p 为的右半 s 平面上的开环根的个数，v 为开环积分环节的个数，试判别闭环系统的稳定性。

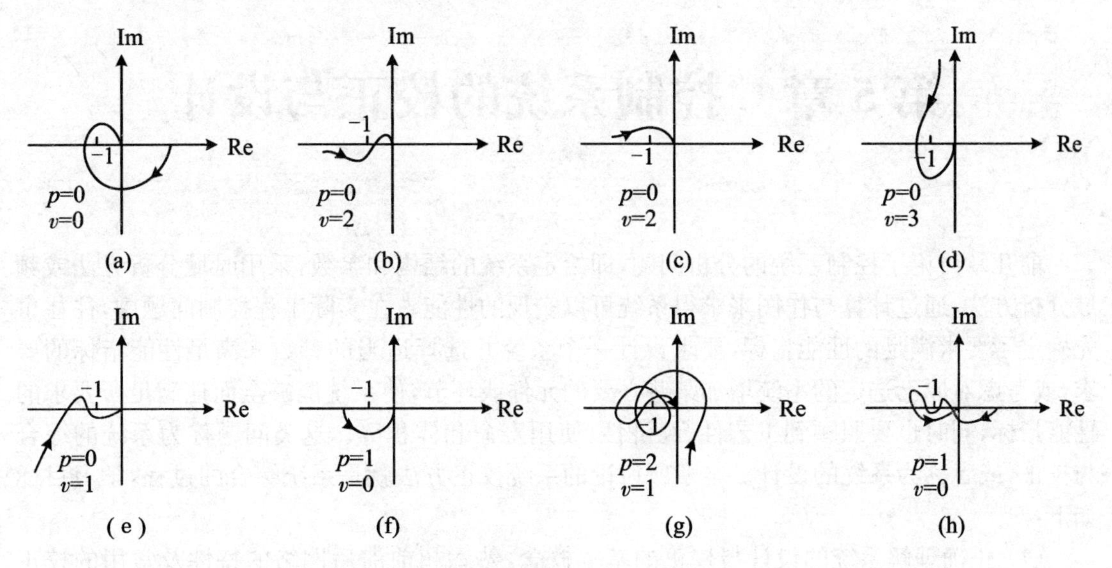

题 4-9 图

4-10　一单位反馈系统的开环传递函数为：

$$G(s)=\frac{K}{s(1+0.2s)(1+0.05s)}$$

求：(1) $K=1$ 时系统的相位裕度和幅值增益裕度；

(2) 要求通过增益 K 的调整，使系统的增益裕度为 20 dB，相位裕度满足 $\gamma \geqslant 40°$。

4-11　单位负反馈系统的开环传递函数为 $G(s)=\frac{100(\tau s+1)}{s^2}$，试求 $\gamma=45°$ 时的 τ 值。

4-12　设单位反馈控制系统的开环传递函数为 $G(s)=\frac{as+1}{s^2}$，试确定相角裕度为 45°时参数 a 的值。

第5章　控制系统的校正与设计

前几章讨论了控制系统的分析问题，即给定系统的结构和参数，采用时域分析方法或频域分析方法，通过计算与作图来求得系统可以实现的性能。在实际工程控制问题中，往往事先确定了要求满足的性能指标，要求设计一个系统并选择适当的参数来满足性能指标的要求，或考虑对原已选定的系统增加某些必要的元件或环节，使系统能够全面地满足所要求的性能指标，同时也要照顾到工艺性、经济性、使用寿命和体积等。这类问题称为系统的综合与校正，或者称为系统的设计。本章所讨论的系统校正方法就是系统综合的过程，学习目标如下：

(1) 正确理解系统的设计与校正的基本概念，熟悉超前滞后网络的特性及常用的校正装置；

(2) 理解串联校正设计的原理，掌握串联校正的步骤和方法；

(3) 了解反馈校正和复合校正的作用及提高系统性能的方法。

5.1 引　言

5.1.1 概述

在控制系统的设计中，系统的瞬态响应特性通常是最直观、最重要的。而在频域法中则以一些频域的性能指标来表征系统的瞬态响应特性，如相位裕量 $\gamma(\omega_c)$、增益裕量 K_g、谐振峰值 M_r、增益交界频率 ω_c 或谐振频率 ω_r、带宽频率 ω_b 和稳态误差系数等。虽然瞬态响应和频率响应之间的关系是间接的，但是频域指标给在伯德图上进行设计与校正带来了方便。且时域性能指标可以应用有关公式转换为频域指标。因此，实际应用时并不困难。

频域法设计还特别适用于某些动态方程推导起来比较困难的元件，如液压和气动元件，这些元件的动态特性通常可以通过频率响应实验来确定。当在伯德图上进行设计时，由实验得到的频率响应图可以容易地与其他频率响应图综合。在涉及高频噪声时，频域法设计也比其他方法更方便，而且频域法可以用开环特性来研究闭环。当应用频域法设计出系统开环特性以后，就可以进一步确定闭环极点和零点了。因此，本章主要研究用开环频率特性设计控制系统。

总的来说，控制系统的设计任务是在已知控制对象的特性和系统的性能指标条件下设计系统的控制部分。闭环系统的控制部分一般应包括测量元件、比较元件、放大元件、执行元件等。通常，按被控对象的功率要求和所需能源形式以及被控对象的工作条件来选择执行元件,例如,伺服电动机、液压/气动伺服马达等;根据被控制量的形式选择测量元件,例如,电位器、热电偶、测速发电机以及各类传感器等;然后按输入信号和反馈信号的形式选择给定元件和比较元件,例如,电位计、旋转变压器、机械式差动装置等等;根据控制精度和驱动执行元件的要求在比较元件和执行元件之间配置一个(或几个)增益可调的放大器,例如,电压放大器(或电流放大器)、功率放大器等等。以上各类元件在选择之前都必须根据已知条件和系统要求进行综合考虑和计算。考虑的因素应包括性能、尺寸、质量、环境适应性和经济性等方面。选择不到合适的元件,则要自行设计和制造。

选择和设计出的上述这些元件与被控对象一起构成了系统的基本组成部分,通常称为系统的固有部分(或称不变部分),固有部分除系统增益可调外,其余结构和参数一般不能随意改变。显然,由固有部分组成的系统往往不能同时满足各项性能指标的要求,有的甚至还不稳定。为了使控制系统能满足性能指标所提出的各项要求,一般先调整系统的增益值。但是,在大多数实际情况中,只调整增益并不能使系统的性能得到充分地改变,以满足给定的性能指标。通常情况是:随着增益值的增大,系统的稳态性能得到改善,但稳定性却随之变差,甚至有可能造成系统不稳定。因此,需要对系统进行再设计(通过改变系统结构,或在系统中加进附加装置或元件),以改变系统的总体性能,使之满足要求。这种再设计,称为系统的校正。为了满足性能指标而往系统中加进的适当装置,称为校正装置。校正装置补偿原系统的性能缺陷。对控制系统进行校正(设计校正装置)将是本章所要阐述的主要内容。

5.1.2 校正方式

在校正与设计控制系统过程中,对控制精度及稳定性能都要求较高的控制系统来说,为使系统能全面满足性能指标,只能在原已选定的不可变部分基础上,引入其他元件来校正控制系统的特性。这些能使系统的控制性能满足设计要求的性能指标而有目的地增添的元件,称为控制系统的校正元件。校正元件的形式及其在系统中的位置,以及它和系统不可变部分的连接方式,称为系统的校正方案。

在控制系统设计中,经常采用串联和反馈校正这两种方式,而且串联校正设计要比反馈校正设计简单,尤其在直流控制系统设计中,工程上较多采用串联校正。

如果校正元件与系统不可变部分串接起来,如图5-1所示,则称这种形式的校正为串联校正。串联校正装置一般接在系统误差测量点之后和放大器之前,串接于系统前向通道之中。串联校正装置又分无源和有源两类。无源串联校正装置通常由 RC 网络组成,结构简单,成本低,但会使信号产生幅值衰减,因此常常附加放大器。有源串联校正装置由 RC 网络和运算放大器组成,参数可调。工业控制中常用的PID控制器就是一种有源串联校正装置。

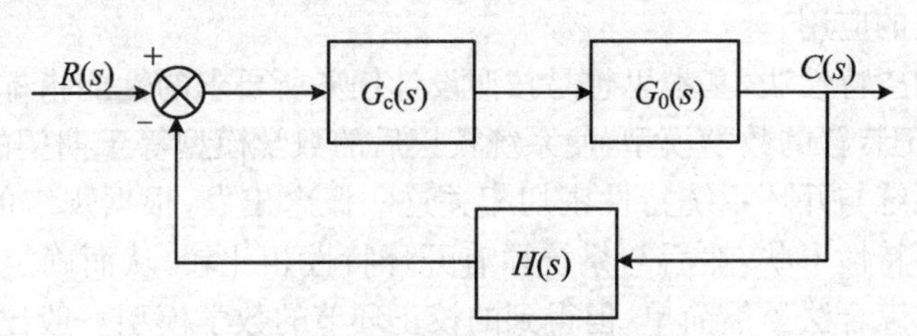

图5-1 串联校正系统的方框图

如果从系统的某个元件输出取得反馈信号，构成反馈回路，并在反馈回路内设置传递函数为 $G_c(s)$ 的校正元件，如图 5-2 所示，则称这种校正形式为反馈校正。反馈校正装置接在系统局部反馈通路之中，接收的信号通常来自系统输出端或执行机构的输出端，因此反馈校正一般无需附加放大器，所以反馈校正装置的元件较少。反馈校正可消除系统参数波动对性能的影响。

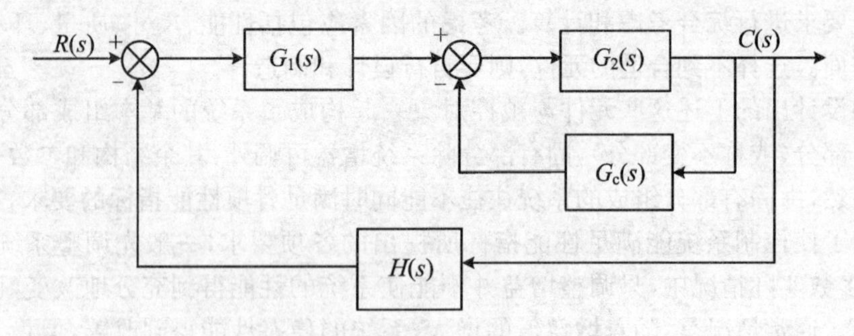

图 5-2　反馈校正系统的方框图

在控制系统设计中，常常兼用串联校正和反馈校正这两种方式。一般来说，系统的校正与设计问题，通常简化为合理选择串联或(和)反馈校正元件的问题。究竟是选择串联校正还是反馈校正，主要取决于信号性质、系统各点功率的大小，可供采用的元件、设计者的经验以及经济条件等。在控制工程实践中，解决系统的校正与设计问题时，采用的设计方法一般依据性能指标而定。在利用试探法综合与校正控制系统时，对一个设计者来说，灵活的设计技巧和丰富的设计经验都将起着很重要的作用。

5.1.3　校正方法

确定了校正方案后，下面的问题就是确定校正装置的结构和参数。目前主要有两大类校正方法：分析法和综合法。

分析法又称试探法，这种方法是把校正装置归结为易于实现的几种类型，例如，超前校正、滞后校正、超前—滞后校正等。它们的结构已知，而参数可调。设计者首先根据经验确定校正方案，然后根据系统的性能指标要求，恰当地选择某一类型的校正装置，然后再确定这些校正装置的参数，甚至重新选择校正装置的结构，直到系统校正后满足给定的全部性能指标。用分析法设计校正装置比较直观，在物理上易于实现，但要求设计者有一定的工程设计经验，设计过程带有试探性。目前工程技术界多采用分析法进行系统设计。分析法的优点是校正装置简单，可以设计成产品，例如，工业上常用的 PID 调节器等。因此，这种方法在工程上得到了广泛的应用。

综合法又称期望特性法，基本思想是按照设计任务所要求的性能指标，构造期望的数学模型，然后选择校正装置的数学模型，使系统校正后的数学模型等于期望的数学模型。这种设计方法从闭环系统与开环系统特性密切相关这一概念出发，根据规定的性能指标要求确定系统期望的开环特性形状，然后与系统原有开环特性相比较，从而确定校正方式、校正装置的形式和参数。综合法虽然简单，但得到的校正环节的数学模型一般比较复杂，在物理上难以准确实现，在实际应用中受到很大的限制，但有广泛的理论意义，仍然是一种重要的方法，尤其对校正装置选择有很好的指导作用。

应当指出，不论是分析法或综合法，其设计过程一般仅适应最小相位系统，都带有经验成分，所得到的结果通常不是最优的。最优控制系统需要用最优控制理论来设计。

系统的校正可以在时域内进行。一般来说，用频域法进行校正比较简单，但它只是一种间接的方法。时域指标和频域指标是可以相互转换的，对于典型的二阶系统存在着简单的关系，对于高阶系统也存在着近似的关系，这为频域法设计提供了方便。

5.2 基本控制规律分析

设计控制系统的校正装置，从另一角度来说就是设计控制器。对于按负反馈原理构成的自动控制系统，给定信号与反馈信号比较所得到的偏差信号，是最基本的信号。为了提高系统的控制性能，让偏差信号先通过一个控制器进行某种运算，以便得到需要的控制规律。

确定校正的具体形式时，应先了解校正装置所提供的控制规律，以便选择相应的元件。在校正装置中，常采用比例(P)、微分(D)、积分(I)、比例微分(PD)、比例积分(PI)和比例积分微分(PID)等基本的控制规律，这些控制规律用有源模拟电路很容易实现，并且技术成熟。另外，数字计算机可把PD、PI、PID等控制规律编成程序对系统进行实时控制，已获得良好的效果。本节主要针对以上控制规律改善系统性能方面的问题加以讨论。控制系统中的控制器，常常采用比例、微分、积分等基本控制规律，或采用它们的某些组合，如比例加微分、比例加积分、比例加积分加微分等复合控制规律，以实现对被控对象的有效控制。

5.2.1 比例(P)控制规律

具有比例控制规律的控制器称为P控制器。P控制器的输出信号$m(t)$成比例地反应其输入信号$\varepsilon(t)$，即

$$m(t) = K_P \varepsilon(t) \tag{5-1}$$

控制器的方框图如图5-3所示。其中K_P称为P控制器增益。P控制器实质上是一个具有可调增益的放大器。在串联校正中，加大控制器增益，可以提高系统的开环增益，减小系统稳态误差，提高系统的控制精度，但会降低系统的相对稳定性，甚至造成闭环系统不稳定。因此，在系统校正设计中，很少单独使用比例控制规律。

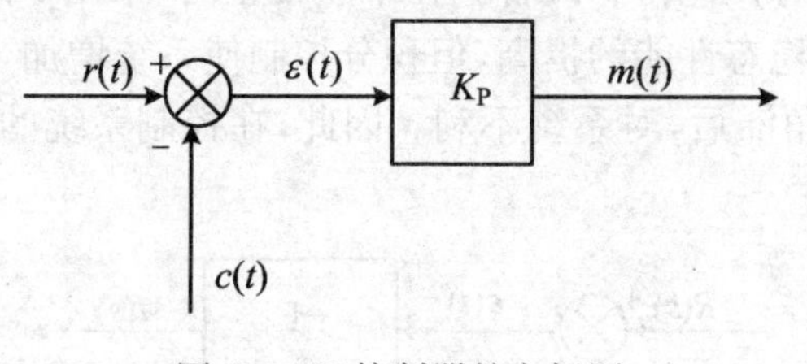

图5-3　P控制器的方框图

5.2.2 比例加微分(PD)控制规律

具有比例加微分控制规律的控制器称为PD控制器。PD控制器的输出信号$m(t)$既成比例地反应输入信号$\varepsilon(t)$,又成比例地反应输入信号$\varepsilon(t)$的导数,即

$$m(t) = K_P\varepsilon(t) + K_P\tau\frac{d\varepsilon(t)}{dt} \tag{5-2}$$

PD控制器的方框图如图5-4所示。K_P为比例系数;τ为微分时间常数。PD控制器中的微分控制规律,能反应输入信号的变化趋势,产生有效的早期修正信号,以增加系统的阻尼程度,从而改善系统的稳定性。在串联校正时,可使系统增加一个$-\frac{1}{\tau}$的开环零点,使系统的相角裕度提高,因而有助于系统动态性能的改善。微分控制规律可提高系统的稳定性。PD控制器还具有提高控制系统阻尼程度的作用。

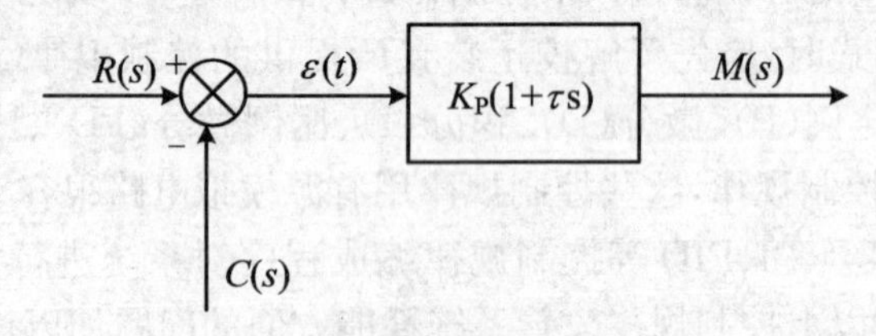

图5-4 PD控制器的方框图

5.2.3 积分(I)控制规律

具有积分控制规律的控制器称为I控制器。I控制器的输出信号$m(t)$成比例地反应输入信号$\varepsilon(t)$的积分,即

$$m(t) = K_I\int_0^t \varepsilon(t)\,dt \tag{5-3}$$

或者说,输出信号$m(t)$的变化速率与输入信号$\varepsilon(t)$成正比,即

$$\frac{dm(t)}{d(t)} = K_I\varepsilon(t) \tag{5-4}$$

I控制器的方框图如图5-5所示。I控制器可以提高系统的型别,以消除或减弱稳态误差,从而使控制系统的稳态性能得到改善。在串联校正时,采用I控制器可以提高系统的型别(误差度),有利于系统稳态性能的提高,但积分控制使系统增加了一个位于原点的开环极点,使信号产生90°的相角滞后,对系统不利。因此,在控制系统的校正设计中,通常不宜采用单一的I控制器。

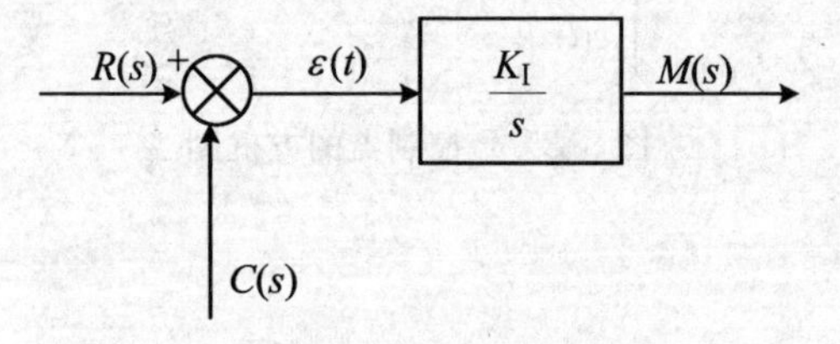

图5-5 I控制器的方框图

5.2.4 比例加积分(PI)控制规律

具有比例加积分控制规律的控制器，称为 PI 控制器，其输出信号 $m(t)$ 同时成比例地反应输入信号 $\varepsilon(t)$ 和它的积分，即

$$m(t)=K_{\mathrm{P}}\varepsilon(t)+\frac{K_{\mathrm{P}}}{T_{\mathrm{I}}}\int_{0}^{t}\varepsilon(t)\mathrm{d}t \tag{5-5}$$

PI 控制器的方框图如图 5-6 所示。在串联校正时，PI 控制器相当于增加了一个位于原点的开环极点，同时也增加了一个位于左半 s 平面的开环零点。位于原点的极点可以提高系统的型别，以消除或减小系统的稳态误差，改善系统的稳态性能；而增加的负实零点则用来降低系统的阻尼程度，缓和 PI 控制器极点对系统稳定性及动态过程产生的不利影响。

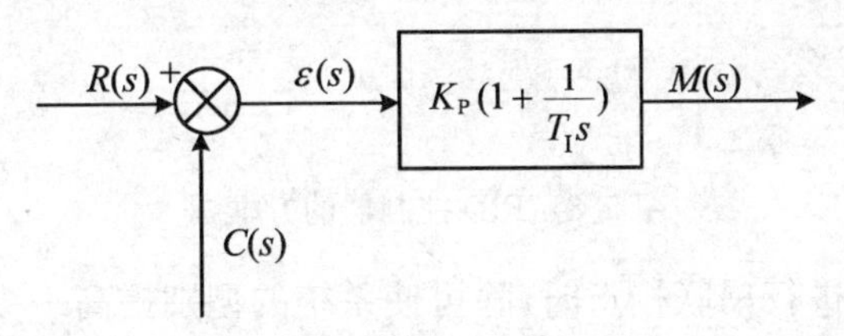

图 5-6 PI 控制器的方框图

PI 控制器对单位阶跃信号的响应如图 5-7 所示。在控制系统中，比例加积分控制规律主要用于保证闭环系统稳定基础上改变系统的型别，以改善控制系统的稳态性能。

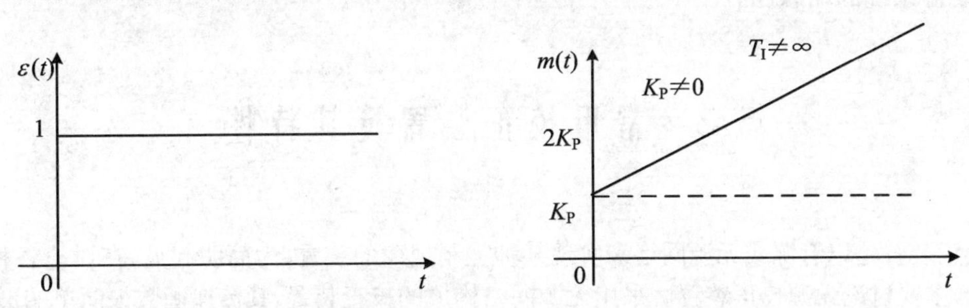

图 5-7 PI 控制器的输入、输出信号

5.2.5 比例加积分加微分(PID)控制规律

比例加积分加微分控制规律是一种由比例、积分、微分基本控制规律组合而成的复合控制规律。PID 控制器的运动方程为：

$$m(t)=K_{\mathrm{P}}\varepsilon(t)+\frac{K_{\mathrm{P}}}{T_{\mathrm{I}}}\int_{0}^{t}\varepsilon(t)\mathrm{d}t+K_{\mathrm{P}}\tau\frac{\mathrm{d}\varepsilon(t)}{\mathrm{d}t} \tag{5-6}$$

其 PID 控制器的传递函数由式(5-6)求得为：

$$\frac{M(s)}{\varepsilon(s)}=K_{\mathrm{P}}\left(1+\frac{1}{T_{\mathrm{I}}s}+\tau s\right) \tag{5-7}$$

PID 控制器的方框图如图 5-8 所示。

PID 控制器的传递函数可改写成：

$$\frac{M(s)}{\varepsilon(s)} = \frac{K_P}{T_I}\frac{T_I\tau s^2 + T_I s + 1}{s}$$

当$\frac{4\tau}{T_I} < 1$时，上式还可写成：

$$\frac{M(s)}{\varepsilon(s)} = \frac{K_P}{T_I}\frac{(\tau s^2 + 1)(\tau_1 s + 1)}{s} \tag{5-8}$$

式中

$$\tau_1 = \frac{T_I}{2}\left(1 + \sqrt{1 - \frac{4\tau}{T_I}}\right),\ \tau_2 = \frac{T_I}{2}\left(1 - \sqrt{1 - \frac{4\tau}{T_I}}\right)$$

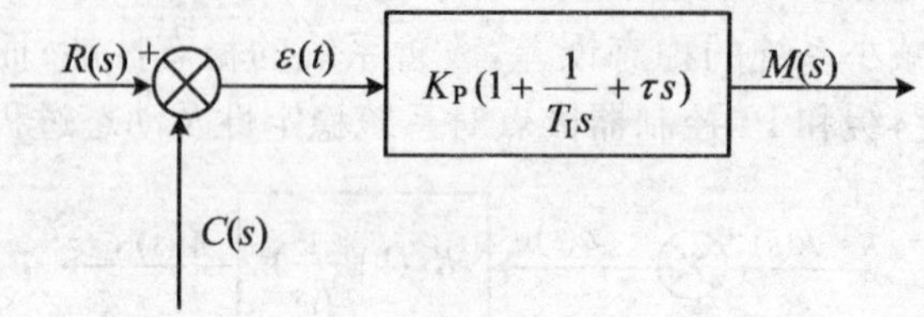

图 5-8　PID 控制器的方框图

当利用 PID 控制器进行串联校正时，除可使系统的型别提高一级外，还将提供两个负实零点。与 PI 控制器相比，PID 控制器除了具有提高系统的稳态性能的优点外，还多提供一个负实零点，从而在提高系统动态性能方面，具有更大的优越性。通常，应使 I 部分发生在系统频率特性的低频段，以提高系统的稳态性能；而使 D 部分发生在系统频率特性的中频段，以改善系统的动态性能。

5.3　常用校正装置及其特性

校正装置是以有源或无源网络来实现某种控制规律的装置，为简明起见，在讨论各种校正装置时，主要讨论无源校正装置。采用无源网络构成的校正装置，其传递函数最简单的形式是

$$G_c(s) = \frac{s - z_c}{s - p_c}$$

5.3.1　超前校正装置

其相频特性在 $0 < \omega < \infty$ 范围内为正相角，故称之为超前校正(图 5-9)。用于实现在开环增益不变的情况下，提高系统的稳定裕量，使系统的动态性能满足设计要求。相位超前校正装置的传递函数是

$$G_c(s) = \frac{s - z_c}{s - p_c} = \frac{s + \frac{1}{\tau}}{s + \frac{1}{\alpha\tau}} = \alpha\left(\frac{\tau s + 1}{\alpha\tau s + 1}\right) \tag{5-9}$$

式中

$$\tau = R_1 C,\quad \alpha = \frac{R_2}{R_1 + R_2} < 1$$

校正装置的开环放大倍数 $\alpha<1$，这样会影响到系统的稳态精度，因而一般再增加一放大倍数为 $\frac{1}{\alpha}$ 的放大环节来补偿，这样校正装置的传递函数为 $G_c(s)=\frac{1+\tau s}{1+\alpha\tau s}$。在 s 平面上，相位超前网络传递函数的零点与极点位于负实轴上，如图 5-10 所示。其频率特性为：

$$G_c(j\omega)=\frac{j\omega\tau+1}{j\alpha\tau\omega+1}$$

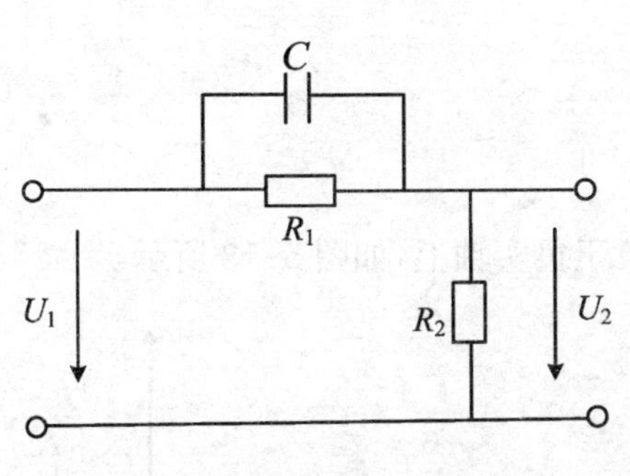

图 5-9　相位超前 RC 网络

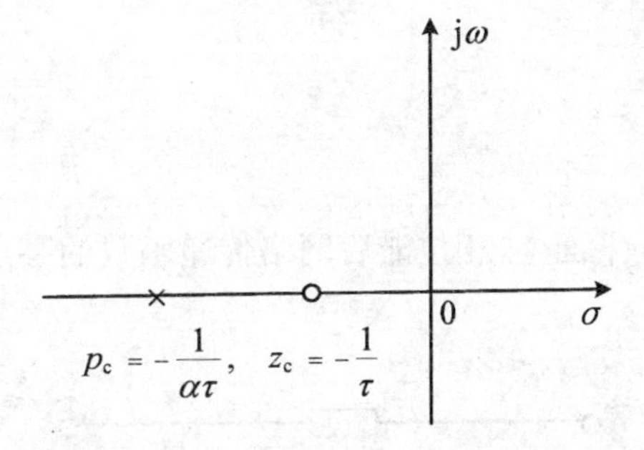

图 5-10　相位超前网络的零、极点分布

其伯德图如图 5-11 所示。

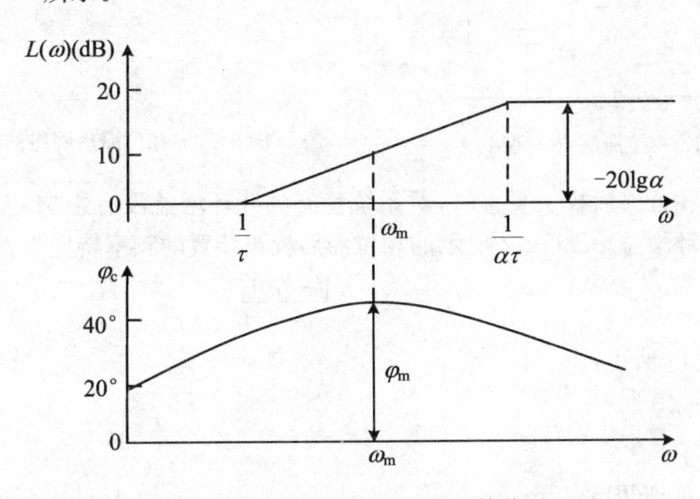

图 5-11　相位超前校正网络的伯德图

可以证明

$$\omega_m=\frac{1}{\sqrt{\alpha}\tau}$$

$$\varphi_m=\arcsin\frac{1-\alpha}{1+\alpha}$$

说明最大超前频率 ω_m 正好在 $\frac{1}{\alpha\tau}$ 和 $\frac{1}{\tau}$ 的几何中心，此时 $L(\omega_m)=-10\lg\alpha$。

超前校正网络是一个高通滤波器，而噪声的一个重要特点是其频率要高于控制信号的频率，α 值过小对抑制系统噪声不利。一般而言，当控制系统的开环增益增大到满足其静态性能所要求的数值时，系统有可能不稳定，或者即使能稳定，其动态性能一般也不会理想。在这种情况下，需在系统的前向通路中增加超前校正装置，以在开环增益不变的前提下让系统的动态性能亦能满足设计的要求。

5.3.2 滞后校正装置

相位滞后校正装置(图 5-12)的传递函数为：

$$G_c(s) = \frac{s - z_c}{s - p_c} = \frac{\tau s + 1}{\beta \tau s + 1} \tag{5-10}$$

式中

$$\tau = R_2 C$$

$$\beta = \frac{R_1 + R_2}{R_2} > 1$$

在 s 平面上,相位滞后网络传递函数的零点与极点位于负实轴上,如图 5-13 所示。

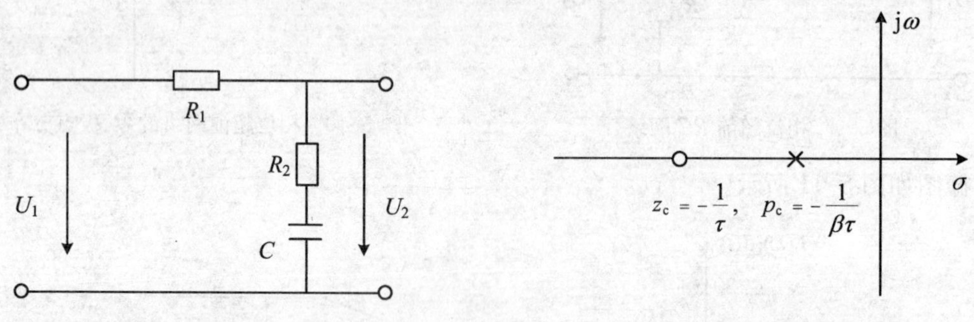

图 5-12 相位滞后 RC 网络

图 5-13 相位滞后网络的零、极点分布

在采用无源相位滞后校正装置时,对系统稳态的开环增益没有影响,但在暂态过程中,将减小系统的开环增益。图 5-12 所示的相位滞后校正装置的频率特性为：

$$G_c(j\omega) = \frac{j\omega\tau + 1}{j\beta\omega\tau + 1} \tag{5-11}$$

其伯德图如图 5-14 所示。

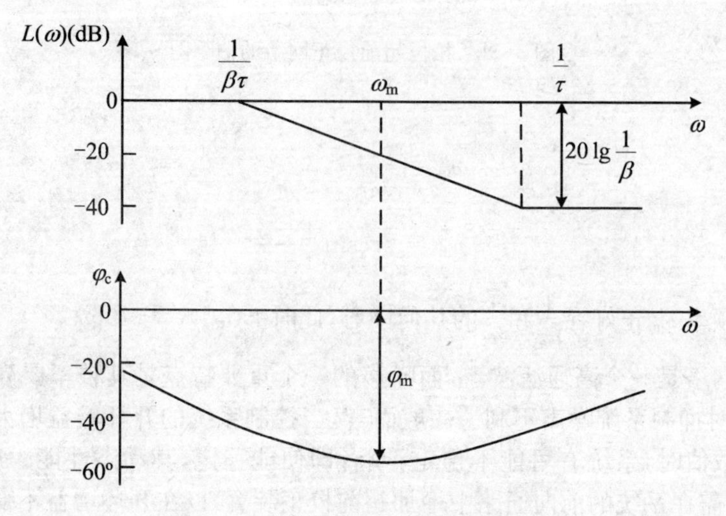

图 5-14 相位滞后校正网络的伯德图

相位滞后校正网络实际是一低通滤波器。采用相位滞后校正装置改善系统的暂态性能时，主要是利用其高频幅值衰减的特性，以降低系统的开环截止频率，提高系统的相角裕度。其与相位超前校正网络的比较如表5-1所示。

表 5-1 相角超前校正网络和滞后校正网络的比较

	校正网络	
	超前校正网络	滞后校正网络
目的	在伯德图上提供超前角，提高相角裕度。在 s 平面上，使系统具有预期的主导极点	利用幅值衰减提高系统相角裕度，或伯德图上的相角裕度基本不变的同时，增大系统的稳态误差系数
效果	1. 增大系统的带宽； 2. 增大高频段增益	减小系统带宽
优点	1. 能获得预期响应； 2. 能改善系统的动态性能	1. 能抑止高频噪声； 2. 能降低系统的误差，改善平稳性
缺点	1. 需附加放大器增益； 2. 增大系统带宽，系统对噪声更加敏感； 3. 要求 RC 网络具有很大的电阻和电容	1. 减缓响应速度，降低快速性； 2. 要求 RC 网络具有很大的电阻和电容
适用场合	要求系统有快速响应时	对系统的稳态误差及稳定程度有明确要求时
不适用场合	在转折频率附近，系统的相角急剧下降时	在满足相角裕度的要求后，系统没有足够的低频响应时

5.3.3 滞后—超前校正装置

相位滞后—超前校正装置(图5-15)的传递函数(图5-16)为：

$$G_c(s) = \frac{(\tau_1 s + 1)(\tau_2 s + 1)}{\tau_1 \tau_2 s^2 + (\tau_1 + \tau_2 + \tau_{12})s + 1} = \frac{(1 + \tau_1 s)(1 + \tau_2 s)}{(1 + \beta\tau_1 s)(1 + \frac{1}{\beta}\tau_2 s)} \tag{5-12}$$

式中

$$\tau_1 = R_1 C_1 ;\ \tau_2 = R_2 C_2 ;\ \tau_{12} = R_1 C_2$$

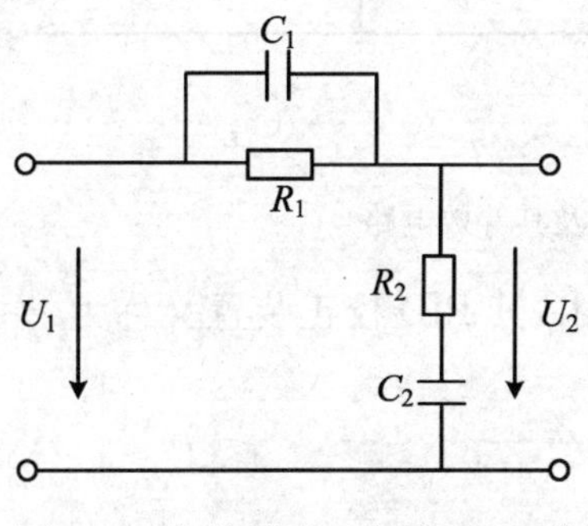

图5-15 相位滞后—超前 RC 网络

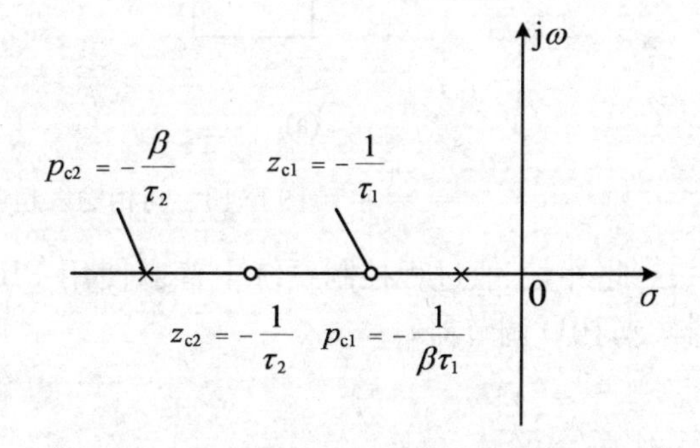

图5-16 相位滞后—超前网络的零、极点分布

相应的伯德图如图 5-17 所示。

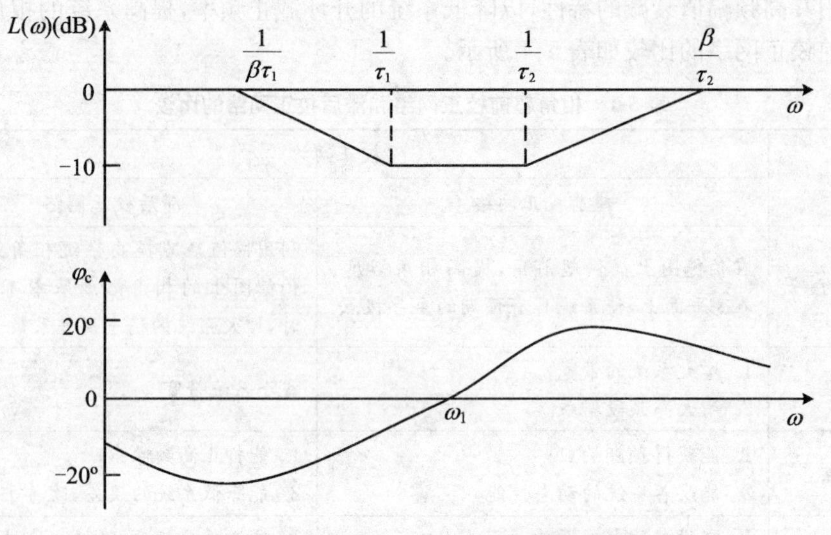

图 5-17 相位滞后—超前校正网络的伯德图

5.3.4 有源校正装置

实际控制系统中广泛采用无源网络进行校正，但由于负载效应问题，有时难以实现希望的控制规律。此外，复杂网络的设计与调整也不方便。因此，有时需要采用有源校正装置。

采用的有源校正装置，除测速发电机及其与无源网络的组合以及 PID 控制器外，通常把无源网络接在运算放大器的反馈通路中，形成有源网络，以实现要求的控制规律。有源校正网络有多种形式，图 5-18(a)为同相输入超前有源网络，图 5-18(b)为其等效电路。

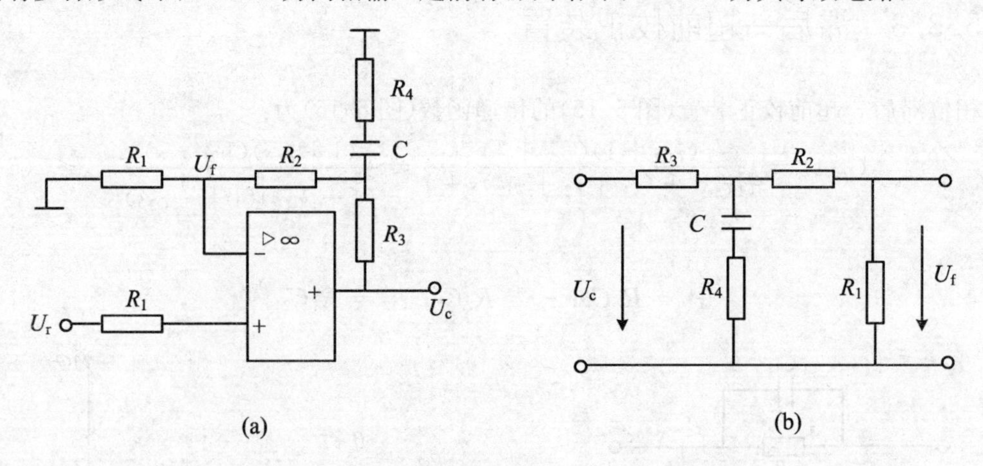

图 5-18 同相输入超前有源网络及其等效电路

此外，工业过程控制系统中普遍使用 PID 调节技术，其 PID 校正装置又称为 PID 控制器(或 PID 调节器)。

5.4 采用频率法进行串联校正

在频域中设计校正装置实质是一种配置系统滤波特性的方法，设计依据的指标是频域参量，频率特性法设计校正装置主要是通过伯德图进行的，用频率法对系统进行校正的基本思路是通过校正装置的引入改变开环频率特性中频部分的形状，即使校正后系统的开环频率特性具有如下的特点：特性低频段的增益满足稳态误差的要求；中频段对数幅频特性渐近线的斜率为−20 dB/dec，并具有一定宽度的频带，使系统具有满意的动态性能；高频段幅值能迅速衰减，以抑制高频噪声的影响。

5.4.1 超前校正

超前校正的基本原理是利用超前校正网络的相角超前特性去增大系统的相角裕度，以改善系统的暂态响应。

用频率特性法设计串联超前校正装置的步骤大致如下：

(1) 根据给定的系统稳态性能指标，确定系统的开环增益 K；

(2) 绘制在确定的 K 值下系统的伯德图，并计算其相角裕度 γ_0；

(3) 根据给定的相角裕度 γ，计算所需要的相角超前量 φ_0

$$\varphi_0 = \gamma - \gamma_0 + \varepsilon$$

(4) 令超前校正装置的最大超前角 $\varphi_m = \varphi_0$，并按下式计算网络的系数 α 值

$$\alpha = \frac{1-\sin\varphi_m}{1+\sin\varphi_m}$$

如 φ_m 大于 60°，则应考虑采用有源校正装置或两级网络；

(5) 将校正网络在 φ_m 处的增益定为 $10\lg\left(\frac{1}{\alpha}\right)$，同时确定未校正系统伯德曲线上增益为 $-10\lg\left(\frac{1}{\alpha}\right)$ 处的频率即为校正后系统的剪切频率 $\omega_c = \omega_m$；

(6) 确定超前校正装置的交接频率 $\omega_1 = \frac{1}{\tau} = \omega_m\sqrt{\alpha}$，$\omega_2 = \frac{1}{\alpha\tau} = \frac{\omega_m}{\sqrt{\alpha}}$；

(7) 画出校正后系统的伯德图，验算系统的相角稳定裕度。如不符要求，可增大 ε 值，并从第(3)步起重新计算；

(8) 校验其他性能指标，必要时重新设计参量，直到满足全部性能指标。

例 5-1 设一单位负反馈系统的开环传递函数为：

$$G(s) = \frac{K}{s(0.1s+1)}$$

要求系统的稳态误差系数 $K_v = 100$，相角裕度 $\gamma \geqslant 55°$，幅值裕度 $h \geqslant 10$ dB，试确定串联超前校正装置。

解：根据稳态误差的要求，取 $K = 100$。

作出原系统的对数幅频特性和对数相频特性曲线如图 5-19 所示。

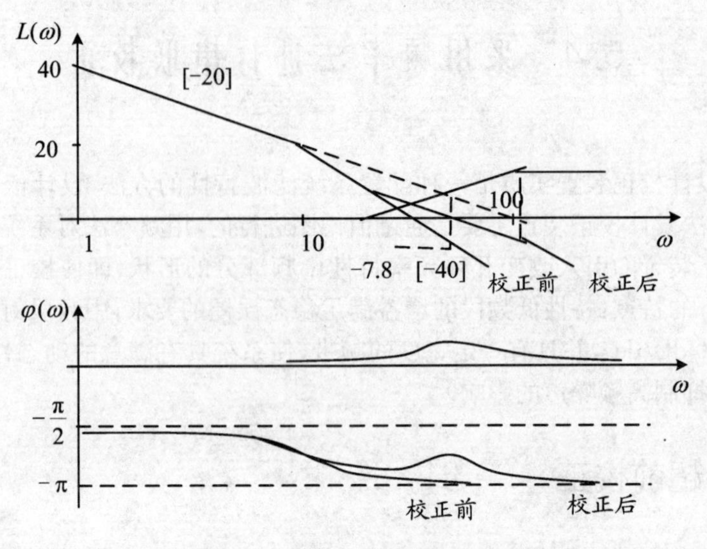

图 5-19　例 5-1 系统的伯德图

校正前系统的截止频率及相角裕度为：$\omega_c'=31.6\ \mathrm{rad/s}$，$\gamma'=18°$。

需要利用超前校正装置产生的最大超前角为：$\varphi_m=\gamma-\gamma'+(5°\sim10°)$，取 $\varphi_m=45°$。

根据

$$\varphi_m=\arcsin\frac{1-\alpha}{1+\alpha}$$

得：

$$\alpha=\frac{1}{6}$$

$$-10\lg\alpha=7.8\ (\mathrm{dB})$$

在原系统的对数幅频特性曲线中取幅值为 -7.8 dB 的点，此点所对应的频率为超前校正装置的最大超前角频率 ω_m，也是校正后系统的截止频率 ω_c。

$$\omega_m=\omega_c=50\ \mathrm{rad/s}$$

根据

$$\omega_m=\frac{1}{\sqrt{\alpha}T}$$

得：

$$T=0.008\ \mathrm{s}$$

校正装置的传递函数为：

$$G_c(s)=\frac{1+0.048s}{1+0.008s}$$

校正后系统的开环传递函数为：

$$G(s)G_c(s)=\frac{100}{s(1+0.1s)}\cdot\frac{1+0.048s}{1+0.008s}$$

作出校正装置以及校正后系统的对数幅频特性曲线和对数相频特性曲线，如图 5-19 所示。校正后系统的性能指标为：$\omega_c=50\ \mathrm{s}^{-1}$，$\gamma=56°$，$h=+\infty$ dB。满足要求。

需要指出，若采用无源超前校正网络，需要把原系统的开环增益扩大6倍，并注意负载效应。

5.4.2 滞后校正

串联滞后校正装置的作用一是提高系统低频响应的增益，减小系统的稳态误差，同时基本保持系统的暂态性能不变；二是滞后校正装置的低通滤波器特性，使系统高频响应的增益衰减，降低系统的剪切频率，提高系统的相角稳定裕度，以改善系统的稳定性和某些暂态性能。

用频率特性法设计串联滞后校正装置的步骤大致如下：

(1) 根据给定的稳态性能要求去确定系统的开环增益；

(2) 绘制未校正系统在已确定的开环增益下的伯德图，并求出其相角裕度 γ；

(3) 求出未校正系统伯德图上相角裕度为 $\gamma_2=\gamma+\varepsilon$ 处的频率 ω_{c2}；

(4) 令未校正系统的伯德图在 ω_{c2} 处的增益等于 $20\lg\beta$，由此确定滞后网络的 β 值；

(5) 按下列关系式确定滞后校正网络的交接频率

$$\omega_2=\frac{1}{\tau}=\frac{\omega_{c2}}{2}\sim\frac{\omega_{c2}}{10}$$

(6) 画出校正后系统的伯德图，校验其相角裕度；

(7) 必要时检验其他性能指标，若不能满足要求，可重新选定 τ 值。

例 5-2 设控制系统如图 5-20 所示，若要求校正后系统的静态速度误差系数等于 30，相角裕度不小于 40°，幅值裕度不小于 10 db，截止频率不小于 2.3 rad/s，试设计串联校正装置。

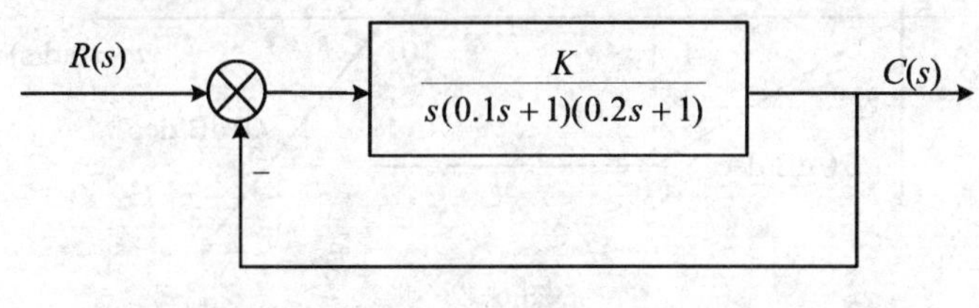

图 5-20

解：根据稳态误差的要求，确定 $K=30$。

作出未校正系统的伯德图如图 5-21 所示。可以求出 $\omega_c'=12\ \text{rad/s}$，$\gamma'=-27.6°$。

根据 $\gamma(\omega_c)=\gamma+(6°-14°)$，取 $\gamma(\omega_c)=46°$，此时 $\omega_c=2.7\ \text{s}^{-1}$，$L'(\omega_c)=21\ \text{dB}$。

由 $-20\lg\beta+L'(\omega_c)=0$，得 $\beta=11.1$。

取 $\frac{1}{T}=0.1\omega_c$，$T=3.7\ \text{s}$。

串联滞后校正装置的传递函数为：

$$G_c(s)=\frac{1+3.7s}{1+41s}$$

在图 5-21 中绘制了校正装置以及校正后系统的开环传递函数的对数幅频特性曲线，校正后系统的性能指标为：

$$\omega_c=2.7\ \text{rad/s},\ \gamma=41.3°,\ \omega_g=6.8\ \text{rad/s},\ 20\lg h=10.5\ \text{dB}$$

例 5-3 已知一单位负反馈的前向通道传递函数 $G(s)$，串联校正装置的传递函数为 $G_c(s)$，对数幅频特性如图 5-22 所示。要求：(1) 画出校正后的幅频特性；(2) 求校正后的系统传递函数。

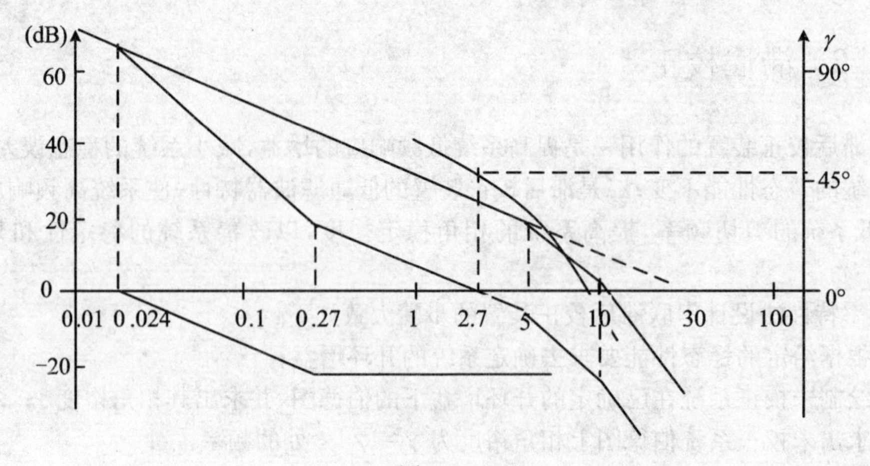

图 5-21

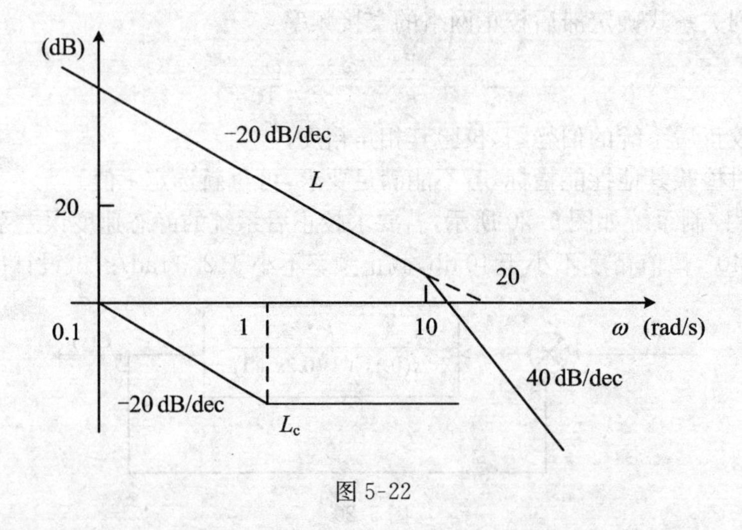

图 5-22

解：(1) 画出已校正系统的幅频特性，如图 5-23 中的中间线。

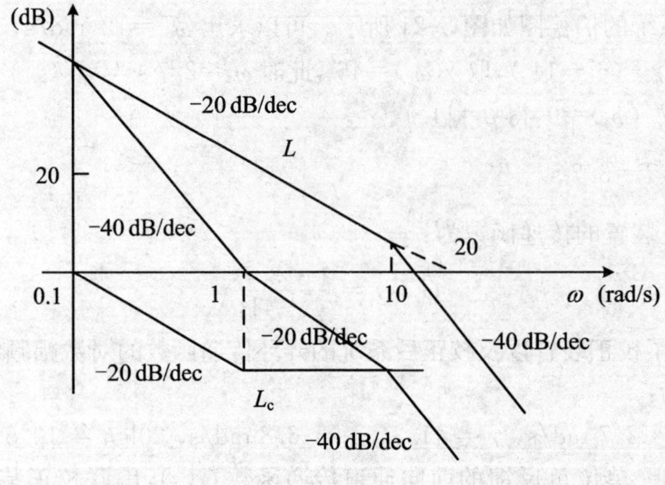

图 5-23

(2) 首先求出 $G(s)$。

低频段斜率为 -20 dB/dec，中频段斜率为 -40 dB/dec，说明有一个积分环节，有一个惯性环节。

低频段斜率为 -20 dB/dec，与零分贝线交于 $\omega=20$ rad/s，则速度误差系数：$K=20$。

转折频率 $\omega=10$，惯性环节时间常数为：

$$T=\frac{1}{\omega}=0.1$$

则

$$G(s)=\frac{K}{s(1+Ts)}=\frac{20}{s(1+0.1s)}$$

由图 5-23 可知，有一个滞后校正装置，转折频率分别为 0.1 和 1。

时间常数为：

$$T=\frac{1}{0.1}=10$$

$$\beta T=\frac{1}{1}=1$$

校正装置的传递函数为：

$$G_c(s)=\frac{1+\beta Ts}{1+Ts}=\frac{1+s}{1+10s}$$

校正后的系统传递函数为：

$$G_c(s)G(s)=\frac{20(1+s)}{s(1+0.1s)(1+10s)}$$

串联超前校正、串联滞后校正的比较：

(1) 超前校正是利用超前网络的相角超前特性，而滞后校正则是利用滞后网络的高频幅值衰减特性；

(2) 为了满足系统的稳态性能要求，当采用无源校正网络时，超前校正要求一定的附加增益，而滞后校正一般不需要附加增益；

(3) 对于同一系统，采用超前校正的系统带宽大于采用滞后校正系统的带宽。

5.4.3 滞后—超前校正

在未校正系统中采用串联滞后—超前校正，既可有效地提高系统的阻尼程度与响应速度，又可大幅度增加其开环增益，从而双双提高控制系统的动态与稳态控制质量。

串联滞后—超前校正的设计步骤如下：

(1) 根据稳态性能要求确定开环增益 K；

(2) 绘制待校正系统的对数幅频特性，求出待校正系统的截止频率 ω_c'、相角裕度 γ 及幅值裕度 h(dB)；

(3) 在待校正系统对数幅频特性上，选择斜率从 -20 dB/dec 变为 -40 dB/dec 的交接频率作为校正网络超前部分的交接频率 ω_b；

(4) 根据响应速度要求，选择系统的截止频率 ω_c' 和校正网络衰减因子 $\frac{1}{\alpha}$。要保证已校正系统的截止频率为所选的 ω_c''，下列等式应成立：

$$-20\lg\alpha + L'(\omega_c') + 20\lg T_b\omega_c'' = 0 \tag{5-13}$$

由式(5-13)可以求出 α 值；

(5)根据相角裕度要求，估算校正网络滞后部分的交接频率 ω_a；

(6) 校验已校正系统的各项性能指标。

例 5-4 未校正系统开环传递函数为：

$$G_0(s) = \frac{K_v}{s\left(\frac{1}{6}s+1\right)\left(\frac{1}{2}s+1\right)}$$

试设计校正装置，使系统满足下列性能指标：(1) 在最大指令速度为 180°/s 时，位置滞后误差不超过 1°；(2) 相位裕度为 45°±3°；(3) 幅值裕度不低于 10 dB；(4) 过渡过程调节时间不超过 3 s。

解：(1) 确定开环增益。$K=K_v=180$。

(2) 作未校正系统对数幅频特性渐近曲线，如图 5-24 所示，由图得未校正系统截止频率 $\omega_c'=12.6$ rad/s。

$$\gamma = 180° - 90° - \arctan\frac{1}{6}\omega_c' - \arctan\frac{1}{2}\omega_c' = -55.5°$$

$$\varphi(\omega_g) = -180° \rightarrow \omega_g = 3.464 \text{ rad/s}$$

$h = -20\lg|G_o(j\omega_g)| = -30$ dB，表明未校正系统不稳定。

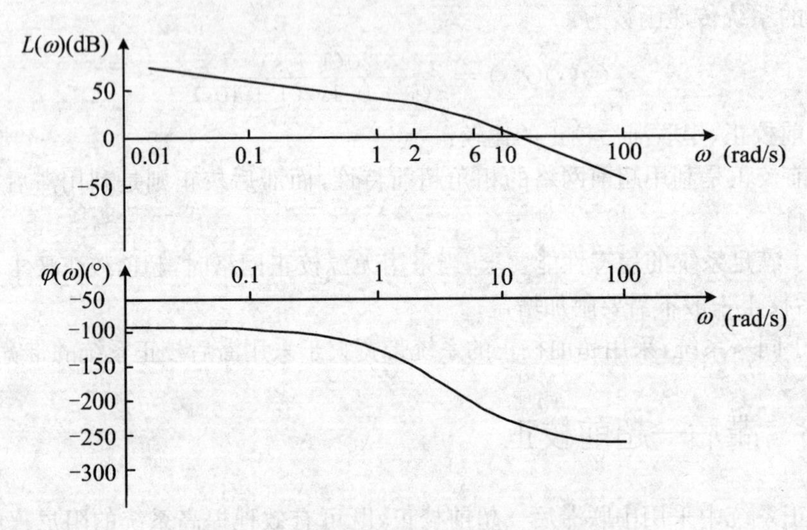

图 5-24 未校正系统对数幅频特性渐近曲线

(3) 分析为何要采用滞后—超前校正

① 如果采用串联超前校正，要将未校正系统的相位裕度从 −55°→45°，至少选用两级串联超前网络。显然，校正后系统的截止频率将过大，可能超过 25 rad/s。利用

$$M_r = \frac{1}{\sin\gamma} = \sqrt{2}, K = 2 + 1.5(M_r - 1) + 2.5\,(M_r - 1)^2 = 3.05, t_s = \frac{K\pi}{\omega_c} = 0.38 \text{ s}$$

比要求的指标提高了近 10 倍。还有几个原因：

a. 伺服电机出现饱和，这是因为超前校正系统要求伺服机构输出的变化速率超过了伺服电机的最大输出转速 180°/s。因 25 rad/s=25×180°/π=1432°/s，于是，0.38 s 的调节时

间将变得毫无意义。

b. 系统带宽过大,造成输出噪声电平过高。

c. 需要附加前置放大器,从而使系统结构复杂化。

② 如果采用串联滞后校正,可以使系统的相角裕度提高到 45°左右,但是对于该例题要求的高性能系统,会产生严重的缺点。

a. 滞后网络时间常数太大。

$$\omega_c'' = 1\ \mathrm{rad/s}, L'(\omega_c'') = 45.1\ \mathrm{dB}$$

由 $20\lg b + L'(\omega_c'') = 0$ 计算出 $b = \frac{1}{200}, \frac{1}{bT} = \frac{\omega_c''}{10} \rightarrow T = 2\,000\ \mathrm{s}$,无法实现。

b. 响应速度指标不满足。由于滞后校正极大地减小了系统的截止频率,使得系统的响应迟缓。

(4) 设计滞后—超前校正

上述分析表明,纯超前校正和纯滞后校正都不宜采用。研究图 5-25 可以发现(步骤(3)的要求,即−20 dB/dec 变为−40 dB/dec 的转折频率作为校正网络超前部分的转折频率 ω_b) $\omega_b = 2\ \mathrm{rad/s}$。

$$M_r = \frac{1}{\sin\gamma} = \sqrt{2}$$

$$K = 2 + 1.5(M_r - 1) + 2.5(M_r - 1)^2 = 3.05$$

$t_s = \frac{K\pi}{\omega_c''}, \omega_c'' = \frac{K\pi}{t_s}, t_s \leqslant 3\mathrm{s}, \omega_c'' \geqslant 3.2\ \mathrm{rad/s}$。考虑到中频区斜率为−20 dB/dec,故 ω_c''应在 3.2~6 rad/s范围内选取。由于 ω_c''−20 dB/dec 的中频区应占据一定宽度,故选 $\omega_c'' = 3.5\ \mathrm{rad/s}$,相应的 $L'(\omega_c'') + 20\lg T_b\omega_c'' = 34\ (\mathrm{dB})$(从图上得到,亦可计算出)。

由 $-20\lg a + L'(\omega_c'') + 20\lg T_b\omega_c'' = 0 \rightarrow a = 50$,此时,滞后—超前校正网络的传递函数可写为:

$$G_c(s) = \frac{\left(1 + \frac{s}{\omega_a}\right)\left(1 + \frac{s}{\omega_b}\right)}{\left(1 + \frac{s}{\frac{\omega_a}{a}}\right)\left(1 + \frac{s}{a\omega_b}\right)} = \frac{\left(1 + \frac{s}{\omega_a}\right)\left(1 + \frac{s}{2}\right)}{\left(1 + \frac{50s}{\omega_a}\right)\left(1 + \frac{s}{100}\right)}$$

(5) 根据相角裕度要求,估算校正网络滞后部分的转折频率 ω_a;

$$G_c(\mathrm{j}\omega)G_0(\mathrm{j}\omega) = \frac{180\left(1 + \frac{\mathrm{j}\omega}{\omega_a}\right)}{\mathrm{j}\omega\left(1 + \frac{\mathrm{j}\omega}{6}\right)\left(1 + \frac{50\mathrm{j}\omega}{\omega_a}\right)\left(1 + \frac{\mathrm{j}\omega}{100}\right)}$$

$$\begin{aligned}\gamma'' &= 180° + \arctan\frac{\omega_c''}{\omega_a} - 90° - \arctan\frac{\omega_c''}{6} - \arctan\frac{50\omega_c''}{\omega_a} - \arctan\frac{\omega_c''}{100} \\ &= 57.7° + \arctan\frac{3.5}{\omega_a} - \arctan\frac{175}{\omega_a} \rightarrow \omega_a = 0.78\ (\mathrm{rad/s})\end{aligned}$$

$$G_c(s) = \frac{\left(1 + \frac{s}{0.78}\right)\left(1 + \frac{s}{2}\right)}{\left(1 + \frac{50s}{0.78}\right)\left(1 + \frac{s}{100}\right)} = \frac{(1 + 1.28s)(1 + 0.5s)}{(1 + 64s)(1 + 0.01s)}$$

$$G_c(s)G_0(s) = \frac{180(1 + 1.28s)}{s(1 + 0.167s)(1 + 64s)(1 + 0.01s)}$$

（6）验算精度指标。滞后—超前校正系统对数频率特性如图 5-25 所示。$\gamma''=45.5°$，$K_g''=27$ dB，满足要求。

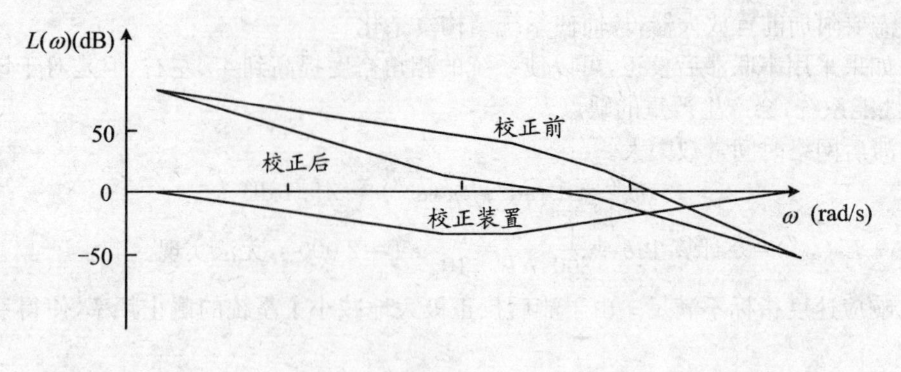

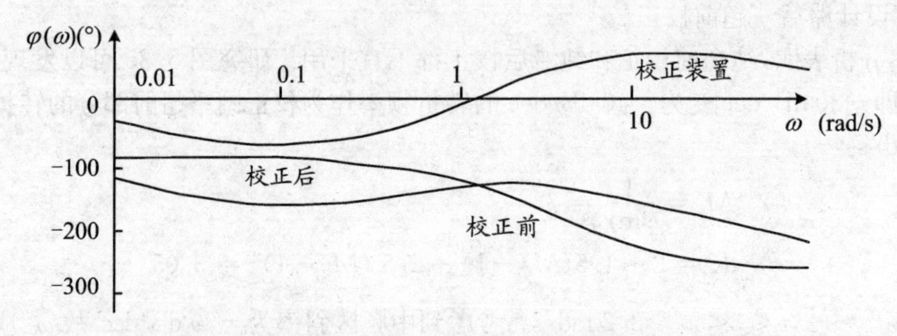

图 5-25　例 5-4 滞后—超前校正系统对数频率特性

例 5-5　某系统的开环对数幅频特性曲线如图 5-26 所示，其中虚线表示校正前的，实线表示校正后的。确定所用串联校正装置的性质，并写出校正装置的传递函数 $G_c(s)$。

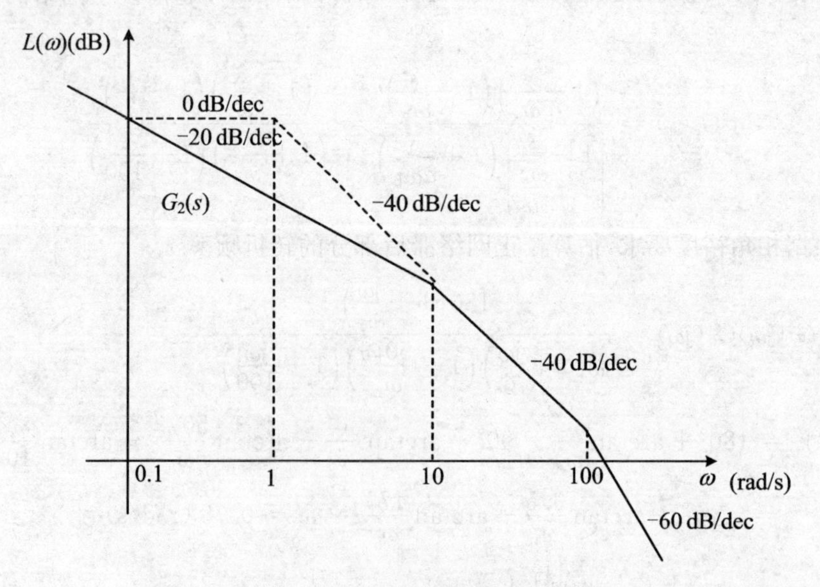

图 5-26　开环对数幅频特性

解：由系统校正前、后对数幅频特性曲线图 5-26 可得校正装置的对数幅频特性。从图 5-26可看出所用的是串联滞后—超前校正。从而得：

$$G_c(s)=\frac{(s+1)^2}{\left(\frac{1}{0.1}s+1\right)\left(\frac{1}{10}s+1\right)}$$

或者,由系统开环对数幅频特性曲线可知,校正前系统开环传递函数为:

$$G_1(s)=\frac{K\left(\frac{s}{0.1}+1\right)}{s\,(s+1)^2\left(\frac{s}{100}+1\right)}$$

校正后系统开环传递函数为:

$$G(s)=\frac{K\left(\frac{s}{0.1}+1\right)}{s\,(s+1)^2\left(\frac{s}{100}+1\right)}\cdot\frac{(s+1)^2}{\left(\frac{1}{0.1}s+1\right)\left(\frac{1}{10}s+1\right)}$$

则校正装置为:

$$G_c(s)=\frac{(s+1)^2}{\left(\frac{1}{0.1}s+1\right)\left(\frac{1}{10}s+1\right)}$$

可见,所用的是串联滞后—超前校正。

5.4.4 按系统期望频率特性进行校正

系统期望特性通常是指满足给定性能指标的系统开环渐近幅频特性 $20\lg|G(j\omega)|$。

根据给定性能指标绘制系统期望特性的步骤如下:

(1) 根据对系统型别及稳态误差要求,通过性能指标 v 及开环增益 K 绘制期望特性的低频区特性;

(2) 根据对系统响应速度及阻尼程度要求,通过剪切频率 ω_c 及相角裕度 γ,中频区宽度 h 及中频区特性的上下限角频率 ω_1 与 ω_2 绘制期望特性的中频区特性;

(3) 绘制期望特性的低、中频区特性间的过渡特性,其斜率一般取−40 dB/dec;

(4) 根据对系统幅值裕度 $20\lg K_g$ 及抑制高频干扰的要求,绘制期望特性的高频区特性;

(5) 绘制期望特性的中、高频区特性间的过渡特性,其斜率一般取−40 dB/dec。

例 5-6 设单位反馈系统开环传递函数为:

$$G_0(s)=\frac{K}{s(1+0.12s)(1+0.02s)}$$

试设计串联校正装置,使系统满足:$K_v\geqslant70$,$t_s\leqslant1(s)$,$\sigma\%\leqslant40\%$。

解:(1) 取 $K=70$,画未校正系统对数幅频特性,如图 5-27 所示,得 $\omega_c'=24$ rad/s。

(2) 画期望特性。中频段:将 $\sigma\%$ 和 t_s 要求转换为频域指标,并取为:

$$M_r=1.6,\omega_c=13\ \text{rad/s}$$

所以有:

$$\omega_2\leqslant\frac{(M_r-1)\omega_c}{M_r}=4.87\ (\text{rad/s})$$

$$\omega_3\geqslant\frac{(M_r+1)\omega_c}{M_r}=21.12\ (\text{rad/s})$$

由此得 $h=\frac{\omega_3}{\omega_2}=4.34$。在 $\omega_c=13$ rad/s 处作 −20 斜率直线，交 $|G_0|$(dB) 于 $\omega=45$ rad/s 处。取 $\omega_3=45$ rad/s，$\omega_2=4$ rad/s。

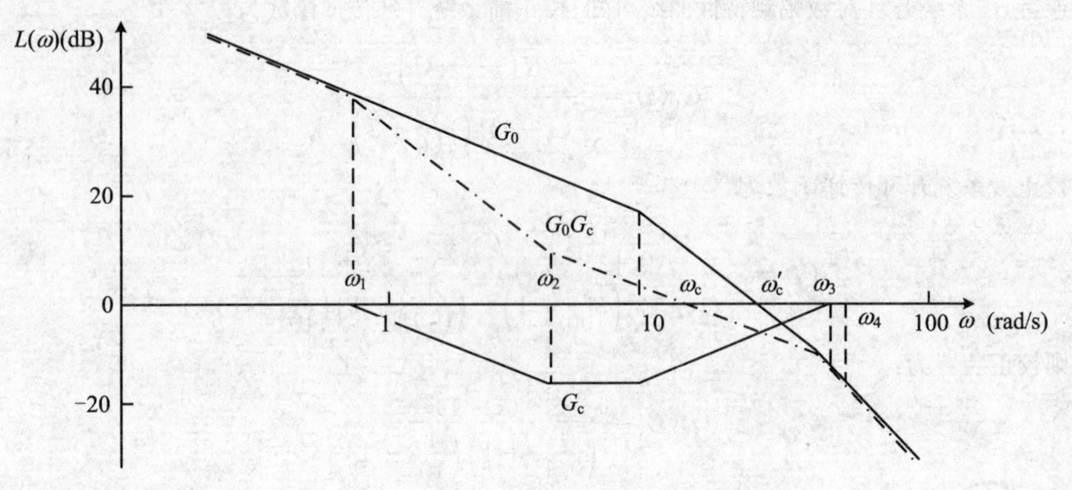

图 5-27　例 5-6 图

低频段：Ⅰ型系统，$\omega=1$ rad/s 时，$20\lg|G|=20\lg 70=36.9$ (dB)，作图得 $\omega=0.75$ rad/s。

高频段：在 $\omega>\omega=45$ rad/s 处，$|G|$ (dB) 取得与 $|G_0|$(dB) 一致，故取 $\omega_4=50$ rad/s。

于是有 $\omega_1=0.75$ rad/s，$\omega_2=4$ rad/s，$\omega_3=45$ rad/s，$\omega_4=50$ rad/s，$\omega_c=13$ rad/s，$h=11.25$。

(3) 将 $|G|$(dB) 和 $|G_0|$(dB) 特性相减，得校正装置

$$G_c(s)=\frac{(1+0.25s)(1+0.12s)}{(1+1.34s)(1+0.022s)}$$

(4) 验算。校正后系统开环传递函数

$$G(s)=\frac{70(1+0.25s)}{s(1+1.34s)(1+0.02s)(1+0.022s)}$$

直接算得：$\omega_c=13$ rad/s，$\gamma=46°$，$M_r=1.4$，$K_v=70$，$\sigma\%=32\%$，$t_s=0.72$ s。完全满足设计要求。

例 5-7　已知某一单位反馈控制系统如图 5-28 所示。设计一串联校正装置 $G_c(s)$，使校正后的系统同时满足下列性能指标要求：(1) 跟踪输入 $r(t)=\frac{1}{2}t^2$ 时的稳态误差为 0.1；(2) 相位裕度为 $\gamma=45°$。

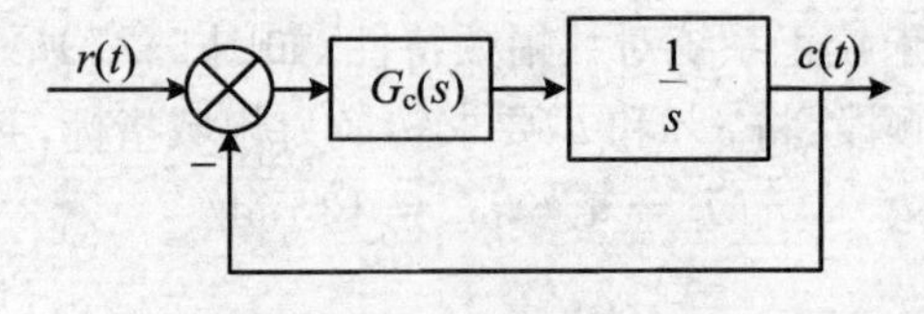

图 5-28　单位反馈控制系统

解：由于Ⅱ型系统才能跟踪加速度信号，为此假设校正装置为 PI 控制器，其传递函数为：

$$G_c(s) = K_P\left(1+\frac{1}{T_I s}\right)$$

校正后系统的开环传递函数为:

$$G_c(s)G(s) = K_P\left(1+\frac{1}{T_I s}\right)\frac{1}{s} = \frac{K_P}{T_I}\frac{T_I s+1}{s^2} = \frac{K(T_I s+1)}{s^2}$$

根据稳态误差的要求

$$K_a = K = \frac{1}{e_{ss}} = 10$$

$$\gamma = 180^\circ + \arctan T_I\omega_c'' - 180^\circ = 45^\circ \qquad (T_I\omega_c'' = 1)$$

$$\frac{10\sqrt{1+(T_I\omega_c'')^2}}{(\omega_c'')^2} = 1 \qquad (\omega_c'' = 3.76\ \text{rad/s},\ T_I = 0.266\ \text{s})$$

所以 PI 控制器传递函数为 $G_c(s)=\frac{10(0.266s+1)}{s}$。

例 5-8 已知某一控制系统如图 5-29 所示,其中 $G_c(s)$为 PID 控制器,它的传递函数为 $G_c(s)=K_P+\frac{K_I}{s}+K_d s$,要求校正后系统的闭环极点为$-10\pm j10$和$-100$,确定 PID 控制器的参数 K_P,K_I 和 K_d。

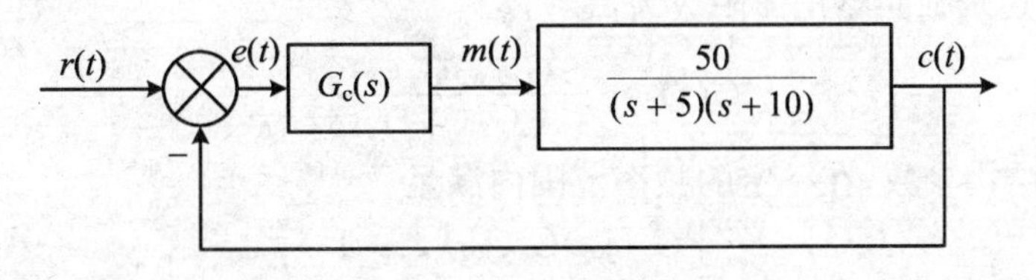

图 5-29 例 5-8 图

解:希望的闭环特征多项式为:

$$\begin{aligned}F^*(s) &= (s+10-j10)(s+10+j10)(s+100)\\ &= s^3+120s^2+2\,200s+20\,000\end{aligned}$$

校正后系统的闭环传递函数为:

$$\frac{C(s)}{R(s)} = \frac{50(K_d s^2+K_P s+K_I)}{s(s+5)(s+10)+50(K_d s^2+K_P s+K_I)}$$

$$\begin{aligned}F(s) &= s(s+5)(s+10)+50(K_d s^2+K_P s+K_I)\\ &= s^3+(15+50K_d)s^2+50(1+K_P)s+50K_I\end{aligned}$$

令 $F^*(s)=F(s)$,则得:

$$\begin{cases}15+50K_d = 120 & (K_d = 2.7)\\ 50(1+K_P) = 2\,200 & (K_P = 43)\\ 50K_I = 20\,000 & (K_I = 400)\end{cases}$$

由此可见,微分系数远小于比例系数和积分常数,这种情况在实际应用中经常会碰到,尤其是在过程控制系统中。因此,在许多场合用 PID 调节器就能满足系统性能要求。

5.5 反馈校正及其参数确定

在系统的主反馈回路中串接校正装置或在系统的某一个(或某几个)环节两端反并接校正装置系统的方法叫做反馈校正,如图 5-30 所示:

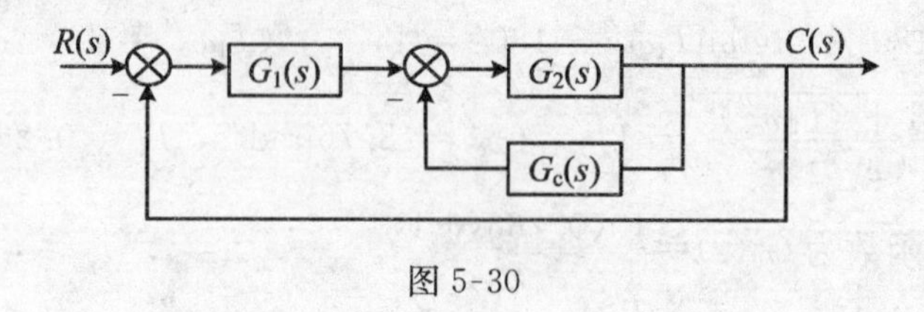

图 5-30

5.5.1 利用反馈校正取代局部结构

若反馈为 $G_c(s)$,则回路传递函数为:

$$G(s)=\frac{G_1(s)G_2(s)}{1+G_2(s)H_c(s)}$$

只要选择合适的结构参数,在一定的频率范围内满足

$$|G_2(j\omega)G_c(j\omega)|\gg 1$$

则

$$G(j\omega)\approx\frac{G_1(j\omega)}{G_c(j\omega)}$$

这表明反馈回路的传递函数 $G(s)$ 与被包围环节 $G_2(s)$ 完全无关,只由 $\frac{1}{G_c(s)}$ 决定,达到了反馈校正取代被包围环节的效果。

5.5.2 利用反馈校正改变局部结构、参数

常见的两种反馈校正:

5.5.2.1 比例反馈环节包围惯性环节

$$G_c(s)=K_k$$

$$G_2(s)=\frac{K_1}{T_1 s+1}$$

则内回路的传递函数为:

$$G(s)=\frac{\dfrac{K_1}{1+K_1K_k}}{\dfrac{T_1}{1+K_1K_k}s+1}$$

上式表明,被包围环节仍为惯性环节,但是时间常数减少了,快速性提高了;同时放大系数相应减小,会使稳态精度下降,若使稳态精度不受影响,须进行相应的补偿。

5.5.2.2 微分反馈环节包围振荡环节

设$G_c(s)=k_i s$, $G_2(s)=\frac{K_m}{s(T_m s+1)}$,则内回路的传递函数为:

$$G(s)=\frac{K_m}{1+K_m k_i}\cdot\frac{1}{s\left(\frac{T_m}{1+K_m k_i}s+1\right)}$$

仍为振荡环节,时间常数下降,阻尼比显著加大,只要选择适当的反馈系数,可以使阻尼比加大到我们希望的数值,从而有效地减弱小阻尼比环节的不利影响。

微分反馈是将被包围环节输出量的速度信号反馈至输入端,故常称速度反馈。

速度反馈在随动系统中使用极为广泛,以使系统既有较高的快速性,又有良好的平稳性。然而在生产实践中是很难找到理想的微分环节,所以速度反馈的传递函数实际上是$\frac{K_i s}{T_1 s+1}$,只要T_1足够小,通常为$10^{-4}\sim10^{-2}$ s,阻尼效应仍是很明显的。

反馈校正特点:可以削弱系统非线性特性的影响,提高响应速度,降低对参数变化的敏感性以及抑制噪声的影响。

需要指出的是:在进行反馈校正时,必须注意小回环稳定性的要求。如果反馈校正装置参数选择不当而使系统小回环失去稳定,则整个系统也难以稳定可靠地工作,且不便于对系统进行调试。因此,反馈校正后形成的系统小回环最好是稳定的,否则需重新综合。

在机电控制工程实践中,串联校正和并联校正都得到了广泛的应用。而且在很多情况下将这两种方式结合起来,可以收到更好的效果。这就构成了所谓复合校正。控制系统采用反馈校正后,除了能得到与串联校正相同的校正效果外,其中反馈还将赋予系统某些有利于改善控制性能的特殊功能。

实验6 控制系统校正装置的应用(设计性)

T6.1 实验目的

利用伯德图对给定非稳定系统(或动态特性不良的系统)设计校正装置,并验证设计的正确性。

T6.2 实验设备和仪器

(1) 自动控制系统模拟机一台;

(2) 数字存储示波器一台;

(3) 万用表一块。

T6.3 实验预习和准备

(1) 对本实验所给电路(图 5-31、图 5-32),分别推出开环传递函数。

(2) 画出各系统的伯德图,根据伯德图分析讨论系统稳定性,选择校正方案,设计校正装置,制定实验计划(包括实验步骤、记录表格等)。

T6.4 实验线路

实验线路见图 5-31 和图 5-32。

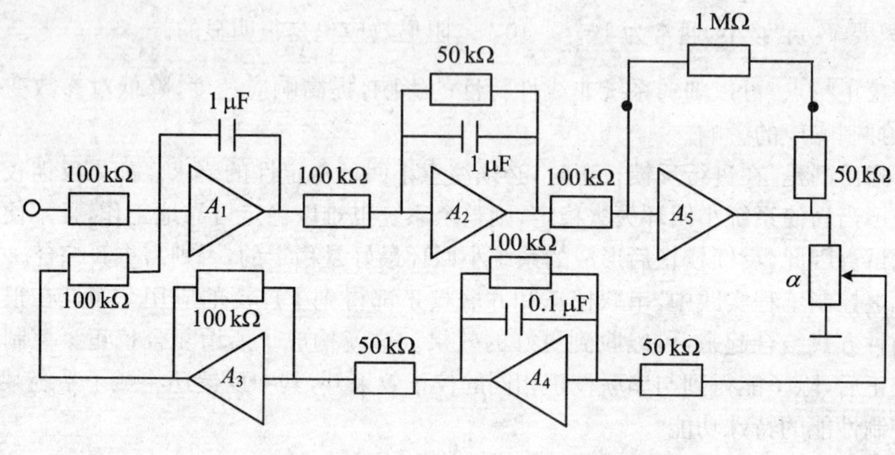

图 5-31

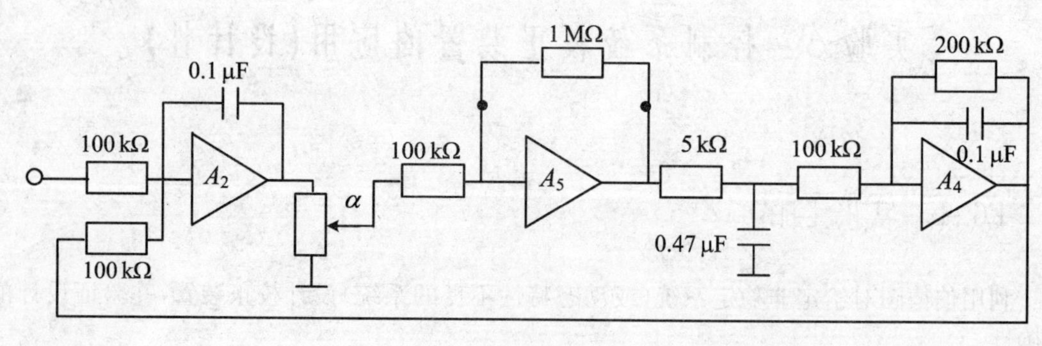

图 5-32

T6.5 实验步骤

(1) 按所给实验电路图接线,先不加校正,调节系统开环放大倍数,使系统处于临界振荡。

(2) 加入自己设计的校正装置,观察系统输出波形的变化,与理论计算比较。

本章小结

为了使系统性能满足要求，常需在系统中附加一些装置，改变系统的结构和参数，从而改变系统的性能。这种措施称为系统的校正，所引入的装置称为校正装置。系统中除校正装置外的部分称为系统的固有部分。控制系统的校正也就是根据系统固有部分的性能和对性能指标的要求，确定校正装置的结构和参数。

校正的方法有很多，设计合适的校正装置是一项复杂的工作，需要大量的实际工作经验和理论知识。设计问题的解答从来不是唯一的，综合校正问题也是如此。所以本章所述的许多内容都不是以充分必要的定理和准确的方式表达出来的，而只是作为带指导性的方法和步骤出现。这是在学习本章时应当特别注意的。

通常使用的校正装置有超前、滞后、滞后—超前三种，应掌握各自的基本作用及适应情况，根据系统固有部分的特点和综合的要求选择其中的一种，并用频率法进行校正。PID控制规律是工程上常用的校正方法。超前校正网络可以增大系统的相角裕度，从而增大系统稳定性。滞后校正网络可以在保持预期主导极点基本不变的前提下，增大系统的稳态误差系数，提高系统的精度。如果要求系统有很大的稳态误差系数，就可以采用滞后校正装置。此外，超前校正会增大系统带宽，而滞后校正会减小系统带宽。

串联校正是最基本的校正方式，但当系统中存在噪声时，系统带宽将会影响到系统的性能，这种场合采用反馈或复合校正会更好。

用本章所介绍的方法设计校正装置的过程必然是个反复试探的过程，为减少设计人员的烦琐重复的工作，可利用计算机辅助设计控制系统的校正装置。

思考与练习题

5-1 某一单位反馈系统的开环传递函数为$G(s)=\dfrac{4K}{s(s+2)}$，设计一个超前校正装置，使校正后系统的静态速度误差系数$K_v=20$，相位裕度$\gamma \geqslant 50°$，增益裕度$20\lg h$不小于10 dB。

5-2 单位负反馈系统的开环传递函数为

$$G_0(s)=\frac{500K}{s(s+1)}$$

采用超前校正，使校正后系统速度误差系数$K_v=100$，相角裕度$\gamma \geqslant 45°$。

5-3 单位反馈系统的开环传递函数为：

$$G(s)=\frac{4}{s(2s+1)}$$

设计一串联滞后网络，使系统的相角裕度$\gamma \geqslant 40°$，并保持原有的开环增益值。

5-4 控制系统如题5-4图所示。若要求校正后的静态速度误差系数等于30，相位裕度不低于40°，幅值裕度不小于10 dB，截止频率不小于2.3 rad/s，设计串联滞后校正装置。

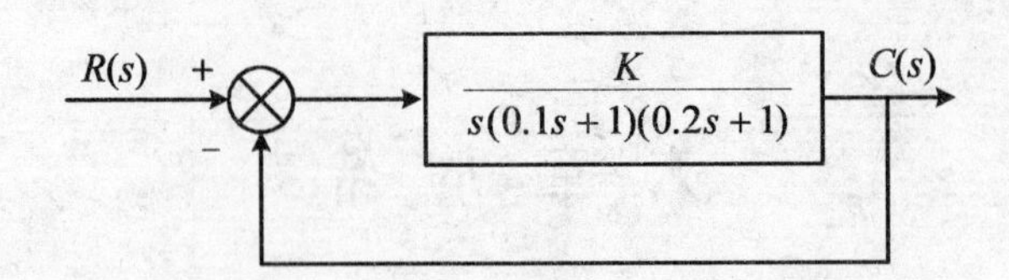

题 5-4 图　控制系统方框图

5-5　系统结构如题 5-5 图所示，其中 $G_1(s)=10$，$G_2(s)=\dfrac{10}{s(0.25s+1)(0.05s+1)}$ 要求校正后系统开环传递函数为：

$$G_k(s)=\frac{100(1.25s+1)}{s(16.67s+1)(0.03s+1)^2}$$

试确定校正装置的特性 $H(s)$。

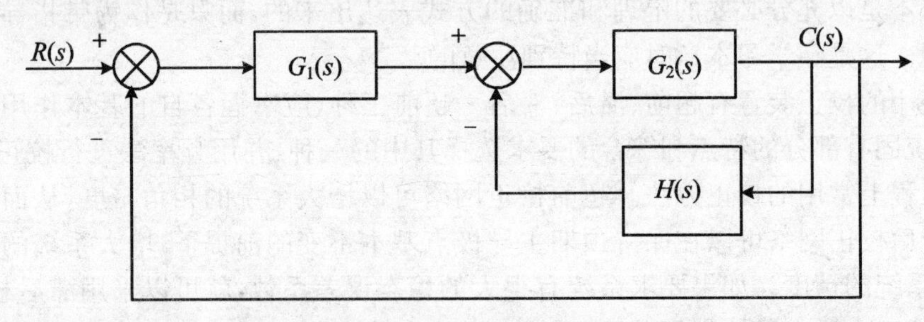

题 5-5 图

5-6　单位负反馈最小相位系统校正前、后的开环对数幅频特性如题 5-6 图所示。

(1) 求串联校正装置的传递函数 $G_c(s)$；

(2) 求串联校正后，使闭环系统稳定的开环增益 K 的值。

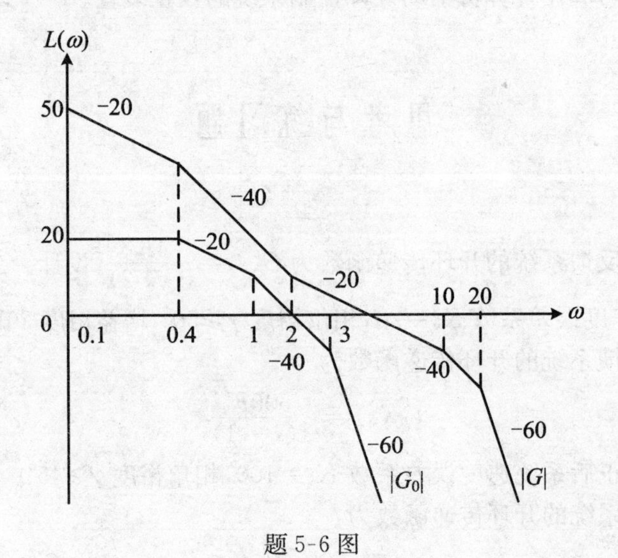

题 5-6 图

第6章　线性离散控制系统

按控制系统中信号的形式不同来划分控制系统的类型，可以把控制系统划分为连续控制系统和离散控制系统。在前面各章所研究的控制系统中，各个变量都是时间的连续函数，称为连续控制系统。随着计算机被引入控制系统，使控制系统中有一部分信号不是时间的连续函数，而是一组离散的脉冲序列或数字序列，这样的系统称为离散控制系统。

离散系统与连续系统相比，既有本质上的相同，又有分析研究方面的相似。利用Z变换法研究离散系统，可以把连续系统中的许多概念和方法应用于线性离散系统。本章学习目标如下：

(1) 掌握采样定理及采样系统与连续系统的区别、联系；

(2) 掌握Z变换及Z反变换、Z域稳定性、误差分析、系统响应。

6.1　离散控制系统概述

在控制系统中，如果所有信号都是时间变量的连续函数，换句话说，如果这些信号在全部时间上是已知的，则称这样的系统为连续系统；如果控制系统中有一处或几处信号是一串脉冲或数码，即这些信号仅定义在离散时间上，则称这样的系统为离散系统。

一般来讲，把系统中的离散信号是脉冲序列形式的离散系统，称为采样控制系统或脉冲控制系统；当离散量为数字序列形式时，则称为数字控制系统或计算机控制系统。通常将采样控制系统和数字控制系统，统称为离散系统。

6.1.1　采样控制系统

一般说来，采样系统是对来自传感器的连续信息在某些规定的时间瞬时上取值。如果在有规律的间隔上，系统取到了离散信息，则这种采样称为周期采样；反之，则称为非周期采样。本章仅讨论等周期采样，如图6-1所示的多点温度采样控制系统。

系统内的控制器和对象均是连续信号处理器，用采样开关来达到多个对象共享一个控制器的目的。类似系统称为采样控制系统。

6.1.2　数字控制系统

数字控制系统就是一种以数字计算机或数字控制器去控制具有连续工作状态的被控对象的闭环控制系统。因此数字控制系统包括工作于离散状态下的数字计算机和工作于连续状态下的被控对象两大部分。

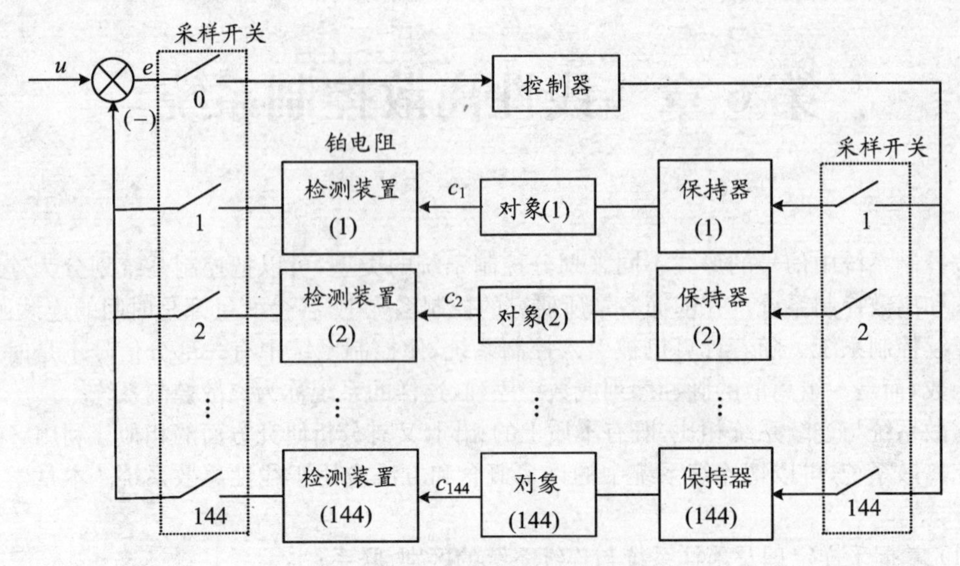

图 6-1 多点温度采样控制系统

通常用计算机的内部时钟来设定采样周期,整个系统的信号传递则要求能在一个采样周期内完成。例如,图 6-2 所示的数字闭环控制系统,控制器只能处理数字(离散)信号,控制系统内必有 A/D、D/A 转换器完成连续信号与离散信号之间的相互转换。类似系统称为数字控制系统。显然,由数字计算机承担控制器功能的系统均可归属于数字控制系统。随着计算机技术的日益普及,数字控制系统的应用会越来越多。

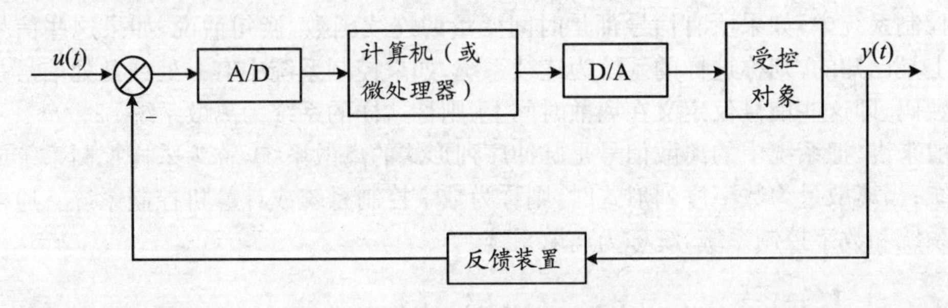

图 6-2 数字闭环控制系统

无论是采样控制系统还是数字控制系统,它们均面临一个共同的问题:怎样把连续信号近似为离散信号,即"整量化"。连续信号在时间和幅值上均具有无穷多的值,而在计算机上是用有限的时间间隔和有限的数值表达之,这种近似的过程称为整量化。简称量化问题。

6.1.3 离散控制系统的特点

数字控制系统较相应的连续控制系统具有一系列的特点:

(1) 控制规律易通过软件编程改变,控制功能强;

(2) 提高了系统的抗干扰能力以及信号传递和转换精度;

(3) 允许采用高灵敏度的控制元件以提高系统的控制精度;

(4) 提高了设备的利用率,经济性好;

(5) 可以引入采样的方式使之稳定。

6.1.4 离散控制系统的研究方法

拉氏变换、传递函数和频率特性等不再适用,研究离散控制系统的数学基础是Z变换,通过Z变换这个数学工具,可以把我们以前学习过的传递函数、频率特性等概念应用于离散控制系统。

6.2 采样过程及信号复现

前已述及,信号的采样是把连续信号转换为离散信号的手段。而在大量的实际应用中,离散信号不能直接作为控制对象的输入信号,而要将其转换为连续信号。实现离散信号与连续信号转换的过程称为(连续)信号的复现,通常采用“保持器”来实现。因此,为了定量研究离散系统,必须对信号的采样过程和保持过程用数学的方法加以描述。

6.2.1 信号的采样

6.2.1.1 数学描述

将连续信号 $f(t)$ 加到采样开关K的输入端,采样开关以周期 T 秒闭合一次,闭合的持续时间为 τ 秒。在闭合期间,截取被采样的 $f(t)$ 的幅值,作为采样开关的输出。在断开期间采样开关的输出为零。于是在采样开关的输出端就得到宽度为 τ 的脉冲序列 $f^*(t)$,如图6-3所示(以带“*”的表示采样信号)。由于开关闭合的持续时间很短,远小于采样周期 T,即 $\tau \ll T$,可以认为 $f(t)$ 在 τ 时间内变化甚微,所以 $f^*(t)$ 可以近似表示为高 $f(kT)$,宽 τ 的矩形脉冲序列。由于 τ 很小,可以用理想单位脉冲函数来取代采样点处的矩形脉冲,于是就得到连续时间信号的理想采样表达式为:

$$f^*(t) = \sum_{k=0}^{\infty} f(kT)\delta(t-kT) \tag{6-1}$$

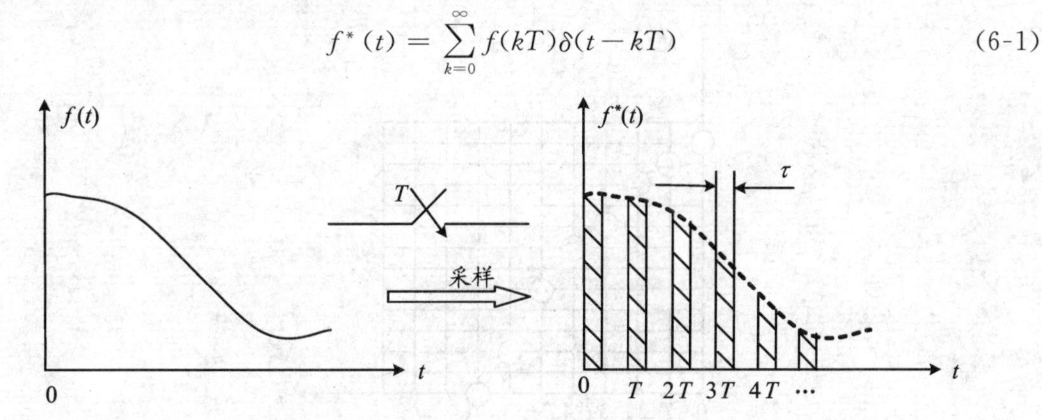

图6-3 采样过程

由于 $t=kT$ 处的 $f(t)$ 的值就是 $f(kT)$,所以式(6-2)可写作:

$$f^*(t) = \sum_{k=0}^{\infty} f(t)\delta(t-kT) = f(t)\sum_{k=0}^{\infty}\delta(t-kT) \tag{6-2}$$

式中$\sum_{k=0}^{\infty}\delta(t-kT)$称为单位理想脉冲序列,若用$\delta_T(t)$表示,则式(6-2)可写作:

$$f^*(t) = f(t)\delta_T(t) \tag{6-3}$$

式(6-3)就是信号采样过程的数学描述。它表示在不同的采样时刻有一个脉冲,脉冲的幅值由该时刻的$f(t)$值决定。

从物理意义上看,式(6-3)所描述的采样过程可以理解为脉冲调制过程。采样开关即采样器是一个幅值调制器,输入的连续信号$f(t)$为调制信号,而单位理想脉冲序列$\delta_T(t)$则为载波信号,采样器的输出则为一串调幅脉冲序列$f^*(t)$,如图6-4所示。

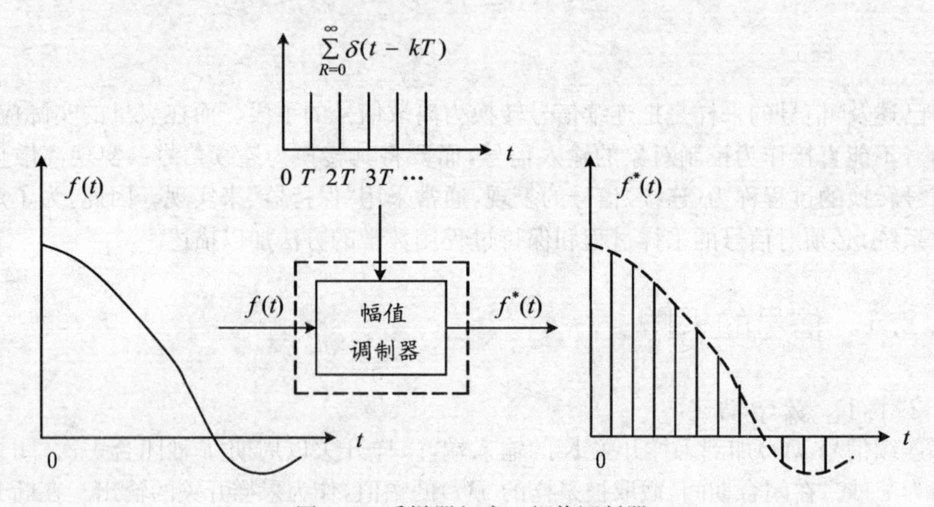

图6-4　采样器相当于幅值调制器

在数字控制系统中,数字计算机接受和处理的是量化后代表脉冲强度的数列。即把幅值连续变化的离散模拟信号用相近的间断的数码(如二进制)来代替,如图6-5示意。图中小圆圈表示的是数码可以实现的数值,是量化单位的整数倍数。由于量化单位是很小的,所以数字控制系统的采样信号$f(kT)$,仍认为与$f(t)$成线性关系,仍用$f^*(t)$表示。

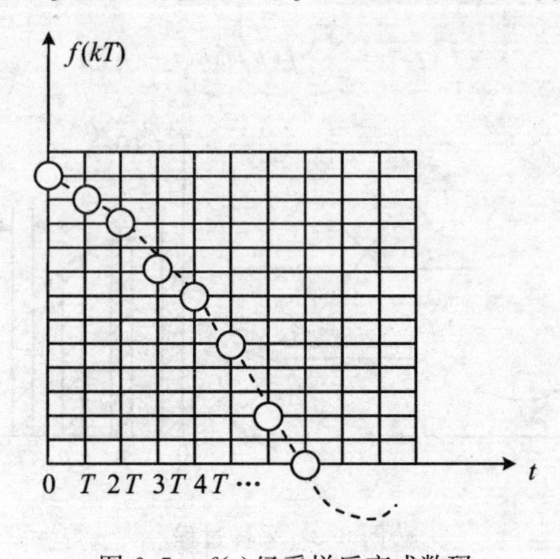

图6-5　$f(t)$经采样后变成数码

6.2.1.2 采样定理

前已指出,要对对象进行控制,通常要把采样信号恢复成原连续信号(实际上信号经过处理、运算以后,要恢复的则是原连续信号的函数,为了方便起见,讨论时仍认为要恢复的是原信号)。此工作一般是由低通滤波器来完成的。但是信号能否恢复到原来的形状,主要决定于采样信号是否包含反映原信号的全部信息。实际上这又与采样频率有关,因为连续信号经采样后,只能给出采样时刻的数值,不能给出采样时刻之间的数值,亦即损失掉 $f(t)$的部分信息。由图 6-3 可以直观地看出,连续信号变化越缓慢,采样频率越高,则采样信号 $f^*(t)$就越能反映原信号 $f(t)$的变化规律,即越多地包含反映原信号的信息。采样定理则是定量地给出采样频率与被采样的连续信号的"变化快慢"的关系。即若采样周期满足下列条件:

$$\frac{\omega_s}{2} \geqslant \omega_{max}$$

或

$$\omega_s \geqslant 2\omega_{max}$$

式中,ω_{max}为连续信号 $f(t)$的最高次谐波的角频率。则采样信号 $f^*(t)$就可以无失真地再恢复为原连续信号 $f(t)$。这就是说,如果选择的采样角频率足够高,使得对连续信号所含的最高次谐波,能做到在一个周期内采样两次以上的话,那么经采样后所得到的脉冲序列,就包含了原连续信号的全部信息。就有可能通过理想滤波器把原信号毫无失真地恢复出来。否则采样频率过低,信息损失很多,原信号就不能准确复现。

6.2.2 信号的复现

为了实现对受控对象的有效控制,必须把采样信号恢复成相应的连续信号,这个过程称为信号的复现。保持器是将采样信号转换成连续信号的装置,其转换过程恰好是采样过程的逆过程。从数学上说,保持器的任务是解决采样时刻之间的插值问题。应用最广泛的是零阶保持器。

零阶保持器的作用是把 kT 时刻的采样值,保持到下一个采样时刻$(k+1)T$ 到来之前,或者说按常值外推,如图 6-6 所示。

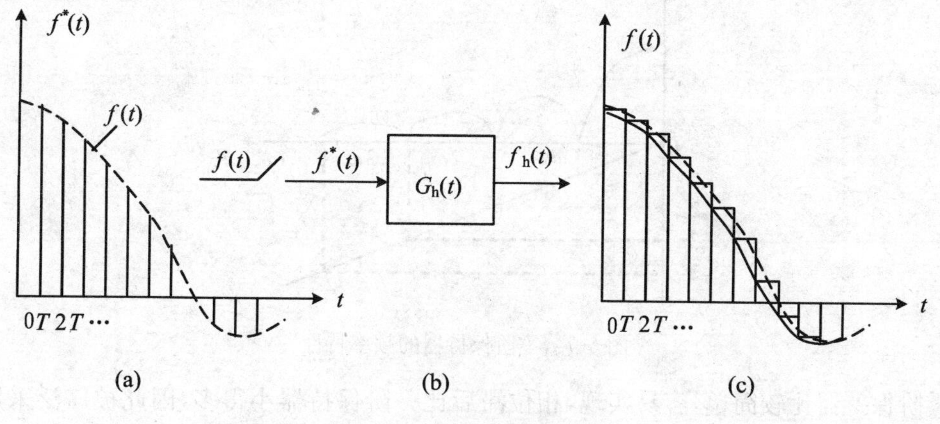

图 6-6 零阶保持器的作用

为了对零阶保持器进行动态分析，需求出它的传递函数。由图 6-6 可以看出，零阶保持器的单位脉冲响应是一个幅值为 1、宽度为 T 的矩形波 $f_h(t)$，实际上就是一个采样周期应输出的信号，此矩形波可表达为两个单位阶跃函数的叠加。即

$$G_h(t)=1(t)-1(t-T)$$

根据传递函数就是单位脉冲响应函数的拉氏变换，可求得零阶保持器的传递函数为：

$$\begin{aligned}G_h(s)&=\mathscr{L}[G_h(t)]=\mathscr{L}[1(t)-1(t-T)]\\&=\frac{1}{s}-\frac{1}{s}e^{-Ts}=\frac{1-e^{-Ts}}{s}\end{aligned}\tag{6-4}$$

其频率特性则为：

$$\begin{aligned}G_h(j\omega)&=\frac{1-e^{-j\omega T}}{j\omega}=\frac{e^{-\frac{j\omega T}{2}}\left(e^{\frac{j\omega T}{2}}-e^{-\frac{j\omega T}{2}}\right)}{j\omega}\\&=T\frac{\sin\left(\frac{\omega T}{2}\right)}{\frac{\omega T}{2}}e^{-\frac{j\omega T}{2}}\end{aligned}\tag{6-5}$$

因为 $T=\frac{2\pi}{\omega_s}$，代入上式，则有

$$G_h(j\omega)=\frac{2\pi}{\omega_s}\frac{\sin\left(\frac{\pi\omega}{\omega_s}\right)}{\frac{\pi\omega}{\omega_s}}e^{-\frac{j\omega}{\omega_s}}$$

据此可绘出零阶保持器的幅频特性和相频特性曲线，如图 6-7 所示。由图可见，其幅值随频率增高而减小，所以零阶保持器是一个低通滤波器，但不是理想低通滤波器。高频分量仍有一部分可以通过；此外还有相角滞后，且随频率增高而加大。因此，由零阶保持器恢复的信号 $f(t)$ 是与原信号 $f(t)$ 是有差别的。一方面含有一定的高频分量；此外，在时间上滞后 $\frac{T}{2}$。把阶梯状信号 $f_h(t)$ 的每个区间的中点光滑地连结起来，所得到的曲线，形状与 $f(t)$ 相同，但滞后了 $\frac{T}{2}$，如图 6-6(c) 所示。

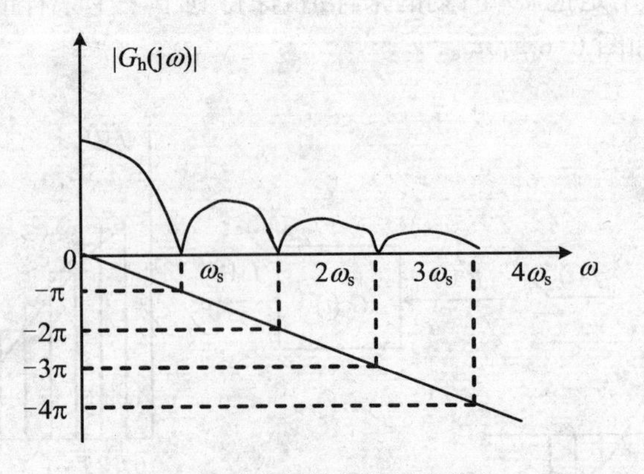

图 6-7 零阶保持器的频率特性

零阶保持器比较简单，容易实现，相位滞后比一阶保持器小得多，因此被广泛采用。步进电机，数控系统中的寄存器、数模转换器等都是零阶保持器的实例。

6.3 离散控制系统的数学模型

在前面两节中，我们介绍了离散控制系统的基本概念以及离散系统中两个关键环节：采样器与保持器。下面我们要引进分析和设计离散控制系统的数学模型，它包含三个基本内容：① 差分方程；② Z 变换；③ 脉冲传递函数。这些内容与连续系统中数学模型的基本内容：微分方程、拉氏变换、传递函数有平行的对应关系。学习本节的内容时，注意这种平行对应关系，并与连续系统中的相应内容进行比较是十分重要的。

6.3.1 差分方程

微分方程是描述连续系统动态过程的最基本的数学模型。但对于采样系统，由于系统中的信号已离散化，因此，描述连续函数的微分、微商等概念就不适用了，而需用建立在差分、差商等概念基础上的差分方程，来描述采样系统的动态过程。

6.3.1.1 差分的概念

差分与连续函数的微分相对应。不同的是差分有前向差分和后向差分之别。如图 6-8 所示，连续函数 $f(t)$，经采样后为 $f^*(t)$，在 kT 时刻，其采样值为 $f(kT)$，为简便计，常写作 $f(k)$。

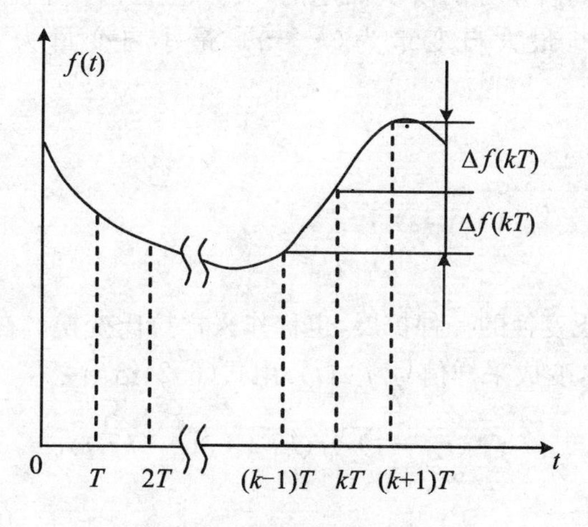

图 6-8 前向差分与后向差分

一阶前向差分的定义为：

$$\Delta f(k) = f(k+1) - f(k) \tag{6-6}$$

二阶前向差分的定义为：

$$\begin{aligned}\Delta^2 f(k) &= \Delta[\Delta f(k)] \\ &= \Delta[f(k+1) - f(k)] \\ &= f(k+2) - f(k+1) - [f(k+1) - f(k)] \\ &= f(k+2) - 2f(k+1) + f(k)\end{aligned} \tag{6-7}$$

n 阶前向差分的定义为：

$$\Delta^n f(k) = \Delta^{n-1} f(k+1) - \Delta^{n-1} f(k) \tag{6-8}$$

同理,一阶后向差分的定义为:

$$\nabla f(k) = f(k) - f(k-1) \tag{6-9}$$

二阶后向差分的定义为:

$$\begin{aligned}\nabla^2 f(k) &= \nabla f(k) - \nabla f(k-1) \\ &= f(k) - f(k-1) - [f(k-1) - f(k-2)] \\ &= f(k) - 2f(k-1) + f(k-2)\end{aligned} \tag{6-10}$$

n 阶后向差分的定义为:

$$\nabla^n f(k) = \nabla^{n-1} f(k) - \nabla^{n-1} f(k-1) \tag{6-11}$$

从上述定义可以看出,前向差分所采用的是 kT 时刻未来的采样值,而后向差分所采用的是 kT 时刻过去的采样值。所以在实际上后向差分用得更广泛。

6.3.1.2 差分方程

若方程的变量除了含有 $f(k)$ 本身外,还有 $f(k)$ 的各阶差分 $\Delta f(k), \Delta^2 f(k), \cdots, \Delta^n f(k)$,则此方程称为差分方程。

对于输入、输出为采样信号的线性采样系统,描述其动态过程的差分方程的一般形式为:

$$\begin{aligned}&a_n y(k+n) + a_{n-1} y(k+n-1) + \cdots + a_1 y(k+1) + a_0 y(k) \\ &= b_m u(k+m) + b_{m-1} u(k+m-1) + \cdots + b_1 u(k+1) + b_0 u(k)\end{aligned} \tag{6-12}$$

式中 $u(k)$、$y(k)$分别为输入信号和输出信号,$a_n, \cdots, a_0; b_m, \cdots, b_0$ 均为常系数,且有 $n \geqslant m$。差分方程的阶次是由最高阶差分的阶次而定的,其数值上等于方程中自变量的最大值和最小值之差。式(6-12)中,最大自变量为$(k+n)$,最小自变量为 k,因此方程的阶次为$(k+n)-k=n$阶。

6.3.2 Z变换

6.3.2.1 定义

Z变换实质上是拉氏变换的一种扩展,也称作采样拉氏变换。在采样系统中,连续函数信号 $f(t)$经过采样开关,变成采样信号 $f^*(t)$,由式(6-2)给出

$$f^*(t) = \sum_{k=0}^{\infty} f(kT) \cdot \delta(t-kT)$$

对上式进行拉氏变换,得:

$$F^*(s) = \mathscr{L}[f^*(t)] = \sum_{k=0}^{\infty} f(kT) \cdot \mathrm{e}^{-kTs} \tag{6-13}$$

从此式可以看出,任何采样信号的拉氏变换中,都含有超越函数 e^{-kTs},因此,若仍用拉氏变换处理采样系统的问题,就会给运算带来很多困难,为此,引入新变量 z,令

$$z = \mathrm{e}^{Ts} \tag{6-14}$$

则

$$s = \frac{1}{T}\ln z$$

将 $F^*(s)$记作 $F(z)$,则式(6-14)可以改写为:

$$F(z)=\sum_{k=0}^{\infty}f(kT)z^{-k} \tag{6-15}$$

这样就变成了以复变量 z 为自变量的函数。称此函数为 $f^*(t)$的 z 变换。记作：

$$F(z)=Z[f^*(t)]$$

因为 z 变换只对采样点上信号起作用，所以上式也可以写为：

$$F(z)=Z[f(t)]$$

应注意，$F(z)$是 $f(t)$的 z 变换符号，其定义就是式(6-15)，不要误以为它是 $f(t)$的拉氏变换式 $F(s)$中的 s 以 z 简单置换的结果。将式(6-15)展开，得：

$$F(z)=f(0)z^0+f(T)z^{-1}+f(2T)z^{-2}+\cdots+f(kT)z^{-k}+\cdots \tag{6-16}$$

可见，采样函数的Z变换是变量 z 的幂级数。其一般项 $f(kT)z^{-k}$具有明确的物理意义：$f(kT)$表示采样脉冲的幅值；z 的幂次表示该采样脉冲出现的时刻。因此它包含着量值与时间的概念。

正因为 z 变换只对采样点上信号起作用，因此，如果两个不同的时间函数 $f_1(t)$和 $f_2(t)$，它们的采样值完全重复(图 6-9)，则其Z变换是一样的。即

$$f_1(t)\neq f_2(t)$$

但由于 $f_1^*(t)=f_2^*(t)$，则 $F_1(z)=F_2(z)$，就是说采样函数 $f^*(t)$与其Z变换函数是一一对应的，但采样函数所对应的连续函数不是唯一的。

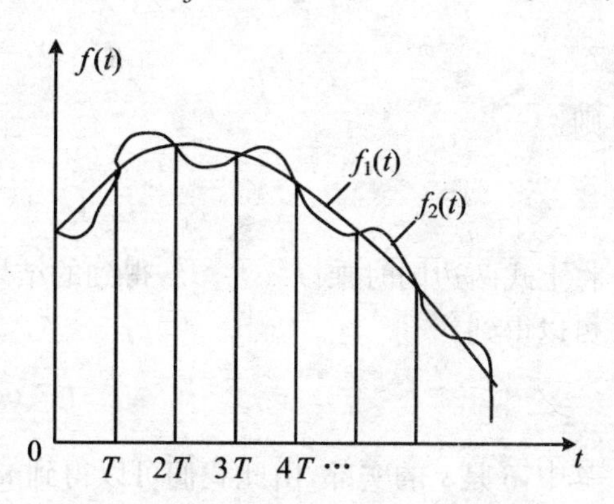

图 6-9 正反Z变换的非一一反应

6.3.2.2 Z变换的性质

与拉氏变换的性质相类似，Z变换有线性，位移(时位移、复位移)，初、终值定理等，具体可见表 6-1。

一些常见函数及其拉普拉斯变换、Z变换对照见附录。

表 6-1 Z变换线性，位移，初、终值定理表

和　差	$Z[u_1(kT)\pm u_2(kT)]=U_1(z)\pm U_2(z)$
乘常数	$Z[au(kT)]=aZ[u(kT)]=aU(z)$
时位移	$Z[u(kT-nT)]=z^{-n}U(z)$ $Z[u(kT+nT)]=z^n\left[U(z)-\sum_{k=0}^{n-1}u(kT)z^{-k}\right]$
复变换	$Z[e^{\mp akT}u(kT)]=U(ze^{\pm aT})$
初值定理	$\lim_{k\to 0}u(kT)=\lim_{z\to\infty}U(z)$
终值定理	$\lim_{k\to\infty}u(kT)=\lim_{z\to 1}(1-z^{-1})U(z)$

6.3.2.3 Z变换的求法

1. 用定义求

已知时函数 $f(t)$，则

$$Z[f(t)]=\sum_{k=0}^{\infty}f(kT)z^{-k}$$

展开后,根据无穷级数求和公式

$$a+aq+aq^2+\cdots=\frac{a}{1-q}$$

其中$|q|<1$,即可求出函数的Z变换。

例 6-1 考虑下面这个序列

$$u(kT)=\mathrm{e}^{-akT}\qquad(k=0,1,2,\cdots)$$

其中a为常数。于是可得:

$$u^*(t)=\sum_{k=0}^{\infty}\mathrm{e}^{-akT}\delta(t-kT)$$

则

$$U^*(s)=\sum_{k=0}^{\infty}\mathrm{e}^{-akT}\mathrm{e}^{-kTs}$$

将上式两边同时乘以$\mathrm{e}^{-(s+a)T}$,得到的结果再与上式两边对应相减,若满足$|\mathrm{e}^{-(s+a)T}|<1$,则可以得到:

$$U^*(s)=\frac{1}{1-\mathrm{e}^{-(s+a)T}}$$

其中,δ是s的实部,由此我们可以得到$u^*(t)$的Z变换

$$U(z)=\frac{1}{1-e^{-aT}z^{-1}}=\frac{z}{z-\mathrm{e}^{-aT}}\qquad(|\mathrm{e}^{-aT}z^{-1}|<1)$$

例 6-2 在例6-1中,假如$a=0$,我们可以得到:

$$u(kT)=1\qquad(k=0,1,2,\cdots)$$

这个式子表示了其序列值均为单位值。则

$$U^*(s)=\sum_{k=0}^{\infty}\mathrm{e}^{-kTs}$$

$$U(z)=\sum_{k=0}^{\infty}z^{-k}=1+z^{-1}+z^{-2}+\cdots$$

这个表达式可写为:

$$U(z)=\frac{1}{1-z^{-1}}\qquad|z^{-1}|<1$$

或

$$U(z)=\frac{z}{z-1}\qquad|z^{-1}|<1$$

2. 用查表法求

若已知函数的拉氏变换(象函数),用部分分式法将其展开,查附录对应即可。

6.3.2.4 Z反变换

正如同在拉氏变换方法中一样,Z变换方法的一个主要目的是要先获得时域函数$f(t)$在z域中的代数解,其最终的时域解可通过反Z变换求出。当然,$F(z)$的反Z变换只能求出$f^*(t)$,即只能是$f(kt)$。如果是理想采样器作用于连续信号$f(t)$,则在$t=kT$瞬间的采样值$f(kT)$可以获得。Z反变换可以记作:

$$Z^{-1}[F(z)]=f^*(t) \tag{6-17}$$

求Z反变换的方法通常有以下三种：

(1) 部分分式展开法；

(2) 级数展开法(综合除法)；

*(3) 留数法。

在求Z反变换时，仍假定当$k<0$时，$f(kT)=0$。下面介绍最常用的两种求Z反变换的方法。

1. 部分分式展开法

此法是将$F(z)$通过部分分式分解为低阶的分式之和，直接从Z变换表中求出各项对应的Z反变换，然后相加得到$f(kT)$。

例6-3 已知$F(z)=\dfrac{z}{(z-1)(z-2)}$，求$f(kT)$。

解：由于$F(z)$中通常含有一个z因子，所以首先将式$\dfrac{F(z)}{z}$展成部分分式较容易些。

$$\frac{F(z)}{z}=\frac{1}{(z-1)(z-2)}=\frac{-1}{z-1}+\frac{1}{z-2}$$

再求$F(z)$的分解因式

$$F(z)=\frac{-z}{z-1}+\frac{z}{z-2}$$

查Z变换表，得到：

$$Z^{-1}\left[\frac{-z}{z-1}\right]=-1,Z^{-1}\left[\frac{z}{z-2}\right]=2^k$$

所以

$$f(kT)=-1+2^k$$

即$f(0)=0,f(T)=1,f(2T)=3,f(3T)=7,f(4T)=15,f(5T)=31$。

2. 级数展开法

级数展开法又称综合除法。即把式$F(z)$展开成按z^{-1}升幂排列的幂级数。因为$F(z)$的形式通常是两个z的多项式之比，即

$$F(z)=\frac{b_m z^m+b_{m-1}z^{m-1}+\cdots+b_0}{a_n z^n+a_{n-1}z^{n-1}+\cdots+a_0} \qquad (n\geqslant m)$$

所以，很容易用综合除法展成幂级数。对上式用分母去除分子，所得之商按z^{-1}的升幂排列

$$\begin{aligned}F(z)&=c_0+c_1z^{-1}+c_2z^{-2}+\cdots+c_kz^{-k}+\cdots\\&=\sum_{k=0}^{\infty}c_kz^{-k}\end{aligned} \tag{6-18}$$

这正是Z变换的定义式。z^{-k}项的系数c_k就是时间函数$f(t)$在采样时刻$t=kT$时的值。因此，只要求得上述形式的级数，就知道时间函数在采样时刻的函数值序列，即$f(kT)$。

例6-4 试用幂级数展开法求$F(z)=\dfrac{z}{(z-1)(z-2)}$的Z反变换。

解：进行综合除法运算得到：

$$F(z)=0+z^{-1}+3z^{-2}+7z^{-3}+15z^{-4}+31z^{-5}+63z^{-6}+\cdots$$

由上式的系数可知：$f(0)=0,f(T)=1,f(2T)=3,f(3T)=7,f(4T)=15,f(5T)=31$，$f(6T)=63$……

结果与例 6-3 所得结果相同。

6.3.2.5 用Z变换法解差分方程

例 6-5 已知一阶差分方程为：

$$y[(k+1)T]-ay(kT)=bu(kT)$$

设输入的为阶跃信号 $u(kT)=A$，初始条件 $y(0)=0$，试求响应 $y(kT)$。

解：将差分方程两端取Z变换，得：

$$zY(z)-zc(0)-aY(z)=bA\frac{z}{z-1}$$

代入初始条件，求得输出的Z变换为：

$$Y(z)=\frac{bAz}{(z-a)(z-1)}$$

为求得时域响应 $y(kT)$，需对 $Y(z)$ 进行反变换，先将 $\frac{Y(z)}{z}$ 展成部分分式

$$\frac{Y(z)}{z}=\frac{bA}{(z-a)(z-1)}=\frac{bA}{(1-a)}\left(\frac{1}{z-1}-\frac{1}{z-a}\right)$$

于是

$$Y(z)=\frac{bA}{1-a}\left(\frac{z}{z-1}-\frac{z}{z-a}\right)$$

查变换表，求得上式的反变换为：

$$y(kT)=\frac{bA}{1-a}(1-a^k) \qquad (k=0,1,2,\cdots)$$

例 6-6 试用Z变换法解下列差分方程

$$y(k+2)+3y(k+1)+2y(k)=0$$

已知初始条件为 $y(0)=0, y(1)=1$，求 $y(k)$。

解：对方程两边取Z变换，并应用时移定理，得：

$$z^2Y(z)-z^2y(0)-zy(1)+3zY(z)-3zy(0)+2Y(z)=0$$

代入初始条件，整理后得：

$$(z^2+3z+2)Y(z)=z$$

$$Y(z)=\frac{z}{z^2+3z+2}=\frac{z}{z+1}-\frac{z}{z+2}$$

查变换表，进行反变换得：

$$y(k)=(-1)^k-(-2)^k \qquad (k=0,1,2,\cdots)$$

6.3.3 脉冲传递函数

6.3.3.1 脉冲传递函数的定义

在分析和研究离散控制系统的性能时，一般均是已知控制系统的结构图。我们已经知道在连续系统中传递函数是分析和设计基于系统结构图的有力工具。类似的，我们也定义脉冲传递函数如下：

对于如图 6-10 所示的离散系统结构图，定义脉冲传递函数

$$G(z)=\sum_{k=0}^{\infty}g(kT)z^{-k}=\frac{Y(z)}{U(z)}$$

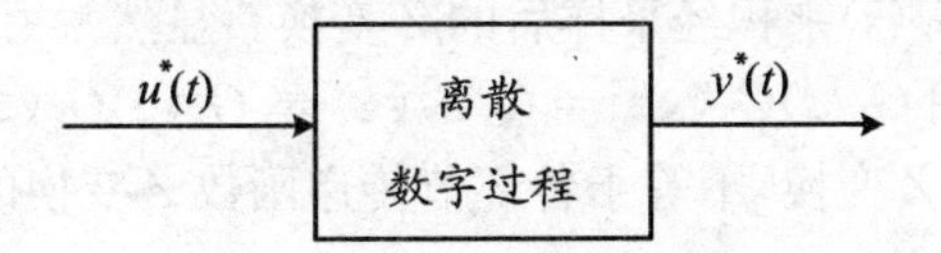

图 6-10 离散过程的结构图

如果一个系统如图 6-11 所示，此时有

$$Y(z) = G(z)U(z)$$

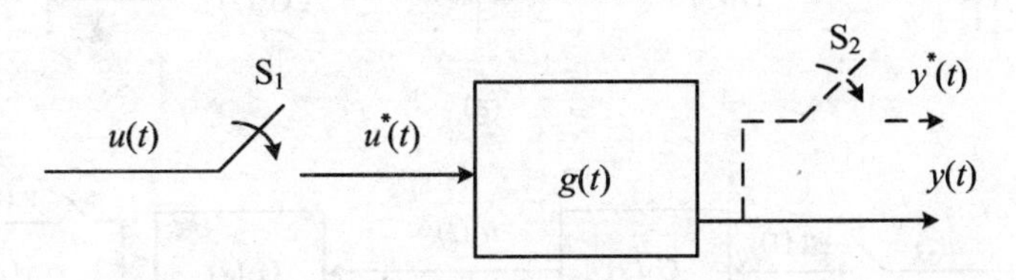

图 6-11 开环采样系统方框图

即当一个环节的输出不是离散信号时，严格说来，其脉冲传递函数不能求出。可采用虚拟开关的办法转换求。

6.3.3.2 串联环节的脉冲传递函数

假定输出变量前有采样开关(或有一理想的虚拟采样开关)，或者输入变量后有采样开关。则我们分析下面两种情况：

1. 二串联环节间有采样开关时

图 6-12(a)所示两个串联环节间有采样器隔开，所以有

$$U_1(z) = G_1(z)U(z) \tag{6-19}$$

$$Y(z) = G_2(z)U_1(z) \tag{6-20}$$

式中 $G_1(z)$、$G_2(z)$分别为线性环节 $G_1(s)$、$G_2(s)$的脉冲传递函数，即 $G_1(z)=Z[G_1(s)]$，$G_2(z)=Z[G_2(s)]$，则由式(6-19)和(6-20)可得：

$$Y(z) = G_1(z)G_2(z)U(z)$$

所以，图 6-12(a)所示系统的脉冲传递函数为：

$$G(z) = \frac{Y(z)}{U(z)} = G_1(z)G_2(z)$$

可见，两个环节间有采样器隔开时，则环节串联等效脉冲传递函数为两个环节的脉冲传递函数的乘积。同理，n 个环节串联，且所有环节之间均有采样器隔开时，则等效脉冲传递函数为所有环节的脉冲传递函数的乘积。即

$$G(z) = G_1(z)G_2(z)\cdots G_n(z) \tag{6-21}$$

2. 串联环节间无采样器时

如图 6-12(b)所示，由于环节间没有采样器，因而 $G_2(s)$环节输入的信号不是脉冲序列，而是连续函数，所以不能如图 6-12(a)那样求 $G_2(z)=\dfrac{Y(z)}{U_1(z)}$，而应先把 $G_1(s)$、$G_2(s)$进行串联运算求出等效环节 $G_1(s)G_2(s)$，则 $G_1(s)G_2(s)$的 Z 变换才是 $U(z)$、$Y(z)$之间的脉冲传递函数。即

$$G(z) = \frac{Y(z)}{U(z)} = Z[G_1(s)G_2(s)] = G_1G_2(z) \tag{6-22}$$

式中 $G_1G_2(z)$ 表示 $G_1(s)G_2(s)$ 乘积经采样后的 Z 变换。显然

$$Z[G_1(s)G_2(s)] = G_1G_2(z) \neq G_1(z)G_2(z) \tag{6-23}$$

即各环节传递函数乘积的 Z 变换，不等于各环节传递函数 Z 变换的乘积。

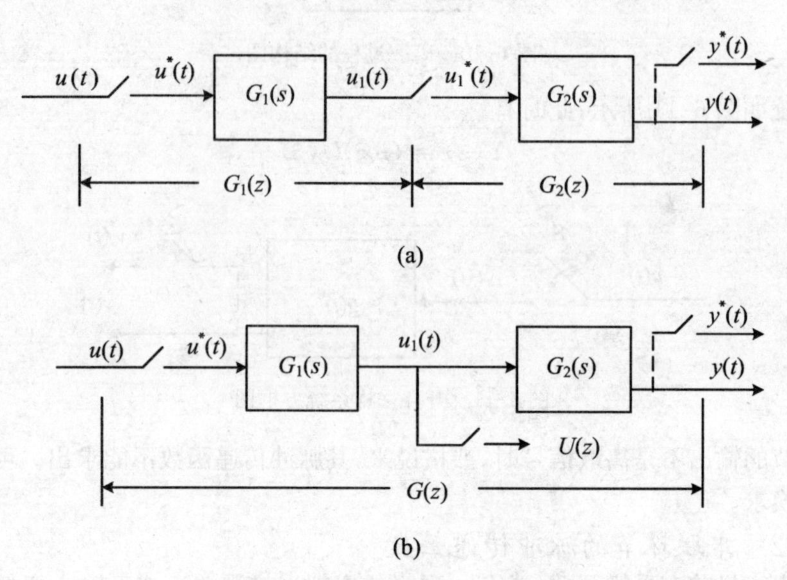

图 6-12　环节串联的开环系统

由此可知，两个串联环节间无采样器隔开时，则等效脉冲传递函数等于两个环节传递函数乘积经采样后的 Z 变换。同理，此结论也适用于多个环节串联而无采样器隔开的情况，即有

$$G(z) = Z[G_1(s)G_2(s)\cdots G_n(s)] = G_1G_2\cdots G_n(z) \tag{6-24}$$

如果串联的多个环节中存在上述两种情况，则分段按上述原则处理。

如果把离散后的传递函数或变量记为 $G^*(s)$，则可以把上述两种情况简单归纳为下面两个重要公式：

若 $Y(s)=E^*(s)G(s)$，则

$$Y^*(s) = [E^*(s)G(s)]^* = E^*(s)G^*(s)$$

即

$$Y(z) = E(z)G(z) \tag{6-25}$$

若 $Y(s)=E(s)G(s)$，则

$$Y^*(s) = [E(s)G(s)]^* = EG^*(s) = GE^*(s)$$

即

$$Y(z) = EG(z) = GE(z) \tag{6-26}$$

例 6-7　求零阶保持器与环节串联时的脉冲传递函数，结构图如图 6-13(a)所示。

解：已知 $G_H(s)=\dfrac{1-e^{-Ts}}{s}$，由于 $G_H(s)$ 与 $G_P(s)$ 之间无采样开关，因此串联环节的 Z 变换不等于单个环节 Z 变换后的乘积。

为分析方便起见，将图 6-13(a)等效为图 6-13(b)形式。由图可见，采样信号 $u^*(t)$ 分两条通道作用于开环系统，一条直接作用于 $G_P'(s)=\dfrac{1}{s}G_P(s)$；另一条通过纯滞后环节，滞后一

个采样周期作用于 $G_P'(s)$，其响应分别为：

$$Y_1(z) = G_P'(z)U(z) = Z\left[\frac{G_P(s)}{s}\right]U(z)$$

$$Y_2(z) = z^{-1}G_P'(z)U(z) = z^{-1}Z\left[\frac{G_P(s)}{s}\right]U(z)$$

所以

$$Y_2'(z) = Y_1(z) - Y_2(z) = (1-z^{-1})G_P'(z)U(z)$$

最后求得开环脉冲传递函数为：

$$G(z) = \frac{Y(z)}{U(z)} = \frac{z-1}{z}Z\left[\frac{G_P(s)}{s}\right] \tag{6-27}$$

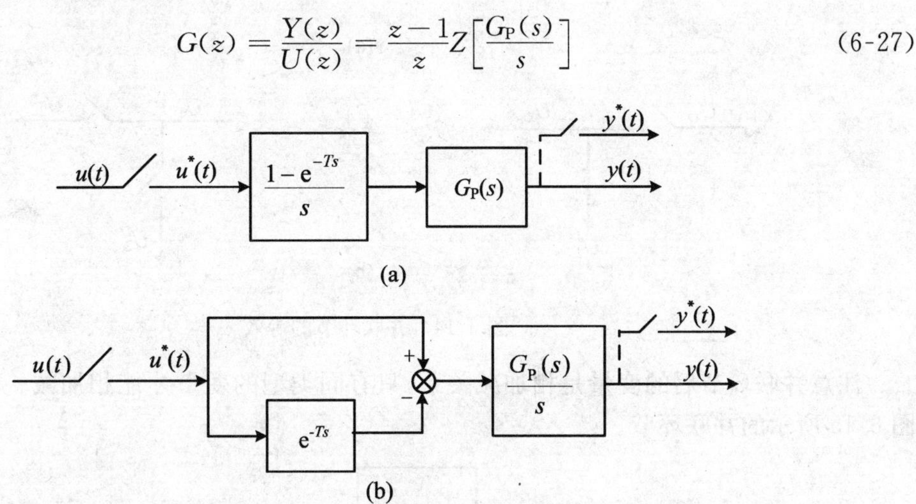

图 6-13 有零阶操持器的开环系统

例 6-8 若图 6-13 所示系统中 $G_P(s)=\dfrac{1}{s(s+1)}$，试求开环系统的脉冲传递函数 $G(z)=\dfrac{Y(z)}{U(z)}$。

解：因为

$$\frac{G_P(s)}{s} = \frac{1}{s^2(s+1)} = \frac{1}{s^2} - \frac{1}{s} + \frac{1}{s+1}$$

查变换表，进行 Z 变换，得：

$$Z\left[\frac{G_P(s)}{s}\right] = Z\left[\frac{1}{s^2} - \frac{1}{s} - \frac{1}{s+1}\right]$$

$$= \frac{Tz}{(z-1)^2} - \frac{z}{z-1} + \frac{z}{z-e^{-T}}$$

根据式(6-27)得：

$$G(z) = \frac{z-1}{z}\left[\frac{Tz}{(z-1)^2} - \frac{z}{z-1} + \frac{z}{z-e^{-T}}\right]$$

$$= \frac{T}{z-1} - 1 + \frac{z-1}{z-e^{-T}}$$

$$= \frac{(T-1+e^{-T})z + 1 - (T+1)e^{-T}}{z^2 - (1+e^{-T})z + e^{-T}} \tag{6-28}$$

6.3.3.3 并联环节的脉冲传递函数

先介绍两个等效图形(图 6-14):

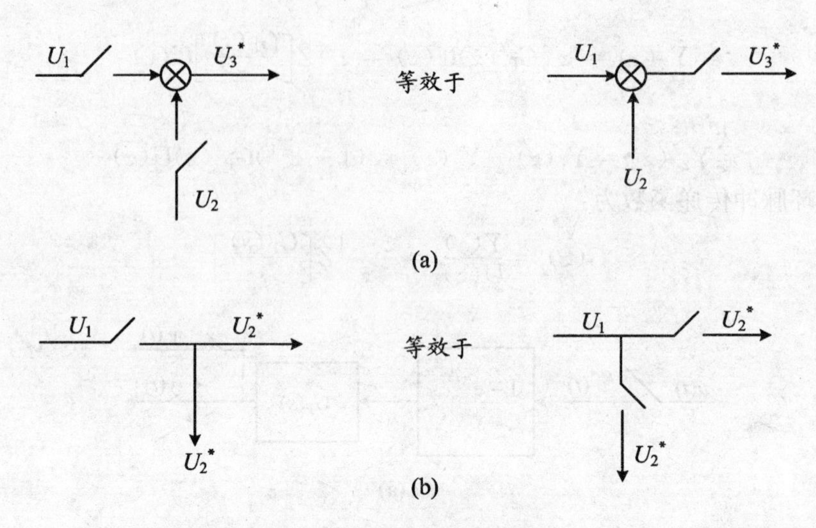

图 6-14　并联环节的等效

注意并联环节后的变量是相加减关系,只有同类型的变量才能相加减。因此我们讨论图 6-15 所示的并联环节。

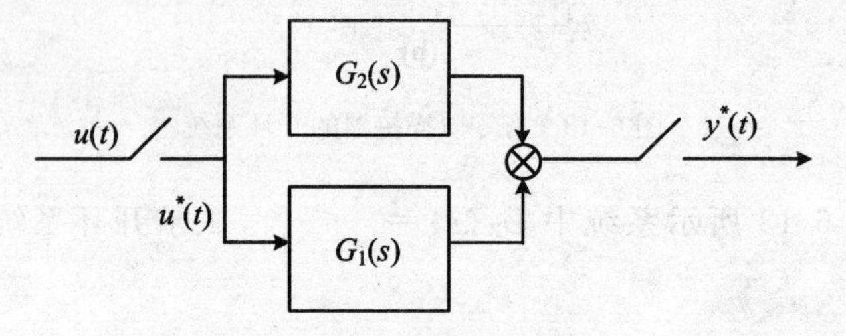

图 6-15　并联环节方框图

显然有

$$Y(s) = U^*(s)[G_1(s) \pm G_2(s)]$$
$$Y^*(s) = U^*(s)[G_1(s) \pm G_2(s)]^*$$
$$Y(z) = U(z)G_1(z) \pm U(z)G_2(z)$$

即

$$G(z) = \frac{Y(z)}{U(z)} = G_1(z) \pm G_2(z) \tag{6-29}$$

6.3.4 闭环系统的脉冲传递函数

6.3.4.1 闭环系统脉冲传递函数的一般计算方法

求闭环系统脉冲传递函数一般是采用按定义计算的方法,即在已知系统的结构图中注明各环节的输入、输出信号,用代数消元法求出系统输入、输出关系式。众所周知,对于比较复杂的离散控制系统用这种方法计算将是十分复杂和困难的。本章所说对脉冲传递函数的准确计算是指求取输出的Z变换关系式(对于脉冲传递函数不存在的系统)。

例如,如图6-16所示的系统,在这个系统中,连续的输入信号直接进入连续环节$G_1(s)$,如前面所述,在这种情况下,只能求输出信号的Z变换表达式$Y(z)$,而求不出系统的脉冲传递函数$\frac{Y(z)}{U(z)}$。下面我们来求图6-16所示系统的$Y(z)$。

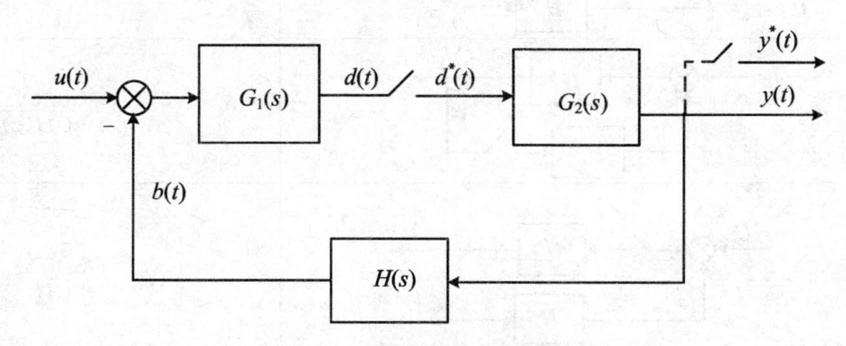

图6-16 闭环采样系统结构图

对于连续环节$G_1(s)$,其输入为$u(t)-b(t)$,输出为$d(t)$,于是有:

$$D(s)=G_1(s)[U(s)-B(s)]=G_1(s)U(s)-G_1(s)B(s) \tag{6-30}$$

对于连续环节$G_2(s)H(s)$,其输入为$d^*(t)$,输出为$b(t)$,于是有:

$$B(s)=G_2(s)H(s)\cdot D^*(s) \tag{6-31}$$

将式(6-31)代入式(6-30),有:

$$D(s)=G_1(s)U(s)-G_1(s)G_2(s)H(s)\cdot D^*(s)$$

对上式采样,有:

$$D^*(s)=[G_1(s)U(s)]^*-[G_1(s)G_2(s)H(s)]^*D^*(s)$$

取Z变换得:

$$D(z)=G_1U(z)-G_1G_2H(z)\cdot D(z) \tag{6-32}$$

所以

$$D(z)=\frac{G_1U(z)}{1+G_1G_2H(z)}$$

因为

$$Y(s)=G_2(s)\cdot D^*(s)$$

采样后

$$Y^*(s)=G_2^*(s)\cdot D^*(s)$$

Z变换得:

$$Y(z)=G_2(z)D(z) \tag{6-33}$$

将式(6-32)代入式(6-33)得:

$$Y(z)=\frac{G_2(z)\cdot G_1U(z)}{1+G_1G_2H(z)} \tag{6-34}$$

由式(6-34)知,解不出$\frac{Y(z)}{U(z)}$,但有了$Y(z)$,仍可由Z反变换求输出的采样信号$y^*(t)$。

表6-2列出了部分离散系统结构图及其脉冲传递函数。

表 6-2　部分离散系统结构图及其脉冲传递函数

	结构图	$Y(z)$
1	U, $-$, G, Y, H	$Y(z)=\dfrac{G(z)U(z)}{1+G(z)H(z)}$
2	U, $-$, G, Y, H	$Y(z)=\dfrac{GU(z)}{1+GH(z)}$
3	U, $-$, G, Y, H	$Y(z)=\dfrac{G(z)U(z)}{1+GH(z)}$
4	U, $-$, G_1, G_2, Y, H	$Y(z)=\dfrac{G_2(z)G_1U(z)}{1+G_1G_2H(z)}$
5	U, $-$, G_1, G_2, Y, H	$Y(z)=\dfrac{G_1(z)G_2(z)U(z)}{1+G_1(z)G_2H(z)}$
6	U, $-$, G, Y, H	$Y(z)=\dfrac{G(z)U(z)}{1+G(z)H(z)}$
7	U, $-$, G_1, G_2, G_3, Y, H	$Y(z)=\dfrac{G_2(z)G_3(z)G_1U(z)}{1+G_2(z)G_1G_3H(z)}$
8	U, $-$, G_1, G_2, Y, H	$Y(z)=\dfrac{G_2(z)G_1U(z)}{1+G_2(z)G_1H(z)}$

6.3.4.2 闭环系统脉冲传递函数的简易计算方法

这里我们介绍一种脉冲传递函数的简易计算方法：

(1) 将离散系统中的采样开关去掉，求出对应连续系统的输出表达式。

(2) 表达式中各环节乘积项需逐个决定其“*”号。方法是：乘积项中某项与其余相乘项两两比较，当且仅当该项与其中任一相乘项均被采样开关分隔时，该项才能打“*”号。否则需相乘后才打“*”号。

(3) 取Z变换，把有“*”号的单项中的s变换为z，多项相乘后仅有一个“*”号的其Z变换等于各项传递函数乘积的Z变换。

下面举例以示。

例6-9 系统如图6-17所示，求该系统的脉冲传递函数。

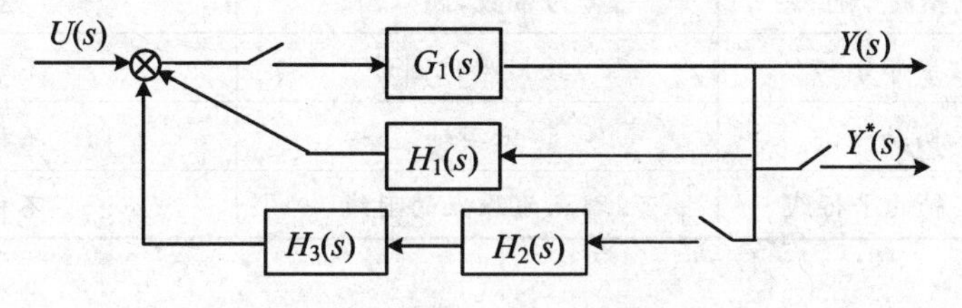

图6-17 例6-9系统结构图

解：显然该系统可用简易法计算，去掉采样开关后，连续系统的输出表达式为：

$$Y(s)=\frac{G_1(s)U(s)}{1+G_1(s)[H_1(s)+H_2(s)H_3(s)]}$$

$$=\frac{G_1(s)U(s)}{1+G_1(s)H_1(s)+G_1(s)H_2(s)H_3(s)}$$

对上式进行脉冲变换(加“*”)

$$Y^*(s)=\frac{G_1^*(s)U^*(s)}{1+[G_1(s)H_1(s)]^*+G_1^*(s)[H_2(s)H_3(s)]^*}$$

变量置换得：

$$Y(z)=\frac{G_1(z)U(z)}{1+G_1H_1(z)+G_1(z)H_2H_3(z)}$$

6.4 离散控制系统性能分析

本节中我们首先从s域与z域的对应关系出发，介绍离散系统的稳定条件及判定方法；然后介绍离散系统的稳态误差，最后介绍离散系统的动态性能分析。

6.4.1 离散系统的稳定性分析

连续系统的稳定性分析基于闭环系统特征根在s平面中的位置，若系统特征根全部在虚轴左边，则系统稳定。若要在z平面上来研究离散系统的稳定性，至关重要的是要弄清s平面与z平面的关系(表6-3)。

6.4.1.1 z 平面与 s 平面的影射关系

在定义 Z 变换时,因为令

$$z = \mathrm{e}^{Ts}$$

将 s 平面虚轴的表达式 $s=\mathrm{j}\omega$ 代入 $z=\mathrm{e}^{Ts}$,得 $z=\mathrm{e}^{\mathrm{j}\omega T}$。此式表示的是 z 平面上模始终为 1(与 ω 无关)、幅角为 ωT 的复变数。

表 6-3 z 平面与 s 平面的影射关系对应表

s 平面	z 平面	稳定性讨论
$\sigma=0$,虚轴	$r=1$,单位圆	稳定边界
$\sigma<0$,左半部分	$r<1$,单位圆内	稳定
σ 为常数,虚轴的平行线	r 为常数,圆心圆	稳定
$\sigma>0$,右半部分	$r>1$,单位圆外	不稳定
$\omega=0$,实轴	正实轴	不稳定
ω 为常数,实轴的平行线	端点为原点的射线	不稳定

6.4.1.2 离散系统稳定的充要条件

根据在 s 平面系统稳定的条件是极点 $\sigma<0$ 可知,离散系统稳定的条件是 $r<1$,即所有的闭环极点均应分布在 z 平面的单位圆内。只要有一个在单位圆外,系统就不稳定;有一个在单位圆上时,系统处于稳定边界。

判断系统稳定与否,对于一、二阶系统,可以直接解出特征根,再加以鉴别。对于高于二阶的系统,直接求解特征根的方法则不可取,目前已有一些间接判定的方法可采用。

例 6-10 图 6-18 所示系统中,设采样周期 $T=1$ s,试分析当 $K=4$ 和 $K=5$ 时系统的稳定性。

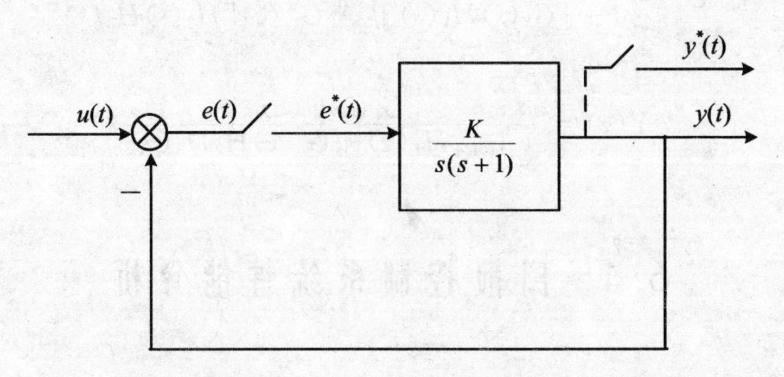

图 6-18 例 6-10 的采样系统

解:系统连续部分的传递函数为:

$$G(s)=\frac{K}{s(s+1)}$$

则

$$G(z)=Z\left[\frac{K}{s(s+1)}\right]=\frac{Kz\left[1-\mathrm{e}^{-T}\right]}{(z-1)(z-\mathrm{e}^{-T})}$$

所以,系统的闭环脉冲传递函数为:

$$\varphi_{cr}(z)=\frac{Y(z)}{U(z)}=\frac{G(z)}{1+G(z)}=\frac{Kz(1-e^{-T})}{(z-1)(z-e^{-T})+Kz(1-e^{-T})}$$

系统的闭环特征方程为：

$$(z-1)(z-e^{-T})+Kz(1-e^{-T})=0$$

① 将 $K=4, T=1$ 代入方程，得：

$$z^2+1.16z+0.368=0$$

解得：

$$z_1=-0.580+j0.178, z_2=-0.580-j0.178$$

z_1、z_2 均在单位圆内，所以系统是稳定的。

② 将 $K=5, T=1$ 代入方程，得：

$$z^2+1.792z+0.368=0$$

解得：

$$z_1=-0.237, z_2=-1.555$$

因为 z_2 在单位圆外，所以系统是不稳定的。

6.4.1.3 劳斯判据在 z 域中的应用

连续系统中的劳斯判据是判别根是否全在左半 s 平面，从而确定系统的稳定性。而在 z 平面内，稳定性取决于根是否全在单位圆内。因此劳斯判据是不能直接被应用的，如果将 z 平面再复原到 s 平面，则系统的方程中又将出现超越函数。所以我们想法再寻找一种新的变换，使 z 平面的单位圆内映射到一个新的平面的虚轴之左。此新的平面我们称为 w 平面，在此平面上，我们就可直接应用劳斯稳定判据了。

作双线形变换得：

$$z=\frac{w+1}{w-1} \tag{6-35}$$

同时有：

$$w=\frac{z+1}{z-1} \tag{6-36}$$

例 6-11 设系统的特征方程为：

$$D(z)=45z^3-117z^2+119z-39=0$$

试用 w 平面的劳斯判据判别其稳定性。

解：将

$$z=\frac{w+1}{w-1}$$

代入特征方程得：

$$45\left(\frac{w+1}{w-1}\right)^3-117\left(\frac{w+1}{w-1}\right)^2+119\left(\frac{w+1}{w-1}\right)-39=0$$

两边乘 $(w-1)^3$，化简后得：

$$D(w)=w^3+2w^2+2w+40=0$$

由劳斯表

w^3	1	2	0
w^2	2	40	0

$$\begin{array}{lll} w^1 & -18 & 0 \\ w^0 & 40 & \end{array}$$

分析可知，因为第一列元素有两次符号改变，所以系统不稳定，结论同上例。正如连续系统中介绍的那样，劳斯判据还可以判断出有多少个根在右半平面。本例有两次符号改变，即有两个根在 ω 右半平面，也即有两个根在 z 平面的单位圆外，这是劳斯判据的优点之一。

例 6-12 已知系统结构如图 6-19 所示，采样周期 $T=0.1\ \text{s}$。试判别系统稳定时，K 的取值范围。

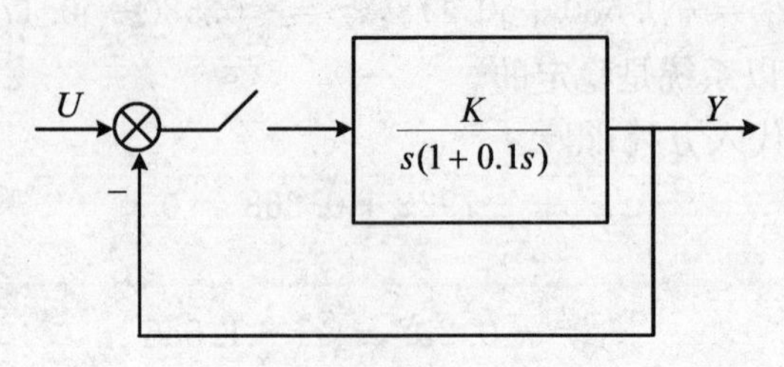

图 6-19 例 6-12 系统结构图

解：因为

$$G(s)=\frac{K}{s(1+0.1s)}=K\left(\frac{1}{s}-\frac{1}{s+10}\right)$$

查表得：

$$G(z)=K\left(\frac{z}{z-1}-\frac{z}{z-\mathrm{e}^{-10T}}\right)$$

因为 $T=0.1\ \text{s}$，$\mathrm{e}^{-1}=0.368$，所以

$$G(z)=\frac{0.632Kz}{z^2-1.368z+0.368}$$

单位反馈系统的闭环传递函数

$$\phi(z)=\frac{G(z)}{1+G(z)}$$

特征方程

$$D(z)=1+G(z)=0$$

即

$$z^2+(0.632K-1.368)z+0.368=0$$

将 $z=\frac{w+1}{w-1}$ 代入上式得：

$$\left(\frac{w+1}{w-1}\right)^2+(0.632K-1.368)\left(\frac{w+1}{w-1}\right)+0.368=0$$

化简后得：

$$0.632Kw^2+1.264w+(2.736-0.632K)=0$$

由劳斯表

$$\begin{array}{lll} w^2 & 0.632K & 2.736-0.632K \\ w^1 & 1.264 & \\ w^0 & 2.736-0.632K & \end{array}$$

分析可知，为使第一列各元素均大于零，有 $K>0$，$2.736-0.632K>0$，所以 $0<K<4.33$。

上面我们直接应用了连续系统的劳斯判据来判别系统稳定性。实际上，一旦获得了 w 平面的特征式 $D(w)$ 后，那么凡是适用于连续系统的判据，均可用来判别采样系统的稳定性。

6.4.2 离散系统的稳态误差

离散系统的稳态误差一般来说分为采样时刻处的稳态误差、由采样时刻之间纹波引起的误差两部分。仅就采样时刻处的稳态误差来说，其分析方法与连续系统类似，同样可以用终值定理来求取；同样与系统的型别、参数及外作用的形式有关。下面仅讨论单位反馈系统在典型输入信号作用下的采样时刻处的稳态误差。

设采样系统的结构如图 6-20 所示。$G(s)$是系统连续部分的传递函数，$e(t)$为连续误差信号，$e^*(t)$为采样误差信号。

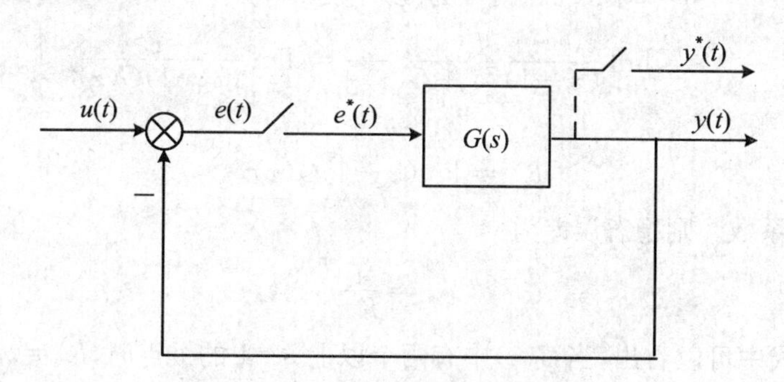

图 6-20 单位反馈采样系统

系统的误差脉冲传递函数为：

$$\phi_{cr}(z)=\frac{E(z)}{U(z)}=\frac{1}{1+G(z)}$$

由此可得误差信号的 Z 变换为：

$$E(z)=\phi_{cr}(z)U(z)=\frac{1}{1+G(z)}U(z)$$

假定系统是稳定的，即 $\phi_{cr}(z)$的全部极点均在 z 平面的单位圆内，则可用终值定理求出采样时刻处的稳态误差为：

$$e_{ss}=e(\infty)=\lim_{z\to1}(z-1)E(z)=\lim_{z\to1}(z-1)\frac{1}{1+G(z)}U(z) \tag{6-37}$$

下面分别讨论三种典型输入信号作用下的系统的稳态误差。

6.4.2.1 单位阶跃输入信号作用下的稳态误差

由 $u(t)=1(t)$，可得：

$$U(z)=\frac{z}{z-1}$$

将此式代入式(6-37)，得稳态误差为：

$$e_{ss}=\lim_{z\to1}(z-1)\frac{1}{1+G(z)}\cdot\frac{z}{z-1}=\lim_{z\to1}\frac{z}{1+G(z)} \tag{6-38}$$

与连续系统类似，定义

$$K_P=\lim_{z\to1}G(z) \tag{6-39}$$

为静态位置误差系数。则稳态误差为：

$$e_{ss}=\frac{1}{1+K_P} \tag{6-40}$$

从 K_P 定义式中可以看出，当 $G(z)$ 中有一个以上 $z=1$ 的极点时，$K_P=\infty$，则稳态误差为零。也就是说，系统在阶跃输入信号作用下，无差的条件是 $G(z)$ 中至少要有一个 $z=1$ 的极点。

6.4.2.2 单位斜坡输入信号作用下的稳态误差

由 $u(t)=t$，可得：

$$U(z)=\frac{Tz}{(z-1)^2}$$

将此式代入式(6-38)，得稳态误差为：

$$\begin{aligned}e_{ss}&=\lim_{z\to1}(z-1)\frac{1}{1+G(z)}\cdot\frac{Tz}{(z-1)^2}\\&=\lim_{z\to1}\frac{Tz}{(z-1)[1+G(z)]}=\lim_{z\to1}\frac{T}{(z-1)G(z)}\end{aligned} \tag{6-41}$$

定义

$$K_v=\lim_{z\to1}(z-1)G(z) \tag{6-42}$$

为静态速度误差系数。则稳态误差为：

$$e_{ss}=\frac{T}{K_v} \tag{6-43}$$

从 K_v 定义式中可以看出，当 $G(z)$ 中有两个以上 $z=1$ 的极点时，$K_v=\infty$，则稳态误差为零。也就是说，系统在斜坡输入信号作用下，无差的条件是 $G(z)$ 中至少要有两个 $z=1$ 的极点。

6.4.2.3 单位抛物线输入信号作用下的稳态误差

由 $u(t)=\frac{1}{2}t^2$，可得：

$$U(z)=\frac{T^2z(z+1)}{2(z-1)^3}$$

将此式代入式(6-38)，得稳态误差为：

$$e_{ss}=\lim_{z\to1}(z-1)\frac{1}{1+G(z)}\frac{T^2z(z+1)}{2(z-1)^3}=\lim_{z\to1}\frac{T^2}{(z-1)^2G(z)} \tag{6-44}$$

定义

$$K_a=\lim_{z\to1}(z-1)^2G(z) \tag{6-45}$$

为静态加速度误差系数。则稳态误差为：

$$e_{ss}=\frac{T^2}{K_a} \tag{6-46}$$

从 K_a 定义式中可以看出，当 $G(z)$ 中有三个以上 $z=1$ 的极点时，$K_a=\infty$，则稳态误差为零。也就是说，系统在抛物线函数输入信号作用下，无差的条件是 $G(z)$ 中至少要有三个 $z=1$ 的极点。

从上面分析中可以看出，采样系统采样时刻处的稳态误差与输入信号的形式及开环脉冲传递函数 $G(z)$ 中 $z=1$ 的极点数目有关。在连续系统的误差分析中，曾以开环传递函数 $G(s)$ 中 $s=0$ 的极点数目(即积分环节数目) v 来命名系统的型别。由于在 z 平面上 $G(z)$ 中

$z=1$的极点数与 s 平面上 $G(s)$ 中 $s=0$ 的极点数是相等的。所以,$G(z)$ 中 $z=1$ 的极点数就是系统的型别号 v,对于 $G(z)$ 中 $z=1$ 的极点数为 0,1,2,…,v 的采样系统,分别称为 0,1,2,…,v 型系统。

总结上面讨论结果,列成表 6-4。从表中可以看出,除了采样时刻处的稳态误差与采样周期 T 有关外,其他规律与连续系统相同。

表 6-4 采样时刻处的稳态误差

系统型别	$u(t)=1(t)$时	$u(t)=t$ 时	$u(t)=\frac{1}{2}t^2$ 时
0	$\frac{1}{(1+K_P)}$	∞	∞
Ⅰ	0	$\frac{T}{K_v}$	∞
Ⅱ	0	0	$\frac{T^2}{K_a}$

例 6-13 采样系统的方框图如图 6-21 所示。设采样周期 $T=0.1$ s,试确定系统分别在单位阶跃、单位斜坡和单位抛物线函数输入信号作用下的稳态误差。

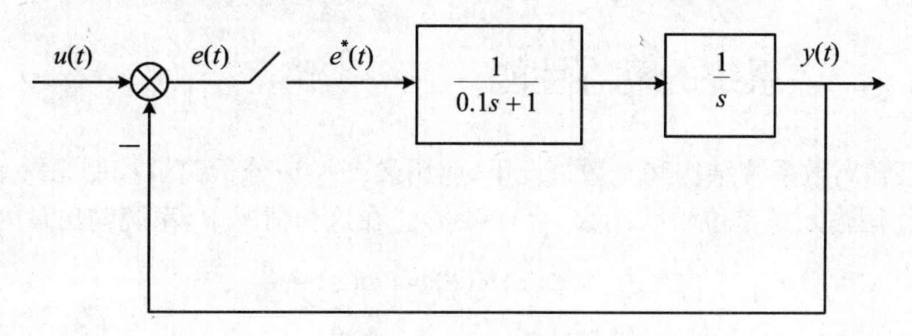

图 6-21 例 6-13 的采样系统方框图

解:系统的开环传递函数为:

$$G(s)=\frac{1}{s(0.1s+1)}$$

系统的开环脉冲传递函数为:

$$G(z)=Z[G(s)]=\frac{z(1-\mathrm{e}^{-1})}{(z-1)(z-\mathrm{e}^{-1})}=\frac{0.632z}{(z-1)(z-0.368)}$$

为应用终值定理,必须判别系统是否稳定,否则求稳态误差没有意义。系统闭环特征方程为:

$$D(z)=1+G(z)=0$$

即

$$(z-1)(z-0.368)+0.632z=0$$

$$z^2-0.736z+0.368=0$$

令 $z=\frac{w+1}{w-1}$代入上式,求得:

$$D(w)=0.632w^2+1.264w+2.104=0$$

由于系数均大于零,所以系统是稳定的。先求出静态误差系数:

静态位置误差系数为：

$$K_{\mathrm{P}}=\lim_{z\to 1}G(z)=\lim_{z\to 1}\frac{0.632z}{(z-1)(z-0.368)}=\infty$$

静态速度误差系数为：

$$K_{\mathrm{v}}=\lim_{z\to 1}(z-1)G(z)=\lim_{z\to 1}\frac{0.632z}{z-0.368}=1$$

静态加速度误差系数为：

$$K_{\mathrm{a}}=\lim_{z\to 1}(z-1)^2G(z)=\lim_{z\to 1}(z-1)\frac{0.632z}{z-0.368}=0$$

所以，不同输入信号作用下的稳态误差为：

(单位阶跃输入信号作用下)$e_{\mathrm{ss}}=\dfrac{1}{1+K_{\mathrm{P}}}=0$

(单位斜坡输入信号作用下)$e_{\mathrm{ss}}=\dfrac{T}{K_{\mathrm{v}}}=\dfrac{0.1}{1}=0.1$

(单位抛物线输入信号作用下)$e_{\mathrm{ss}}=\dfrac{T^2}{K_{\mathrm{a}}}=\infty$

实际上，若从结构图鉴别出系统属Ⅰ型系统，则可根据表 6-4 结论，直接得出上述结果，而不必逐步计算。

6.4.3 离散系统的动态性能

(1) 在已知离散系统结构和参数情况下，应用 Z 变换法分析离散控制系统动态性能时，通常假定外作用输入是单位阶跃函数 $r(t)=1(t)$。在这种情况下，系统输出量的 Z 变换为：

$$C(z)=\Phi(z)R(z)=\Phi(z)\frac{z}{z-1}$$

式中 $\Phi(z)$ 是闭环系统脉冲传递函数。

要确定一个已知系统的动态性能，只要按上式求出 $C(z)$，再利用长除法求 Z 反变换，即可求出输出信号的脉冲序列 $c^*(t)$，它代表了线性离散系统在单位阶跃输入作用下的响应过程。由于离散系统时域指标的定义与连续系统相同，故根据单位阶跃响应曲线 $c^*(t)$ 可以方便地分析离散系统的动态和稳态性能。但是，如果所得性能指标不满足要求，欲寻求改进措施，或者要探讨系统参数对性能的影响，从响应曲线就难以获得应有的信息。

(2) 闭环脉冲传递函数的极点在 z 平面的位置决定相应瞬态分量的性质与特征。当闭环极点位于单位圆内时，对应的瞬态分量是收敛的，故系统是稳定的。当闭环极点位于单位圆外时，对应的瞬态分量均不收敛，产生持续等幅脉冲或发散脉冲，故系统不稳定。极点距离 z 平面坐标原点越近，则衰减速度越快。

通过以上分析可知，为了使采样系统具有良好的过渡过程，其闭环极点应尽量避免配置在单位圆的左半部，尤其不要靠近负实轴。闭环极点最好配置在单位圆的右半部，而且是靠近原点的地方。这样，系统的过渡过程进行的较快，因而系统的快速性较好(图 6-22、图 6-23)。

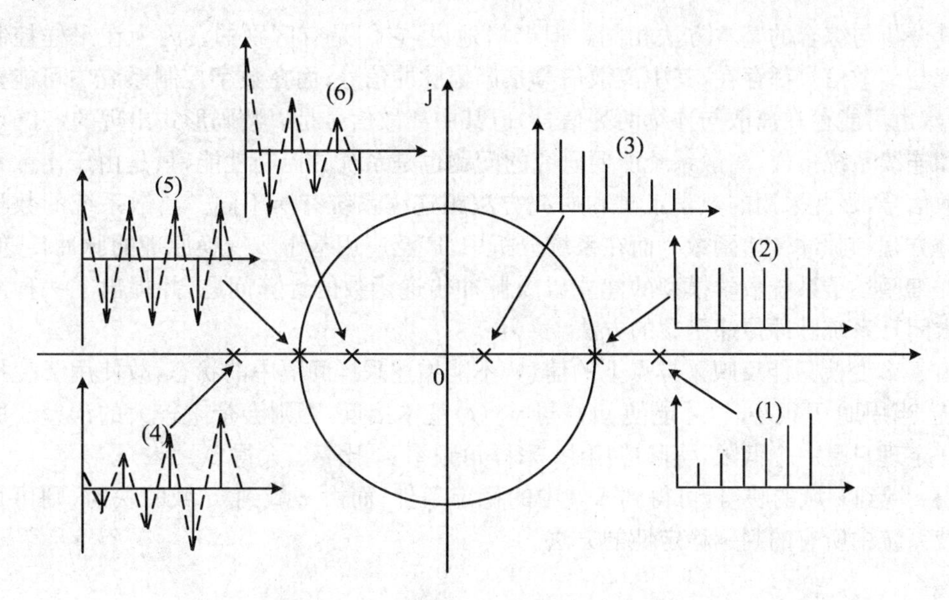

图 6-22　实数极点对应的暂态分量

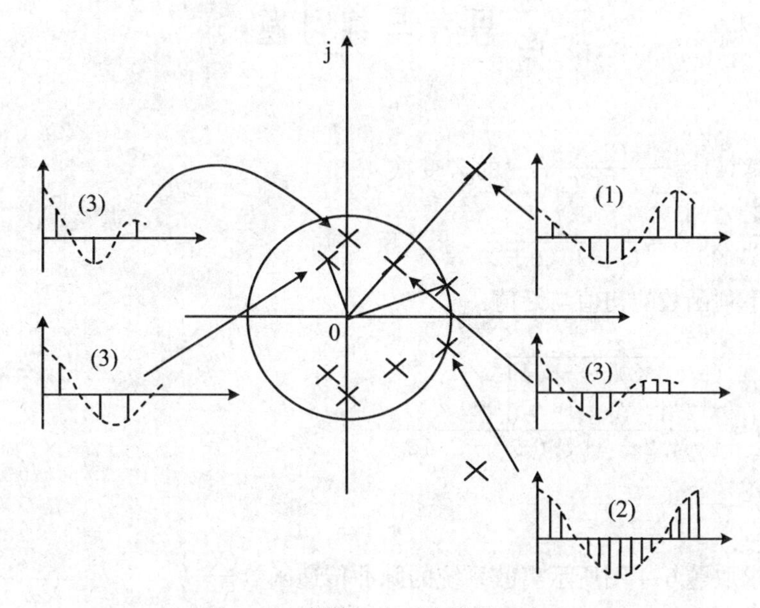

图 6-23　复数极点对应的暂态分量

本 章 小 结

离散控制系统具有精度高、抗干扰性能好、通用性强和控制灵活等优点,因而在控制工程中得到了日益广泛的应用。本章着重讨论了离散控制系统的一些基本原理及分析与综合的方法,为读者进一步学习有关方面内容奠定一个必要的基础。

一般将采样控制系统和数字控制系统视为同一类型,并统称为离散控制系统。这主要是指其分析与综合的基本方法相同。但严格地说,它们是有区别的。因为在采样控制系统中连续与离散信号都存在,其中离散信号是调幅脉冲信号;而在数字控制系统中可能全是离散信号,也可能存在离散与连续两种信号,但其中离散信号是以数码形式出现的。

和连续系统一样,离散系统所要研究的问题也是系统的控制性能,只是由于离散系统含有离散信号,因此采用的数学工具和研究方法跟连续系统有所不同。离散系统的数学模型是差分方程和脉冲传递函数。而在系统分析中,广泛应用基于Z变换原理的脉冲传递函数。本章详细阐述了系统数学模型的建立以及脉冲传递函数的计算问题,并提出了一种简单实用的求闭环系统脉冲传递函数的方法。

由于Z变换只能反映采样点上的信息,不能描述采样间隔中的状态,故使用Z变换法分析系统,当周期 T 很小时,才能使 $y(t)$ 与 $y^*(t)$ 基本接近,否则会带来较大的误差。所以香农采样定理只是一个低限,实际应用中,采样角频率 ω_s 比 ω_{max} 大得多。

由 s 域到 z 域的映射,可得到 z 域中的稳定条件;而由 z 域到 w 域的映射,则可直接应用连续系统中所有的判别稳定性的方法。

思考与练习题

6-1 求 $X(s)=\dfrac{s(2s+3)}{(s+1)^2(s+2)}$ 的Z变换。

6-2 已知 $X(z)=\dfrac{z}{(z+1)(z+2)}$,求Z反变换。

6-3 求下列函数的初值与终值:

(1) $F(z)=\dfrac{z^2}{(z-0.8)(z-0.1)}$;

(2) $F(z)=\dfrac{1+0.3z^{-1}+0.1z^{-2}}{1-4.2z^{-1}+5.6z^{-2}-2.4z^{-3}}$;

(3) $F(z)=\dfrac{z^2}{(z-0.5)(z-1)}$。

6-4 试求取题6-4图所示离散系统的脉冲传递函数 $\dfrac{C(z)}{R(z)}$。

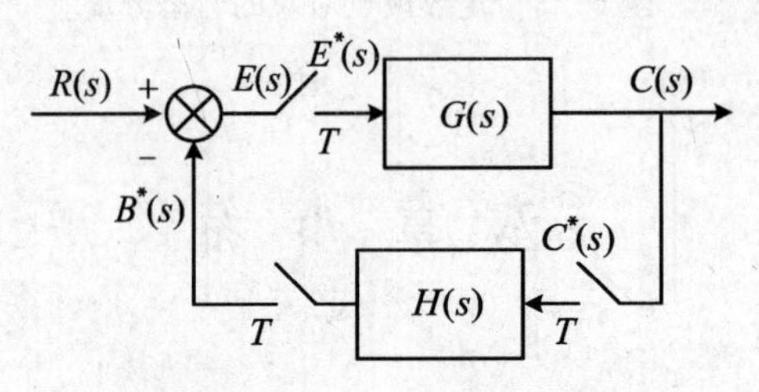

题6-4图 离散系统结构图

6-5 试求取题6-5图所示离散系统输出变量的Z变换 $C(z)$。

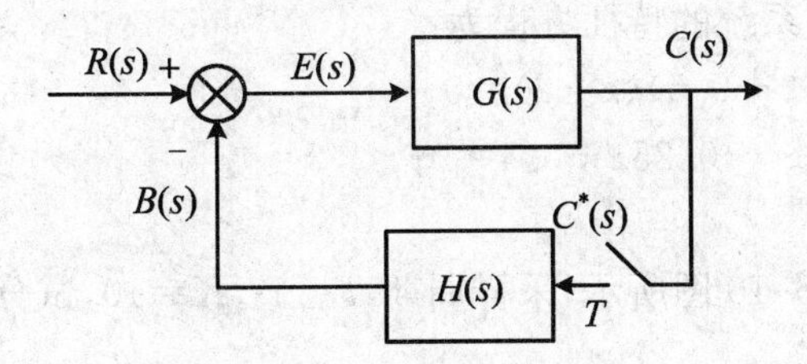

题 6-5 图　离散系统结构图

6-6　求题 6-6 图系统的脉冲传递函数 $\phi(z)=\dfrac{Y(z)}{U(z)}$（假定图中采样开关是同步的）。

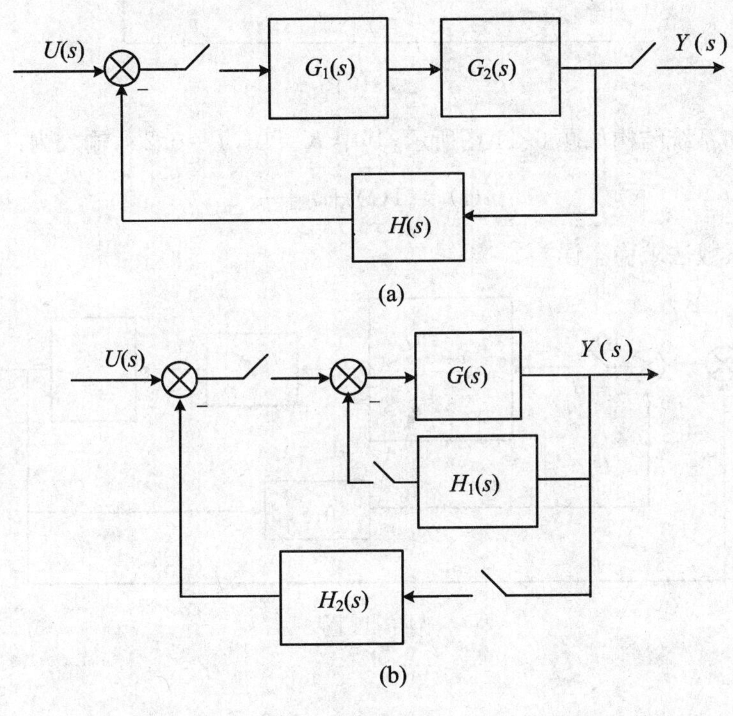

题 6-6 图

6-7　求题 6-7 图示系统的开环脉冲传递函数 $G(z)$ 及闭环脉冲传递函数 $\phi(z)$，其中$T=1$ s。

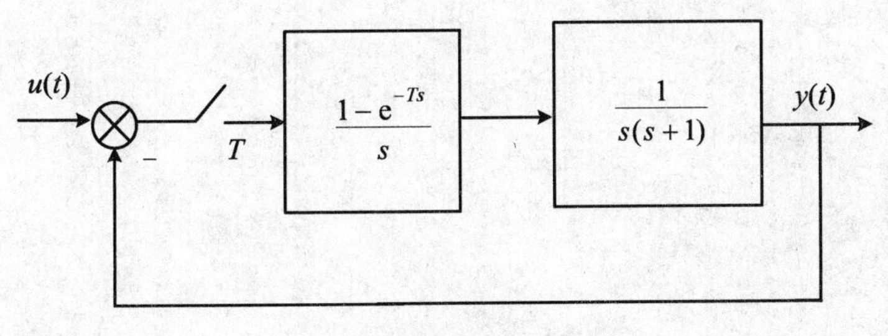

题 6-7 图

6-8　求下面控制器 $G_c(s)$ 的 w 变换表达式：

$$G_c(s)=\frac{10}{s+10}$$

6-9 已知闭环离散系统的特征方程为：

(1) $D(z)=(z+1)(z+0.5)(z+2)=0$；

(2) $D(z)=z^3-1.5z^2-0.25z+0.4=0$；

试判断系统的稳定性。

6-10 设系统如题6-10图所示，采样周期 $T=1s$，$K=10$，试分析系统的稳定性，并求出系统的临界放大系数。

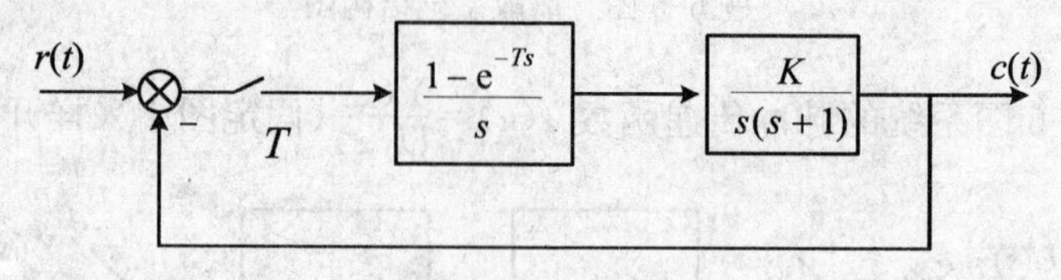

题6-10图

6-11 已知系统结构如题6-11图所示，其中 $K=10$，$T=0.2$ s，输入为：

$$u(t)=1(t)+t+\frac{t^2}{2}$$

试用静态误差系数法求稳态误差。

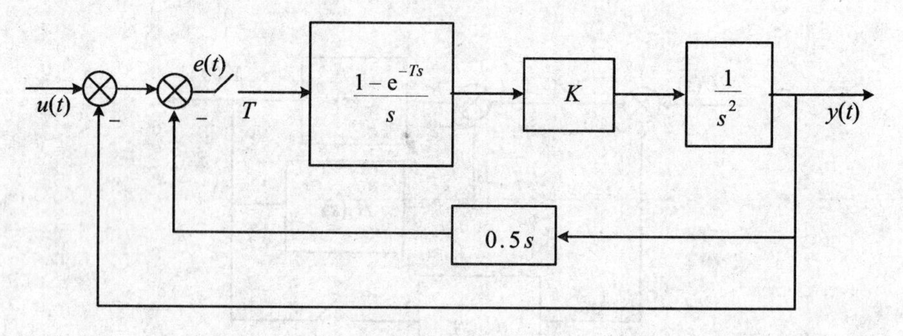

题6-11图

第7章 自动控制系统应用举例

机电传动控制系统主要有直流传动控制系统和交流传动控制系统。直流传动控制系统是以直流电动机为动力,交流传动控制系统则以交流电动机为动力。直流电动机具有良好的调速性能,可以在很宽的范围内平滑调速。所以,到目前为止,直流电动机仍被广泛地应用于对自动控制要求较高的各种生产部门。

最简单的控制系统是继电器—接触器控制系统,它是一种简单的断续控制系统,虽然应用很广,但它还不能满足高度自动化生产的要求。本章介绍的自动控制系统主要是自动调速系统,学习目标如下:

(1) 掌握自动调速系统中各个基本环节,各种反馈环节的作用及特点;

(2) 了解各种常用的自动调速系统的调速原理、特点及适用场所。

7.1 直流调速系统概述

在生产的各个部门,有大量的生产机械要求在不同的场合,用不同的速度进行工作,以提高生产率和保证产品的质量。要求具有速度调节(简称调速)功能的机械很多,如各种机床、轧钢机、起重运输设备、造纸机、纺织机械等。如何根据不同生产机械对调速的要求来选择机电传动控制系统的调速方案,这是本节所要介绍的内容。

调速方法通常有机械、电气、液压、气动几种,仅就机械与电气调速方法而言,也可采用电气与机械配合的方法来实现对速度的调节。电气调速有许多优点,如可简化机械变速机构,提高传动效率,操作简单,易于获得无级调速,便于实现远距离控制和自动控制等,因此,在生产机械中广泛采用电气方法调速。

由于直流电动机具有极好的运动性能和控制特性,尽管它不如交流电动机那样结构简单、价格便宜、制造方便、维护容易,但是长期以来,直流调速系统一直占据垄断地位。当然,近年来,随着计算机技术、电力电子技术和控制技术的发展,交流调速系统发展很快,在许多场合正逐渐取代直流调速系统,但是就目前来看,直流调速系统仍然是自动调速系统的主要形式。在我国许多工业部门,如轧钢、矿山采掘、海洋钻探、金属加工、纺织、造纸以及高层建筑等需要高性能可控电力拖动的场合,仍然广泛采用直流调速系统。而且,直流调速系统在理论上和实践上都比较成熟,从控制技术的角度来看,它又是交流调速系统的基础。因此,我们着重讨论直流调速系统。

7.1.1 直流电机的调速方法

根据直流电机的基本原理，由感应电势、电磁转矩以及机械特性方程式可知，直流电动机的调速方法有三种：

(1) 调节电枢供电电压U。改变电枢电压主要是从额定电压往下降低电枢电压，从电动机额定转速向下变速，属恒转矩调速方法。对于要求在一定范围内无级平滑调速的系统来说，这种方法最好。I_a变化遇到的时间常数较小，能快速响应，但是需要大容量可调直流电源。

(2) 改变电动机主磁通Φ。改变磁通可以实现无级平滑调速，但只能减弱磁通进行调速(简称弱磁调速)，从电机额定转速向上调速，属恒功率调速方法。I_f变化时间遇到的时间常数比I_a变化遇到的要大得多，响应速度较慢，但所需电源容量小。

(3) 改变电枢回路电阻R。在电动机电枢回路外串电阻进行调速的方法，设备简单，操作方便。但是只能进行有级调速、调速平滑性差、机械特性较软，空载时几乎没什么调速作用，还会在调速电阻上消耗大量电能。

电阻调速缺点很多，目前很少采用，仅在一些如起重机、卷扬机及电车等对调速性能要求不高或低速运转时间不长的传动系统中采用。弱磁调速范围不大，往往是和调压调速配合使用，在额定转速以上作小范围的升速。因此，自动控制的直流调速系统往往以调压调速为主，必要时把调压调速和弱磁调速两种方法配合起来使用。

直流电动机电枢绕组中的电流I_a与定子主磁通Φ相互作用，产生电磁力和电磁转矩，电枢因而转动。直流电动机电磁转矩中的两个可控参量Φ和I_a是互相独立的，可以非常方便地分别调节，这种机理使直流电动机具有良好的转矩控制特性，从而有优良的转速调节性能。调节主磁通Φ一般还是通过调节励磁电压来实现。所以，不管是调压调速还是调磁调速，都需要可调的直流电源。

7.1.2 直流调速用可控直流电源

改变电枢电压调速是直流调速系统采用的主要方法，调节电枢供电电压或者改变励磁磁通，都需要有专门的可控直流电源，常用的可控直流电源有以下三种：

(1) 旋转变流机组。用交流电动机和直流发电机组成机组，以获得可调的直流电压。

(2) 静止可控整流器。用静止的可控整流器，如汞弧整流器和晶闸管整流装置，产生可调的直流电压。

(3) 直流斩波器或脉宽调制变换器。用恒定直流电源或不可控整流电源供电，利用直流斩波或脉宽调制的方法产生可调的直流平均电压。

7.1.3 调速系统性能指标

任何一台需要控制转速的设备，其生产工艺对控制性能都有一定的要求。例如，精密机床要求加工精度达到几十微米至几微米；重型机床的进给机构需要在很宽的范围内调速，最高和最低相差近300倍；容量几千千瓦的初轧机轧辊电动机在不到1秒的时间内就得完成从正转到反转的过程;高速造纸机的抄纸速度达到1 000 m/min,要求稳速误差小于0.01%。所有这些要求,都可以转化成运动控制系统的稳态和动态指标,作为设计系统时的依据。

7.1.3.1 转速控制要求

各种生产机械对调速系统有不同的转速控制要求,归纳起来有以下三个方面:

(1) 调速。在一定的最高转速和最低转速范围内,分挡(有级)或者平滑(无级)的调节转速。

(2) 稳速。以一定的精度在所需转速上稳定地运行,不因各种可能的外来干扰(如负载变化、电网电压波动等)而产生过大的转速波动,以确保产品质量。

(3) 加、减速控制。对频繁起、制动的设备要求尽快地加、减速,缩短起、制动时间,以提高生产率;对不宜经受剧烈速度变化的生产机械,则要求起、制动尽量平稳。

以上三个方面有时都须具备,有时只要求其中一项或两项,其中有些方面之间可能还是相互矛盾的。为了定量地分析问题,一般规定几种性能指标,以便衡量一个调速系统的性能。

7.1.3.2 稳态指标

运动控制系统稳定运行时的性能指标称为稳态指标,又称静态指标。例如,调速系统稳态运行时的调速范围和静差率、位置随动系统的定位精度和速度跟踪精度、张力控制系统的稳态张力误差等。下面我们具体分析调速系统的稳态指标。

1. 调速范围 D

生产机械要求电动机能达到的最高转速 n_{max} 和最低转速 n_{min} 之比称为调速范围,用字母 D 表示,即

$$D = \frac{n_{max}}{n_{min}}$$

其中 n_{max} 和 n_{min} 一般指额定负载时的转速,对于少数负载很轻的机械,例如,精密磨床,也可以用实际负载的转速。在设计调速系统时,通常视 n_{max} 为电动机的额定转速 n_{nom}。

2. 静差率 S

当系统在某一转速下运行时,负载由理想空载变到额定负载时所对应的转速降落 Δn_{nom} 与理想空载转速 n_o 之比,称为静差率 S,即

$$S = \frac{\Delta n_{nom}}{n_o} = \frac{\Delta n_{nom}}{n_o} \times 100\%$$

显然,静差率表示调速系统在负载变化下转速的稳定程度,它和机械特性的硬度有关,特性越硬,静差率越小,转速的稳定程度就越高。

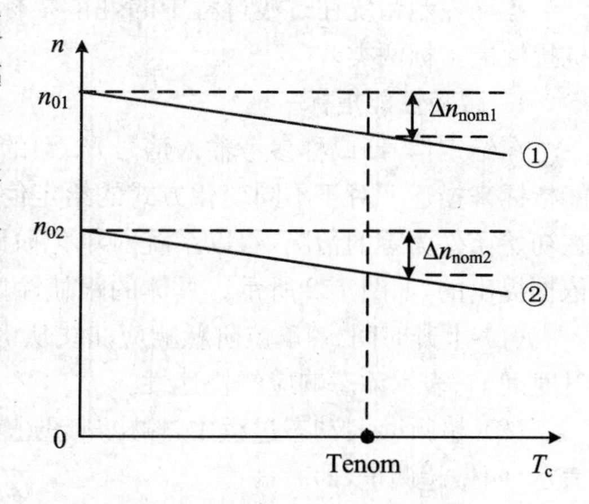

图 7-1 不同转速下的静差率

应当注意,静差率和机械特性的硬度有联系,又有区别。一般调压调速系统在不同转速下的机械特性是互相平行的直线,如图 7-1 中所示的特性①和②互相平行,两者的硬度一样,额定速降 $\Delta n_{nom1} = \Delta n_{nom2}$,但它们的静差率却不同,因为理想空载转速不一样。由于 $n_{o1} > n_{o2}$,所以 $S_1 < S_2$。这表明,对于同样硬度的特性,理想空载转速越低则静差率就越大,转速的稳定程度也就越差。因此,调速范围 D 和静差率

S 这两项指标不是彼此孤立的，必须同时提才有意义。一个调速系统的静差率要求，主要是指最低转速时的静差率；一个调速系统的调速范围，是指在最低转速时还能满足静差率要求的转速变化范围。

3. 调压调速系统中 D、S 和 Δn_{nom} 之间的关系

在直流电动机调压调速系统中，n_{max} 就是电动机的额定速度 n_{nom}，若额定负载时的转速降落为 Δn_{nom}，则系统的静差率应该是最低转速时的静差率，即

$$S=\frac{\Delta n_{nom}}{n_{omin}}$$

而额定负载时的最低转速为：

$$n_{min}=n_{omin}-\Delta n_{nom}$$

由上面两式可得：

$$n_{min}=\frac{\Delta n_{nom}}{S}-\Delta n_{nom}=\frac{\Delta n_{nom}(1-S)}{S}$$

而调速范围为：

$$D=\frac{n_{max}}{n_{min}}=\frac{n_{nom}}{n_{min}}$$

由上面两式可得：

$$D=\frac{n_{nom}S}{\Delta n_{nom}(1-S)}$$

上式表达了调速范围 D、静差率 S 和额定速降 Δn_{nom} 之间应满足的关系。对于同一个调速系统，其特性硬度或 Δn_{nom} 值是一定的，如果对静差率的要求越严（即 S 值越小），系统允许的调速范围 D 就越小。例如，某调速系统电动机的额定转速为 $n_{nom}=1\,430$ r/min，额定速降为 $\Delta n_{nom}=110$ r/min，当要求静差率 $S\leqslant 30\%$ 时，允许的调速范围为：

$$D=\frac{1\,430\times 0.3}{110\times(1-0.3)}=5.57$$

如果要求静差率 $S\leqslant 10\%$，则调速范围只有：

$$D=\frac{1\,430\times 0.1}{110\times(1-0.1)}=1.44$$

7.1.3.3 动态指标

运动控制系统在过渡过程中的性能指标称为动态指标，动态指标包括跟随性能指标和抗扰性能指标两类。

1. 跟随性能指标

在给定信号（或称参考输入信号）$R(t)$ 的作用下，系统输出量 $C(t)$ 的变化情况用跟随性能指标来描述。对于不同变化方式的给定信号，其输出响应不一样。通常，跟随性能指标是在初始条件为零的情况下，以系统对单位阶跃输入信号的输出响应（称为单位阶跃响应）为依据提出的，如图 7-2 所示。具体的跟随性指标有下述几项：

(1) 上升时间 t_r：单位阶跃响应曲线从零起第一次上升到稳态值 C_∞ 所需的时间称为上升时间，它表示动态响应的快速性。

(2) 超调量 σ：动态过程中，输出量超过输出稳态值的最大偏差与稳态值之比，用百分数表示，叫做超调量，即

$$\sigma=\frac{C_{max}-C_\infty}{C_\infty}\times 100\%$$

超调量用来说明系统的相对稳定性，超调量越小，说明系统的相对稳定性越好，即动态响应比较平稳。

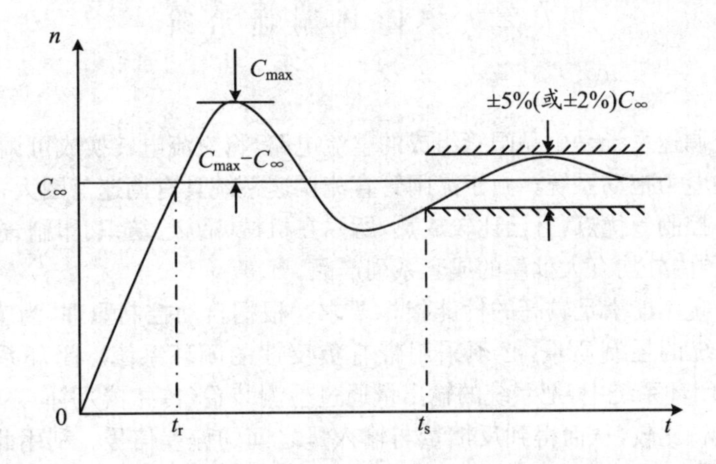

图7-2 表示跟随性能指标的单位阶跃响应曲线

（3）调节时间 t_s：调节时间又称过渡过程时间，它衡量系统整个动态响应过程的快慢。原则上它应该是系统从给定信号阶跃变化起，到输出量完全稳定为止的时间，对于线性控制系统，理论上要到 $t=\infty$ 才真正稳定。实际应用中，一般将单位阶跃响应曲线衰减到与稳态值的误差进入并且不再超出允许误差带（通常取稳态值的 $\pm5\%$ 或 $\pm2\%$）所需的最小时间定义为调节时间，又称为过渡过程时间。t_s 小，表示系统的快速性好。

2. 抗扰性能指标

控制系统在稳态运行中，如果受到外部扰动（如负载变化、电网电压波动），就会引起输出量的变化。经历一段动态过程后，系统总能达到新的稳态，这就是系统的抗扰过程。抗扰性能指标有以下几项：

（1）动态降落 $\Delta C_{max\%}$：系统稳定运行时，突加一定数值的阶跃扰动（例如额定负载扰动）后所引起的输出量最大降落，用原稳态值 $C_{\infty1}$ 的百分数表示，叫做动态降落。

（2）恢复时间 t_v：从阶跃扰动作用开始，到输出量基本上恢复稳态，与新稳态值 $C_{\infty2}$ 误差进入某基准值 C_b 的 $\pm5\%$ 或 $\pm2\%$ 范围之内所需的时间，定义为恢复时间 t_v，其中 C_b 称为抗扰指标中输出量的基准值，视具体情况选定。

上述动态指标都属于时域上的性能指标，它们能够比较直观地反映出生产要求。但是，在进行工程设计时，作为系统的性能指标还有一套频域上的提法。其中，根据系统开环频率特性提出的性能指标为相角裕量 γ 和截止频率 ω_c；根据系统的闭环幅频特性提出的性能指标为闭环幅频特性峰值 M_r 和闭环特性通频带 ω_b。相角裕量 γ 和闭环幅频特性峰值 M_r 反映系统的相对稳定性，开环特性截止频率 ω_c 和闭环特性通频带 ω_b 反映系统的快速性。

实际控制系统对于各种性能指标的要求是不同的，是由生产机械工艺要求确定的。例如，可逆轧机和龙门刨床，需要连续正反向运行，因而对转速的跟随性能和抗扰性能要求都较高，而一般的不可逆调速系统则主要要求一定的转速抗扰性能，工业机器人和数控机床的位置随动系统要有较严格的跟随性能，多机架的连轧机则是要求高抗扰性能的调速系统。一般来说，调速系统的动态指标以抗扰性能为主，随动系统的动态指标则以跟随性能为主。

7.2 单闭环调速系统

晶闸管直流调速系统是由晶闸管组成的整流电路，将交流电转换成可调压的直流电，供给直流电动机的电力拖动系统。由于晶闸管直流调速系统具有调速范围大、精度高、动态性能好、效率高、易控制等优点，且已比较成熟，所以在机械、冶金、纺织、印刷、造纸等许多部门获得广泛使用，国内外均有大批量的成套系列产品。

开环调速系统不能满足较高的性能指标要求。根据自动控制原理，为了克服开环系统的缺点，提高系统的控制质量，必须采用带有负反馈的闭环系统。闭环系统的方框图如图 7-3所示。在闭环系统中，把系统的输出量通过检测装置(传感器)引向系统的输入端，与系统的输入量进行比较，从而得到反馈量与输入量之间的偏差信号。利用此偏差信号通过控制器(调节器)产生控制作用，自动纠正偏差。因此，带输出量负反馈的闭环控制系统具有提高系统抗扰性，改善控制精度的性能，广泛用于各类自动调节系统中。

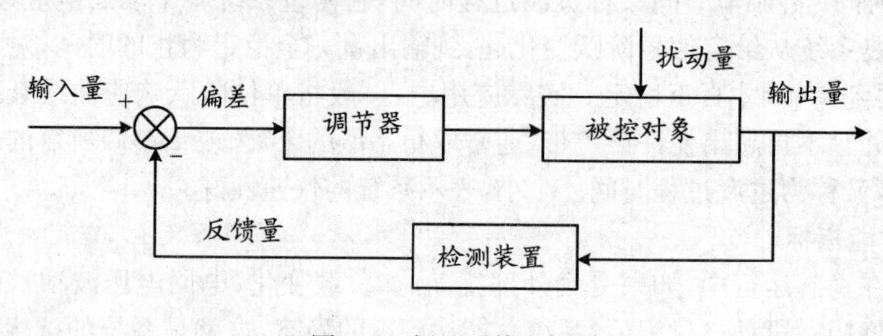

图 7-3　闭环系统方框图

7.2.1 单闭环有静差直流调速系统

对于调速系统来说，输出量是转速，通常引入转速负反馈构成闭环调速系统。

7.2.1.1 系统结构

该系统的主电路采用晶闸管三相全控桥式整流电路，如图 7-4 所示。其输出电压为：

$$u_{do} = 2.34 u_2 \cos\alpha$$

图 7-4 中，放大器为比例放大器(或比例调节器)，直流电动机 M 由晶闸管可控整流器经过平波电抗器 L 供电。整流器整流电压 U_d 可由控制角 α 来改变。触发器的输入控制电压为 U_k。为使速度调节灵敏，使用放大器来把输入信号 ΔU 加以扩大，ΔU 为给定电压 U_g 与速度反馈信号 U_f 的差值。图 7-4 所示为采用晶闸管相控整流器供电的闭环调速系统，因为只有一个转速反馈环，所以称为单闭环调速系统。由图可见，该系统由电压比较环节、放大器、晶闸管整流器与触发装置、直流电动机和测速发电机等部分组成。

7.2.1.2 调速性能

1. 系统的静特性

可控整流器的输出电压为：

$$U_d = K_s U_k = K_s K_P (U_g - \gamma n)$$

于电动机电枢回路,若忽略晶闸管的管压降 ΔE,则有:

$$U_{\mathrm{d}} = K_{\mathrm{e}}\Phi n + I_{\mathrm{a}}R_{\Sigma} = C_{\mathrm{e}}n + I_{\mathrm{a}}R_{\Sigma}$$

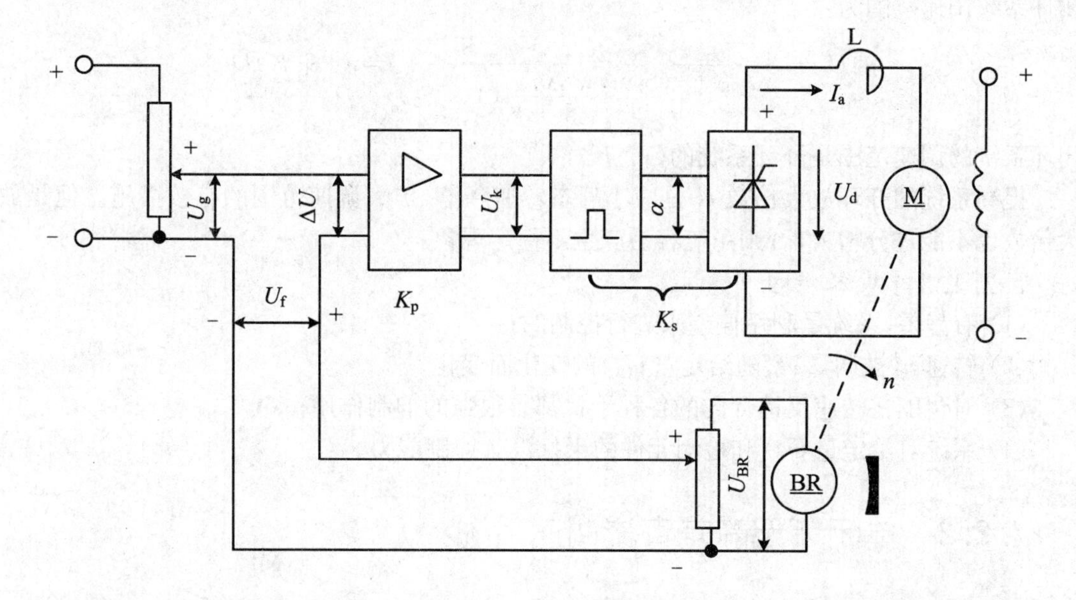

图 7-4 采用转速负反馈的单闭环调速系统

可得带转速负反馈的晶闸管—电动机有静差调速系统的机械特性方程:

$$n = \frac{K_0 U_{\mathrm{g}}}{C_{\mathrm{e}}(1+K)} - \frac{R_{\Sigma}}{C_{\mathrm{e}}(1+K)} I_{\mathrm{a}} = n_{0\mathrm{f}} - \Delta n_{\mathrm{f}}$$

K_{P}——放大器的电压放大倍数;

γ——转速反馈倍数;

$C_{\mathrm{e}} = K_{\mathrm{e}}\Phi$—— 电磁常数;

$K_0 = K_{\mathrm{P}}K_{\mathrm{s}}$——从放大器输入端到可控整流电路输出端的电压放大倍数;

$K = \gamma K_{\mathrm{P}}K_{\mathrm{s}}/C_{\mathrm{e}}$——闭环系统的开环放大倍数。

2. 开环调速系统与闭环调速系统的比较

(1) 在给定电压一定时,有

$$n_{0\mathrm{f}} = \frac{K_0 U_{\mathrm{g}}}{C_{\mathrm{e}}(1+K)} = \frac{n_0}{1+K}$$

闭环系统所需的给定电压 U_{s} 要比开环系统高(1+K)倍。因此,若突然失去转速负反馈,就可能造成严重事故。

(2) 如果将系统闭环与开环的理想空载转速调得一样,即 $n_{0\mathrm{f}} = n_0$,则

$$\Delta n_{\mathrm{f}} = \frac{R_{\Sigma}}{C_{\mathrm{e}}(1+K)} I_{\mathrm{a}} = \frac{\Delta n}{1+K}$$

在同一负载电流下,闭环系统的转速降仅为开环系统转速降的$\frac{1}{1+K}$倍,从而大大提高了机械特性的硬度,使系统的静差度减少。

(3) 在最大运行转速 $n_{\max}$ 和低速时的最大允许静差度 S_2 不变的情况下,开环系统的调速范围为:

$$D=\frac{n_{\max}S_2}{\Delta n_{\mathrm{Nf}}(1-S_2)}$$

闭环系统调速范围为：

$$D_{\mathrm{f}}=\frac{n_{\max}S_2}{\Delta n_{\mathrm{Nf}}(1-S_2)}=\frac{n_{\max}S_2}{\dfrac{\Delta n_{\mathrm{Nf}}}{1+K}(1-S_2)}=(1+K)D$$

闭环系统的调速范围是开环系统的$(1+K)$倍。

提高系统的开环放大倍数 K 是减小静态转速降落、扩大调速范围的有效措施。但是放大倍数也不能过分增大，否则系统容易产生不稳定现象。

7.2.1.3 基本特性

(1) 有静差，系统是利用偏差来进行控制的；

(2) 转速 n(被调量)紧随给定量 U_{n}^* 的变化而变化；

(3) 对包围在转速反馈环内的各种干扰都有很强的抑制作用；

(4) 系统对给定量 U_{n}^* 和检测元件的干扰没有抑制能力。

7.2.2 单闭环无静差直流调速系统

上面介绍的采用比例调节器的单闭环调速系统，其控制作用需要用偏差来维持，属于有静差调速系统，只能设法减少静差，无法从根本上消除静差。对于有静差调速系统，如果是根据稳态性能指标要求计算出系统的开环放大倍数，动态性能可能较差，或根本达不到稳态，也就谈不上是否满足稳态要求。采用比例积分调节器代替比例放大器后，则可以使系统稳定且有足够的稳定裕量。但是采用 PI 调节器之后的系统稳态性能是否满足当时并未提及。通过下面的讨论我们将看到，将比例调节器换成比例积分调节器之后，不仅改善了动态性能，而且还能从根本上消除静差，实现无静差调速。

7.2.2.1 比例积分调节器

图 7-5 所示为用线性集成电路运算放大器构成的比例积分调节器(简称 PI 调节器)的原理图。

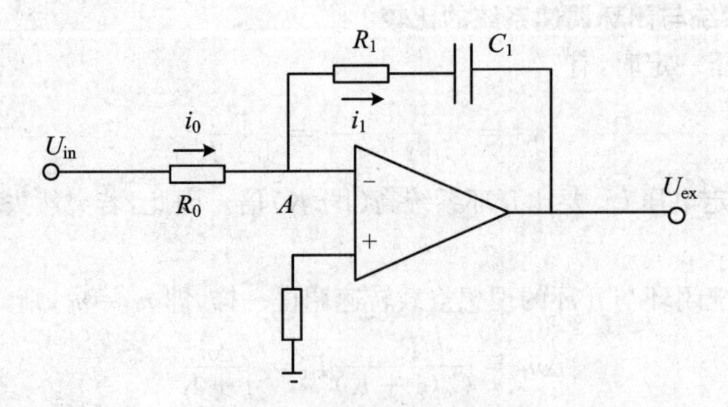

图 7-5　PI 调节器原理图

根据运算放大器的工作原理，我们可以很容易地得到，输入电压：

$$U_{\mathrm{in}}=i_0R_0=i_1R_0$$

输出电压：

$$U_{ex}=-\left(i_1R_1+\frac{1}{C_1}\int i_1\,dt\right)=-\left(K_{PI}U_{in}+\frac{1}{\tau}\int U_{in}dt\right)$$

其中

$$(\text{PI 调节器比例部分的放大系数})\ K_{PI}=\frac{R_1}{R_0}$$

$$(\text{PI 调节器的积分时间常数})\tau=R_0C_1$$

由图 7-6 可见,PI 调节器的输出电压 U_{ex} 由比例和积分两个部分组成,综合了比例控制和积分控制两种规律的优点,又克服了各自的缺点,扬长避短,互相补充。比例部分能够迅速响应控制作用,积分控制则最终消除稳态偏差。作为控制器,比例积分调节器兼顾了快速响应和消除静差两方面的要求;作为校正装置,它又能提高系统的稳定性。所以,PI 调节器在调速系统和其他自动控制系统中得到了广泛应用。

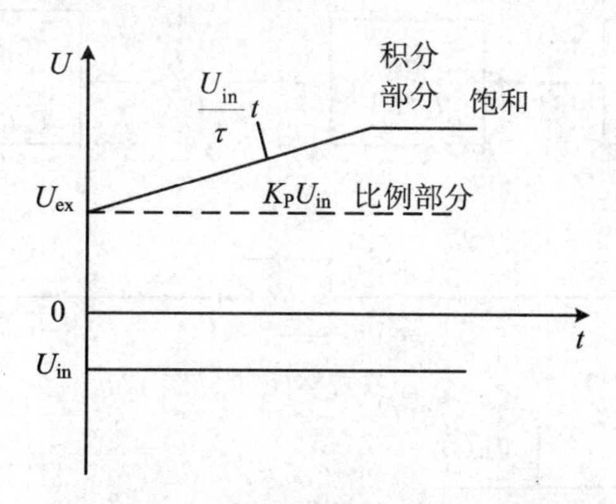

图 7-6　PI 调节器的输入输出特性

7.2.2.2　采用 PI 调节器的单闭环无静差调速系统

图 7-7 绘出了采用 PI 调节器的单闭环无静差调速系统,其中除调节器外,其余与图 7-4 基本相同。

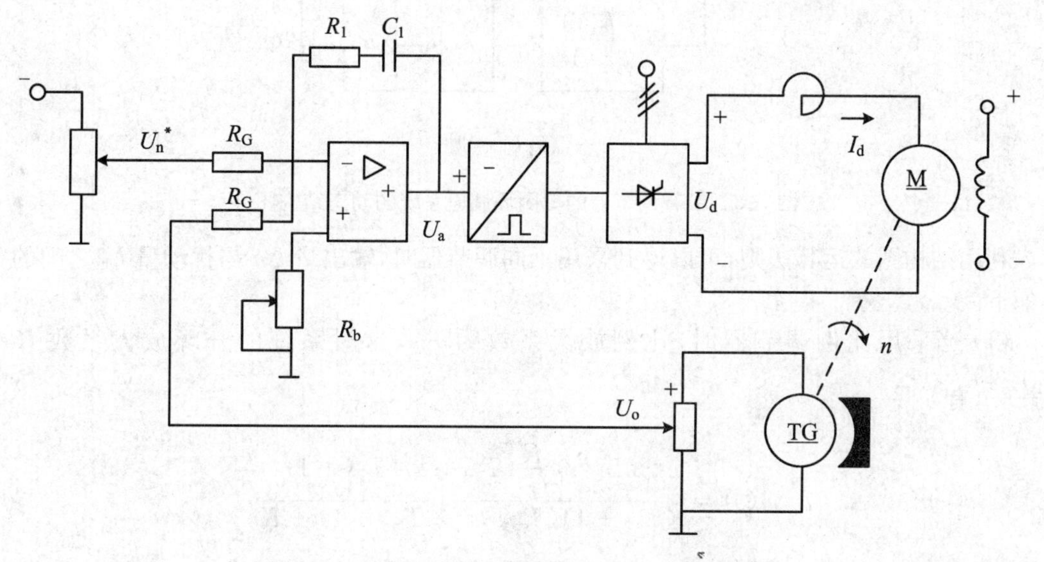

图 7-7　采用 PI 调节器的单闭环无静差调速系统

下面分析这个系统的工作情况。

1. 稳态抗扰误差分析

前面从原理上定性地分析了比例控制、积分控制和比例积分控制规律，现在再用误差分析的方法定量地讨论有静差和无静差问题。

单闭环调速系统的动态结构图如图 7-8(a)所示。图中 A 表示调节器，视调节器不同有不同的传递函数。当 $U_n^*=0$ 时，只有扰动输入量 I_{dL}，这时的输出量就是负载扰动引起的转速偏差(即速降)Δn，可将动态结构图改画成图 7-8(b)的形式。

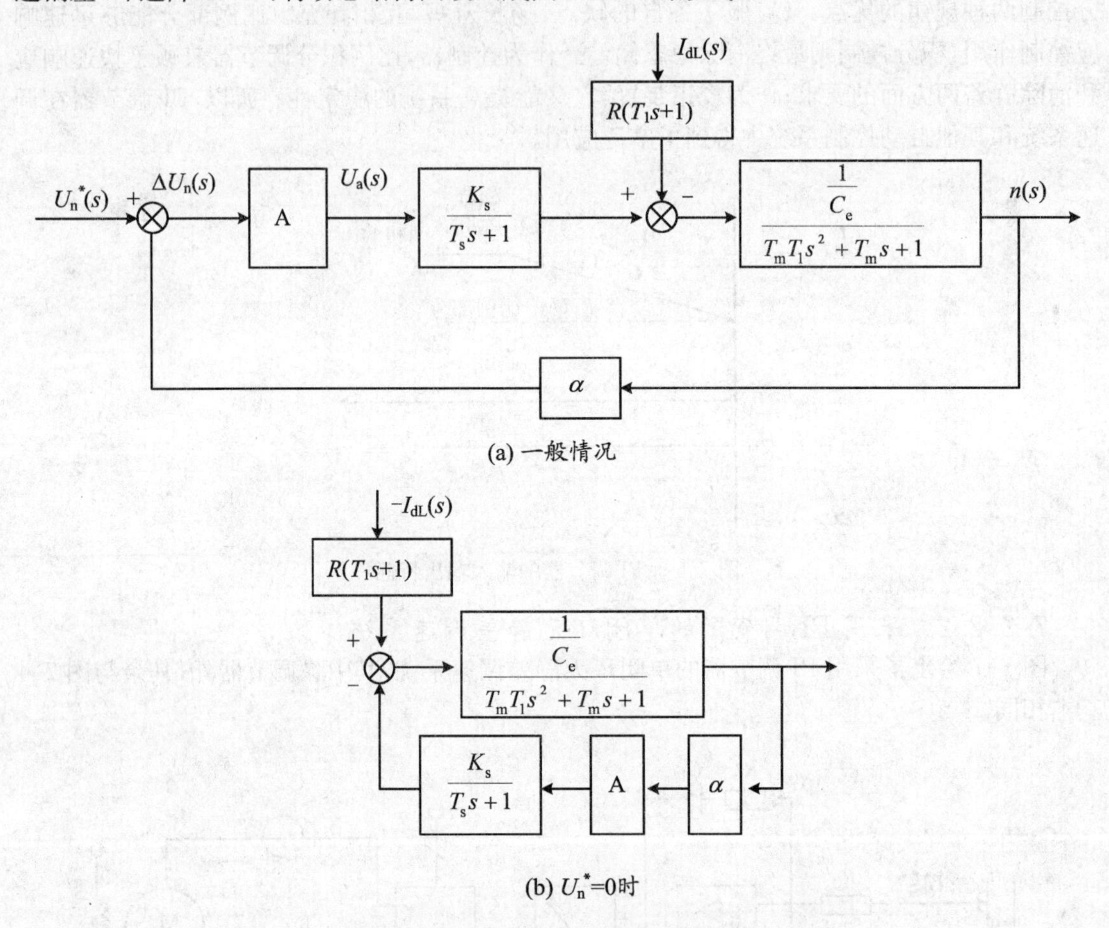

图 7-8 带有调节器的单闭环调速系统的动态结构图

利用结构图的运算法则，可以得到采用不同调节器时，输出量 Δn 与扰动量 I_{dL}之间的关系如下。

(1) 当采用比例调节器时，比例放大系数为 K_P，这时系统的开环放大系数 $K=\frac{K_PK_s\alpha}{C_e}$，有

$$\Delta n(s)=\frac{-I_{dL}(s)\frac{R}{C_e}(T_ss+1)(T_1s+1)}{(T_ss+1)(T_mT_1s^2+T_ms+1)+K}$$

突加负载时，$I_{dL}(s)=\frac{I_{dL}}{s}$。利用拉氏变换的终值定理可以求出负载扰动引起的稳态速度偏差(即稳态速降)为：

$$\Delta n = \lim_{s\to 0} s\Delta n(s)$$

$$= \lim_{s\to 0} s \frac{-\frac{I_{dL}}{s}\frac{R}{C_e}(T_s s+1)(T_1 s+1)}{(T_s s+1)(T_m T_1 s^2 + T_m s+1)+K}$$

$$= -\frac{I_{dL}R}{C_e(1+K)}$$

（2）当采用积分调节器或比例积分调节器时，调节器的传递函数分别为$\frac{1}{\tau s}$和$\frac{K_{PI}(\tau s+1)}{\tau s}$，按照上面的方法可以得到这两种情况下转速偏差$\Delta n$的拉氏变换表达式：

当采用积分调节器时，有

$$\Delta n(s) = \frac{-I_{dL}(s)\frac{R}{C_e}\tau s(T_s s+1)(T_1 s+1)}{\tau s(T_s s+1)(T_m T_1 s^2 + T_m s+1)+\frac{\alpha K_s}{C_e}}$$

当采用比例积分调节器时，有

$$\Delta n(s) = \frac{-I_{dL}(s)\frac{R}{C_e}\tau s(T_s s+1)(T_1 s+1)}{\tau s(T_s s+1)(T_m T_1 s^2 + T_m s+1)+\frac{\alpha K_s K_{PI}}{C_e}(\tau s+1)}$$

突加负载时，$I_{dL}(s)=\frac{I_{dL}}{s}$，利用拉氏变换的终值定理可以求出负载扰动引起的稳态误差都是：

$$\Delta n = \lim_{s\to 0} s\Delta n(s) = 0$$

因此，积分控制和比例积分控制的调速系统，都是无静差的。

上述分析表明，只要调节器上有积分成分，系统就是无静差的，或者说，只要在控制系统的前向通道上的扰动作用点以前含有积分环节，当这个扰动为突加阶跃扰动时，它便不会引起稳态误差。如果积分环节出现在扰动作用点以后，它对消除静差是无能为力的。

2. 动态速降（升）

采用比例积分控制的单闭环无静差调速系统，只是在稳态时无差，动态还是有差的。系统稳态运行时，在抗负载干扰过程中，U_n^* 不变。假定负载干扰是突加的，由 T_{L1} 变到 T_{L2}，开始时电机转速将下降，反馈电压 U_n 也将下降，并产生 ΔU_n，于是 PI 调节器开始调节，其输出电压 U_{ct} 包括了比例与积分两部分。

控制电压 U_{ct} 中的比例部分具有快速响应的特性，可以立即以速度偏差（ΔU_n）起调节作用，加快了系统调节的快速性；U_{ct} 的积分部分可以在转速偏差（ΔU_n）为零时，维持稳定的输出，保证了电机继续稳定运转。在整个调节过程中，比例部分在开始和中间阶段起主要作用，随着转速接近稳态值，比例部分作用变小。积分部分在调节过程的后期起主要作用，而且依靠它最后消除转速偏差。在动态过程中最大的转速降落 Δn_{max} 叫做动态速降（如果突减负载，则为动态速升），这是一个重要的动态性能指标，它表明了系统抗扰的动态性能。

总之，采用 PI 调节器的单闭环调速系统，在稳定运行时，只要 U_n^* 不变，转速 n 的数值也保持不变，与负载的大小无关；但是在动态调节过程中，任何扰动都会引起动态速度变化。因此系统是转速无静差系统。需要指出，“无静差”只是理论上的，因为积分或比例积分调节

器在稳态时电容器 C 两端电压不变，相当于开路，运算放大器的放大系数理论上为无穷大，才能达到输入偏差电压 $\Delta U_n=0$，输出电压 U_{ct} 为任意所需值。实际上，这时的放大系数是运算放大器的开环放大系数，其数值很大，但仍是有限的，因此仍然存在着很小的 Δn，只是在一般精度要求下可以忽略不计而已。

7.3 转速、电流双闭环直流调速系统

转速反馈单闭环调速系统实际上是不能正常工作的。这是由于直流电动机在大阶跃给定下启动时，在启动瞬间反馈电压 $U_n=0$，若给定电压 U_n^* 全部加在调节器输入端，势必造成控制电压 U_{ct} 很大（调节器输出饱和），晶闸管输出电压 U_d 也很大，而造成电动机启动时的过流。

对一般要求不高的调速系统，常常在系统中加入电流截止负反馈环节以限制启动和运行中的过电流。但是这种电路，由于转速反馈信号和电流反馈都加在一个调节器的输入端，这两个反馈信号互相牵制，使系统动、静态特性不够理想。

对于高性能的调速系统，如要求快速启动、制动，动态速降要小等，通常就采用了转速电流双闭环系统。

7.3.1 直流电动机理想启动过程

带电流截止环节的转速单闭环系统在启动时，由于电流负反馈的影响，启动电流上升较慢。该系统不能完全按需要来控制启动电流或转矩，致使电机转速上升也较慢，电机启动过程也大大地延长。这个动态过程曲线如图 7-9(a)所示。

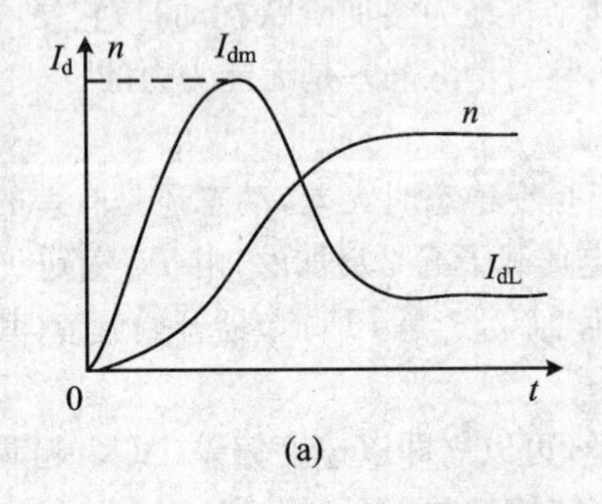

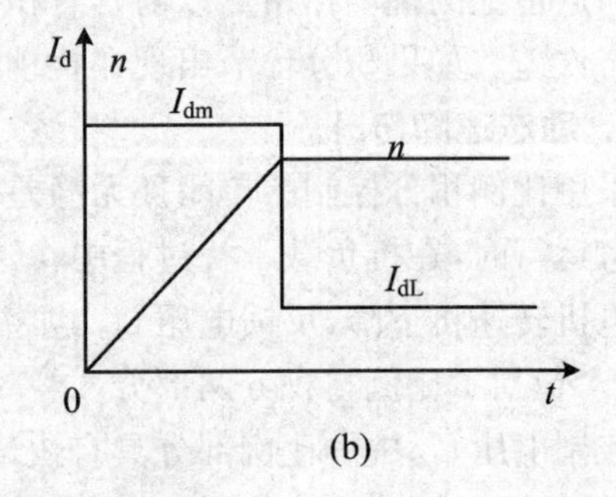

图 7-9　调速系统启动过程的电流和转速波形

理想启动过程如图 7-9(b)所示。在电动机最大允许过载电流条件下，充分发挥其过载能力，使电机在整个过程中始终保持这个最大允许电流值，使电机以尽可能的最大加速度启动直到给定转速，再让启动电流立即下降到工作电流值与负载相平衡而进入稳定运转状态。这样的启动过程其电流呈方形波，而转速是线性上升的。这是在最大允许电流受限制的条件下，调速系统所能达到的最快启动过程。

7.3.2 转速电流双闭环调速系统的组成

为了实现转速和电流两种反馈分别起作用，系统中设置了转速(ASR)和电流(ACR)两个调节器，分别对转速和电流进行调节，两者之间实行串级连接，如图7-10所示。把转速调节器ASR的输出作为电流调节器ACR的输入，用电流调节器的输出去控制晶闸管整流的触发器。从闭环结构上看，电流调节环在里面，是内环；转速调节环在外面，叫做外环。为了获得良好的静、动态性能，双闭环调速系统的两个调节器通常都采用PI调节器。

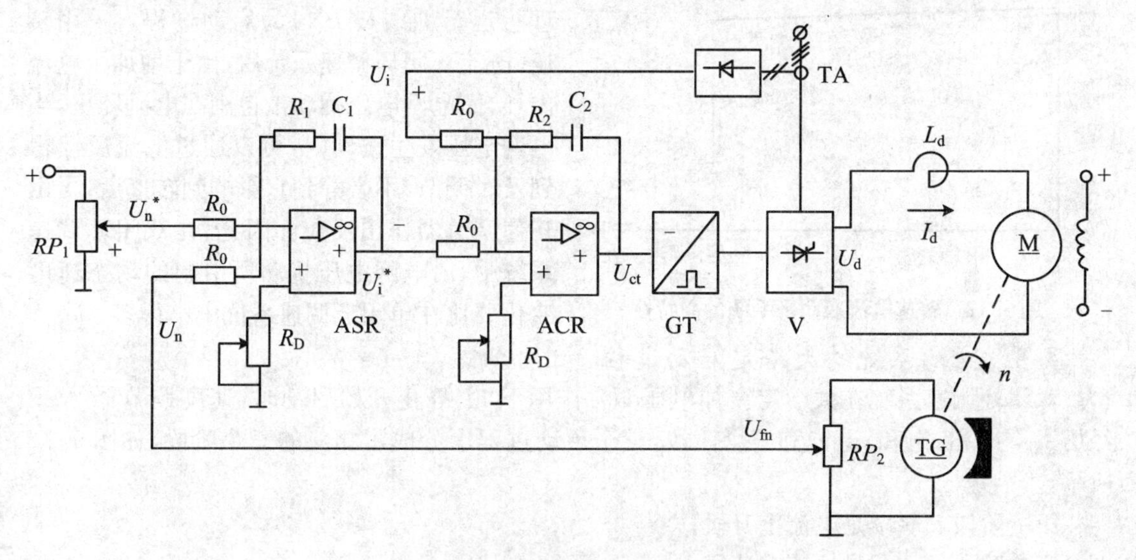

图7-10 转速电流双闭环调速系统

7.3.3 系统的静、动态特性

根据图7-10的原理图，可以很容易地画出双闭环调系统的静态结构图如图7-11所示。

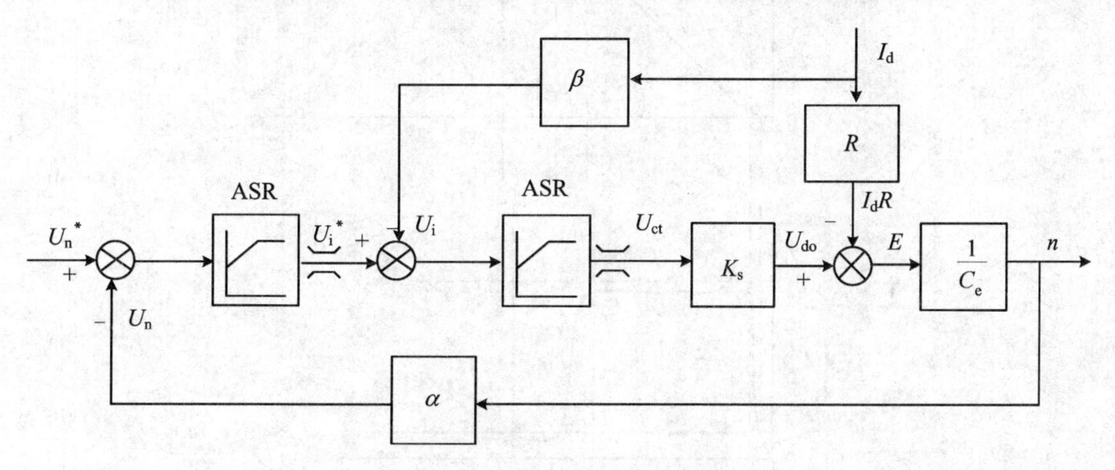

图7-11 双闭环调速系统静态结构图

其中PI调节器用带限幅的输出特性表示，这种PI调节器在工作中一般存在饱和和不饱和两种状况。饱和时输出达到限幅值；不饱和时输出未达到限幅值，这样的稳态特征是分析双闭环调速系统的关键。当调节器饱和时，输出为恒值，输入量的变化不再影响输出，除非输入信号反向使调节器所在的闭环成为开环。当调节器不饱和时，PI 调节器的积分(I)作用使输入偏差电压 ΔU 在稳态时总是等于零。

7.3.3.1 控制量间的关系

当速度调节器(ASR)和电流调节器(ACR)均不饱和限幅时，电机处于稳定运转状态。其静特性如图 7-12 所示。

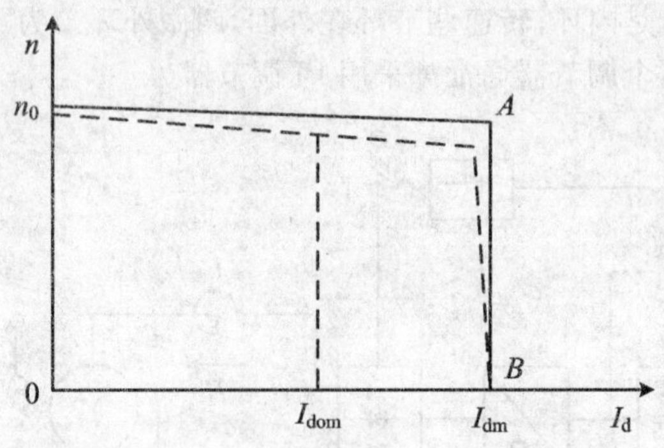

图 7-12 转速电流双闭环系统的静特性

图 7-12 中虚线为实际运行曲线，实线为理想运行曲线，AB 段为启动过程。采用转速、电流双闭环调速系统后，由于增加了电流内环，而电网电压扰动被包围在电流环里，当电网电压发生波动时，可以通过电流反馈得到及时调节，不必等到它影响到转速后，再由转速调节器作出反应。因此，在双闭环调速系统中，由电网电压扰动所引起的动态速度变化要比在单闭环调速系统中小得多。

7.3.3.2 系统的大给定启动过程

双闭环调速系统在大给定突加电压 U_n^* 作用下，由静止开始启动时，速度调节器 ASR 经历了不饱和、饱和、退饱和三个阶段，整个启动过程也分成了相应的三个阶段，如图 7-13 所示：

第一阶段 $t_0 \sim t_1$ 是电流上升段；

第二阶段 $t_1 \sim t_2$ 是恒流升速段；

第三阶段 $t_2 \sim t_4$ 是转速调节阶段。

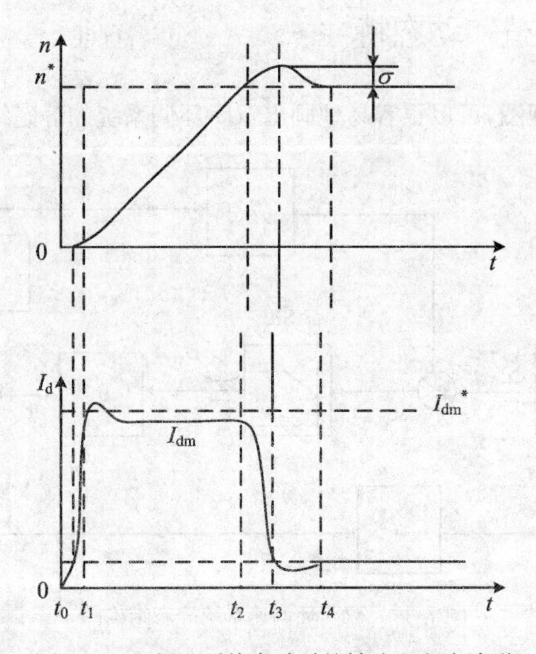

图7-13 双闭环系统启动时的转速和电流波形

7.3.3.3 突加载干扰下的恢复过程

突加干扰作用点在电流环之后时只能靠速度调节器 ASR 来产生抗扰作用。这表明负载干扰出现后，必然会引起动态转速变化。如负载突然增加，转速必然下降，形成动态速降。ΔU_n 的产生，使系统 ASR、ACR 均处于自动调节状态。只要不是太大的负载干扰，ASR、ACR 均不会饱和。由于它们的调节作用，转速在下降到一定值后即开始回升，形成抗扰动的恢复过程。最终使转速回升到干扰发生以前的给定值，仍然实现了稳态无静差的抗扰过程。其转速恢复过程如图 7-14 所示。

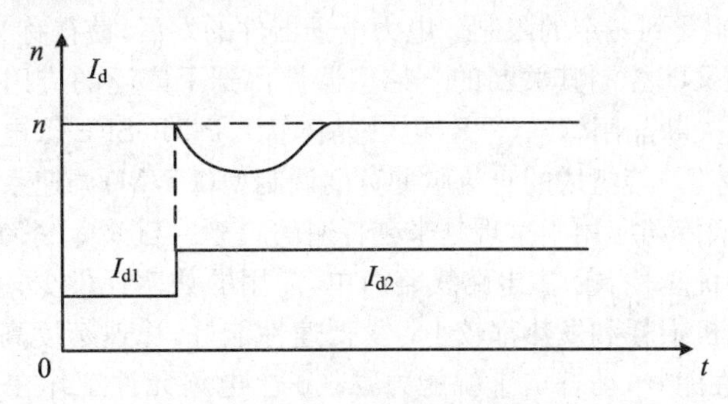

图 7-14 突加扰动下的动态恢复过程

7.3.3.4 电网电压波动时双闭环系统的调节作用

在转速单闭环系统中，电网电压波动的干扰，必将引起转速的变化，然后通过速度调节器来调整转速以达到抗扰的目的。由于机械惯性，这个调节过程显得比较迟钝。但在双闭环系统中，由于电网电压干扰出现在电流环内，当电网电压的波动引起电枢电流 I_d 变化时，这个变化立即可以通过电流反馈环节使电流环产生对电网电压波动的抑制作用。

由于这是一个电磁调节过程，其调节时间比机械转速调节时间短得多，所以双环系统对电网电压干扰的抑制比单环系统快得多，甚至可以在转速 n 尚未显著变化以前就被抑制了。

7.3.4 调节器的作用

1. 转速调节器 ASR 的作用

(1) 使转速 n 跟随给定电压 U_n^* 变化，保证转速稳态无静差；

(2) 对负载变化起抗扰作用；

(3) 其输出限幅值 U_{im}^* 决定电枢主回路的最大允许电流值 I_{dm}。

2. 电流调节器 ACR 的作用

(1) 对电网电压波动起及时抗扰的作用；

(2) 启动时保证获得允许的最大电流 I_{dm}；

(3) 在转速调节过程中，使电枢电流跟随其给定电压值 U_i^* 变化；

(4) 当电机过载甚至堵转时，即有很大的负载干扰时，可以限制电枢电流的最大值，从而起到快速的过流安全保护作用；如果故障消失，系统能自动恢复正常工作。

7.4 脉宽调制(PWM)调速控制系统

20世纪70年代以前，以晶闸管为基础组成的相控整流装置是机电传动中主要使用的变速装置，但是由于晶闸管是一种只能控制其导通不能控制其关断的半控型器件，使得由其构成的V-M系统的性能受到一定的限制。电力电子器件的发展，使得称为第二代电力电子器件的既能控制其导通又能控制其关断的全控型器件得到了广泛的应用，采用全控型电力电子器件GTO(门极可关断晶闸管)、GTR(电力晶体管)、P-MOSFET(电力场效应管)、IGBT(绝缘栅极双极型晶体管)等组成的直流脉冲宽度调制型(PWM)调速系统已发展成熟，用途越来越广，在直流电气传动应用中呈现越来越普遍的趋势。与V-M系统相比，PWM系统在很多方面具有较大的优越性：① 主电路线路简单，需用的功率元件少；② 开关频率高，电流容易连续，谐波少，电机损耗和发热都较小；③ 低速性能好，稳速精度高，调速范围宽；④ 系统频带宽，快速响应性能好，动态抗干扰能力强；⑤ 主电路元件工作在开关状态，导通损耗小，装置效率高；⑥ 直流电源采用不可控三相整流时，电网功率因数高。

脉宽调速系统和V-M系统之间的主要区别在于主电路和PWM控制电路，至于闭环系统以及静、动态分析和设计，基本上都是一样的，不必重复讨论。因此，本节仅就PWM调速系统的几个特有问题进行简单介绍和讨论。

7.4.1 脉宽调制变换器

脉宽调速系统的主要电路采用脉宽调制式变换器，简称PWM变换器。PWM变换器有不可逆和可逆两类，可逆变换器又有双极式、单极式和受限单极式等多种电路。

7.4.1.1 晶体管脉宽调速系统的组成

图7-15所示的系统是采用典型的双闭环原理组成的晶体管脉宽调速系统。BU为电压脉冲变换器，EP为脉冲分配器。

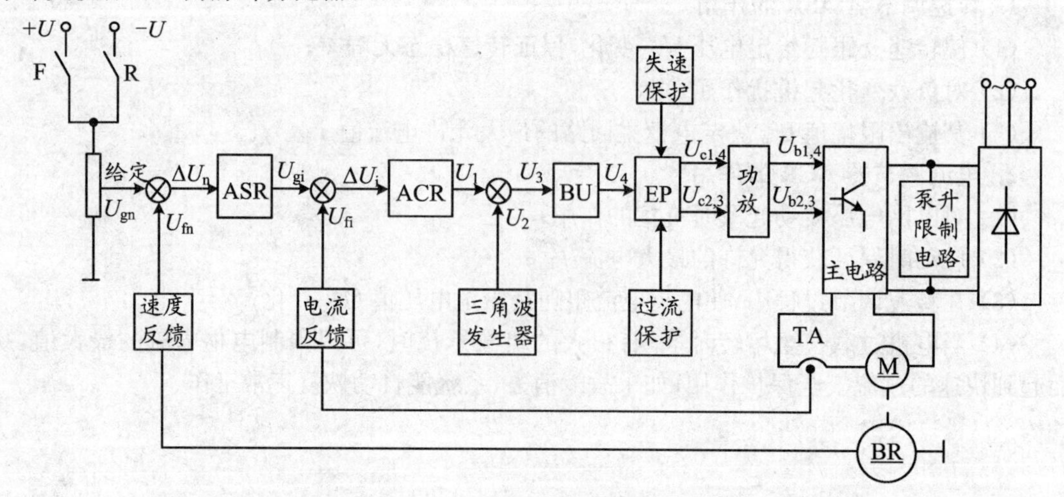

图7-15 晶体管脉宽调速系统方框图

7.4.1.2 脉宽调制的基本原理

PWM驱动装置是利用大功率晶体管的开关特性来调制固定电压的直流电源，按一个固定的频率来接通和断开，并根据需要改变一个周期内“接通”与“断开”时间的长短，通过改变直流伺服电动机电枢上电压的“占空比”来改变平均电压的大小，从而控制电动机的转速。因此，这种装置又称为“开关驱动装置”。

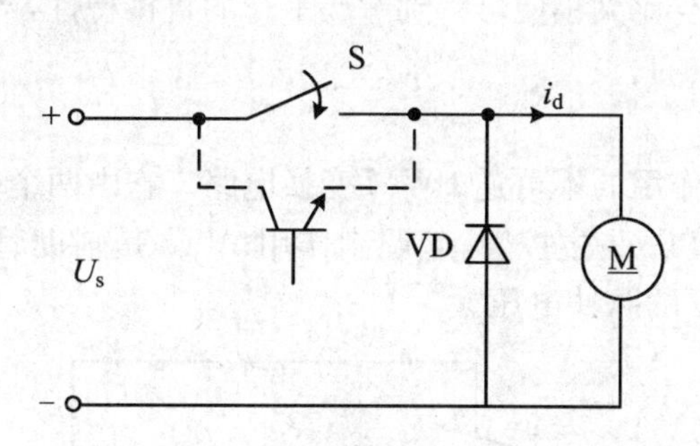

图7-16 PWM控制示意图

PWM控制的示意图如图7-16所示，可控开关S以一定的时间间隔重复地接通和断开，当S接通时，接通供电电源U。通过开关S施加到电动机两端，电源向电机提供能量，电动机储能；当开关S断开时，中断了供电电源U。向电动机提供能量，但在开关S接通期间电枢电感所储存的能量此时通过续流二极管VD使电动机电流继续流通。

7.4.1.3 不可逆PWM变换器

1. 无制动作用

图7-17示其原理，它实际上就是直流斩波器，只是采用了全控式的电力晶体管，以代替必须进行强行关断的晶闸管。电源电压U_s一般由不可控整流电源提供，采用大电容C滤波，二极管VD在晶体管关断时为电枢回路提供释放电感储能的续流回路。

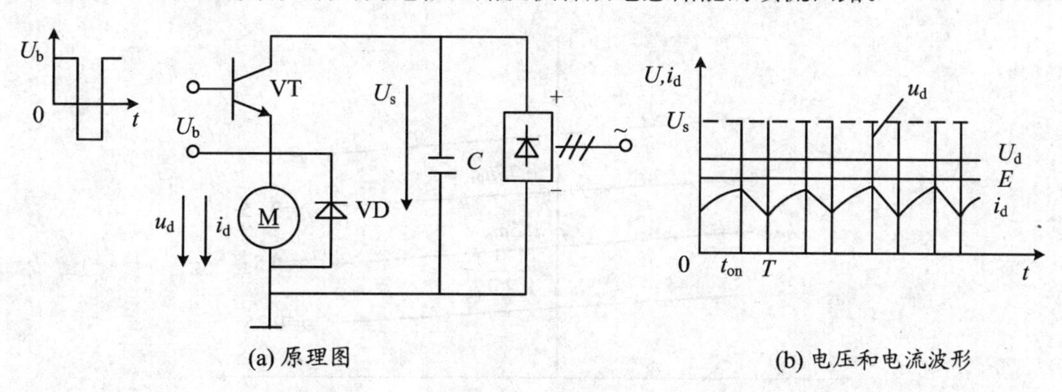

图7-17 简单的不可逆PWM变换器电路

电动机得到的平均端电压为：

$$U_d = \frac{t_{on}}{T}U_s = \rho U_s$$

设连续的电枢脉动电流i_d的平均值为I_d，与稳态转速相应的反电动势为E，电枢回路总电阻为R，则由回路平衡电压方程为：

$$U_d = E + I_d R$$

可推导得机械特性方程：

$$n=\frac{E}{C_e}=\frac{\rho U_s}{C_e}-\frac{I_d R}{C_e}$$

可令 $n_0=r\frac{U}{C_e}$——调速系统的空载转速，与占空比成正比；$\Delta n=I_d\frac{R}{C_e}$——由负载电流造成的转速降，则有 $n=n_0-\Delta n$。

电流连续时，调节占空比大小便可得到一簇平行的机械特性，与晶闸管供电的调速系统且电流连续的情况是一致的。

2. 有制动作用

图 7-18 表示有制动作用的不可逆 PWM 变换电路。它由两个电力晶体管 VT_1、VT_2 与二极管 VD_1、VD_2 组成，VT_1 是主控管，起调制作用；VT_2 是辅助管。它们的基极驱动电压 U_{b1} 和 U_{b2} 是两个极性相反的脉冲电压。

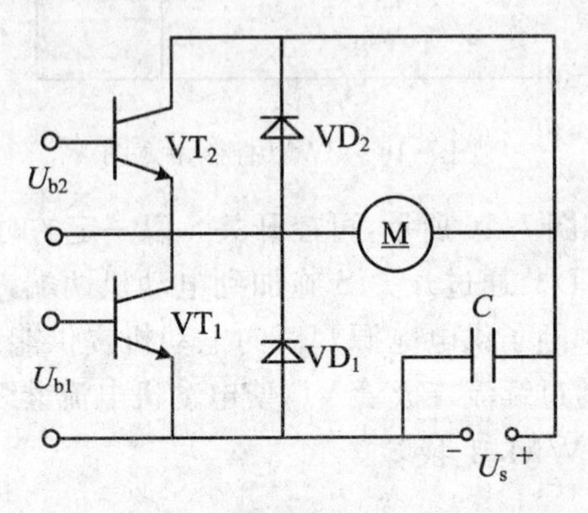

图 7-18　有制动电流通路的不可逆 PWM 变换器

具有制动作用的不可逆 GTR-M 系统的开环机械特性如图 7-19 所示，显然，由于电流可以反向，因而可实现二象限运行，故系统在减速和停车时具有较好的动态性能和经济性。

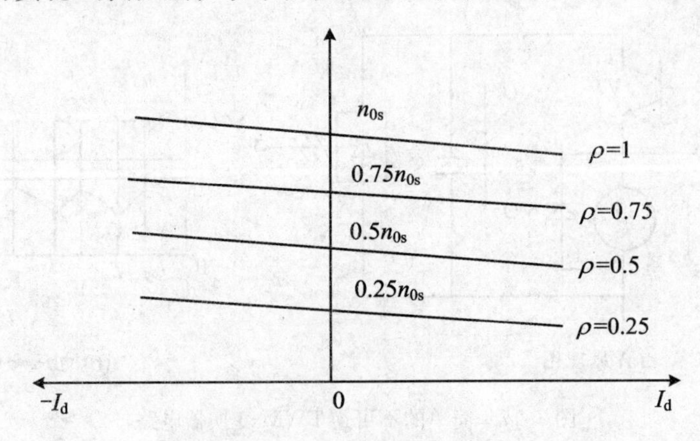

图 7-19　有制动作用的不可逆系统的开环机械特性

7.4.1.4　可逆 PWM 变换器

1. 双极式可逆 PWM 变换器

4 个电力晶体管的基极驱动电压分为两组。VT_1 和 VT_4 同时导通和关断，其驱动电压 $U_{b1}=U_{b4}$；VT_2 和 VT_3 同时动作，其驱动电压 $U_{b2}=U_{b3}=-U_{b1}$。在一个开关周期内 VT_1、VT_4 和 VT_2、VT_3 两组晶体管交替地导通和关断，变换器输出电压 U_{AB} 在一个周期内有正负极性变化，这是双极式 PWM 变换器的特征，也是“双极性”名称的由来。

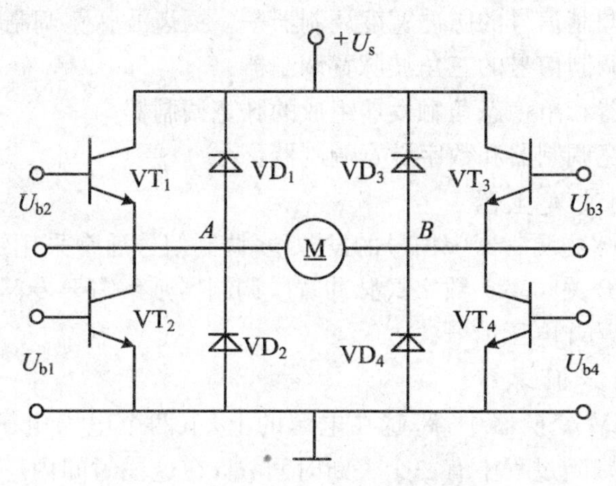

图 7-20 双极式 H 型 PWM 变换器

双极式可逆 PWM 变换器的优点是：电流一定连续，可以使电动机实现四象限动行；电动机停止时的微振交变电流可以消除静摩擦死区；低速时由于每个电力电子器件的驱动脉冲仍较宽而有利于折可靠导通；低速平稳性好，可达到很宽的调速范围。双极式可逆 PWM 变换器存在如下缺点：在工作过程中，4 个电力电子器件都处于开关状态，开关损耗大，而且容易发生上、下两只电力电子器件直通的事故，降低了设备的可靠性。

2. 单极式可逆 PWM 变换器

单极式可逆 PWM 变换器和双极式变换器在电路构成上完全一样，不同之处在于驱动信号。图 7-20 中，左边两个电力电子器件的驱动信号 $U_{b1}=-U_{b2}$，具有和双极式一样的正、负交替的脉冲波形，使 VT_1 和 VT_2 交替导通；右边两个器件 VT_3、VT_4 的驱动信号则按电动机的转向施加不同的控制信号：电动机正转时，使 U_{b3} 恒为负，U_{b4} 恒为正，VT_3 截止 VT_4 常通；电动机反转时，则使 U_{b3} 恒为正，U_{b4} 恒为负，VT_3 常通 VT_4 截止。这种驱动信号的变化显然会使不同阶段各电力电子器件的开关情况和电流流通的回路与双极式变换器相比有不同。当电动机负载较重时电流方向连续不变；负载较轻时，电流在一个开关周期内也会变向。

3. 受限单极式可逆 PWM 变换器

当电动机正转时，让 U_{b2} 恒为负，VT_2 一直截止。

当电动机反转时，让 U_{b1} 恒为负，VT_1 一直截止。

这样，就不会产生 VT_1、VT_2 直通的故障。这种控制方式称作受限单极式。

7.4.2 脉宽调制调速系统的控制电路

PWM 变换器是调速系统的主要电路，对已有 PWM 波形电压信号的产生、分配是 PWM 变换器控制电路的功能，控制电路主要包括脉冲宽度调制控制器 UPW、调制波发生器 GM、逻辑延时环节 DLD 和电力电子器件的驱动保护电路 GD。

7.4.2.1 脉冲宽度调制器

脉冲宽度调制器是控制电路中最关键的部分，是一个电压—脉冲变换装置，用于产生 PWM 变换器所需的脉冲信号——PWM 波形电压信号。脉冲宽度调制器的输出脉冲宽度

与控制电压 U_c 成正比，常用的脉冲宽度调制器有以下几种：

(1) 用锯齿波作调制信号的脉冲宽度调制器——锯齿波脉宽调制器；

(2) 用三角波作调制信号的三角波脉宽调制器；

(3) 用多谐振荡器和单稳态角触发器组成的脉宽调制器；

(4) 集成可调脉宽调制器和数字脉宽调制器。

7.4.2.2　调制波发生器

调制波发生器是脉宽调制器中信号的发源地，调制信号通常采用锯齿波或三角波，其频率是主电路所需要的开关频率。数字式脉冲宽度调制器则不需要专门的调制波发生器。直接由微处理器产生 PWM 电压信号。

7.4.2.3　逻辑延时环节

在 H 型可逆 PWM 变换器中，跨越在电源的上、下两个电力电子器件经常交替工作。由于电力电子器件的判断过程中有一个关断时间 t_{off}，在这段时间内应当关断的元件并未完全关断。如果在此时间内与之相串联的另一个元件已经导通，则将造成上、下两个元件直通，从而使直流电源短路。为了避免这种情况，可以设置逻辑延时环节 DLD，保证在对一个元件发出关断信号后，延迟足够时间再发出对另一个元件的开通信号。由于电力电子的器件的导通时也存在开通时间 t_{on}，因此延迟时间通常大于元件的关断时间就可以了。

7.4.2.4　驱动保护电路

驱动电路的作用是将脉宽调制器输出的脉冲信号经过信号和逻辑延时后，进行功率放大，因驱动电路的具体要求不同亦有区别。因此，不同的电力电子器件其驱动电路也是不相同的。但是，无论什么样的电力电子器件，其驱动电路的设计都要考虑保护和隔离等问题。驱动电路的形式各种各样，根据主电路的结构与工作特点以及它和驱动电路的连接关系，可以有直接驱动和隔离驱动两种方式。设计一个适宜的驱动电路通常不是一件简单的事情，现在已有各种电力电子器件专用的驱动、保护集成电路，例如，用来驱动电力晶体管的 UAA4002、用来驱动 IGBT 的 EXB 系列专用驱动集成电路 EXB840，EXB841，EXB850，EXB851 等。

7.4.3　脉宽调速系统的特殊问题

7.4.3.1　泵升电压问题

当脉宽调速系统的电动机转速由高变低时(减速或者停车)，储存在电动机和负载转动部分的动能将变成电能，并通过 PWM 变换器回馈给直流电源。当直流电源功率二极管整流器供电时，不能将这部分能量回馈给电网，只能对整流器输出端的滤波电容器充电而使电源电压升高，称作“泵升电压”。过高的泵升电压会损坏元器件，因此必须采取预防措施，防止过高的泵升电压出现。

7.4.3.2　开关频率 f 的选择

脉宽调制器的开关频率 $f=\frac{1}{T}$，其大小将多方面影响系统的性能，选择时应考虑下列因素：

(1) 开关频率应当足够高，使电动机的电抗在选定频率下尽量大，使得 $2\pi fL \gg R$，这样才能将电枢电流的脉动量 Δi_d 限制到希望的最小值内，确保电流连续，降低电动机附加损耗。

(2) 开关频率应高于调速系统的最高工作频率(通频带)f_c,一般希望 $f>10f_c$。这样,PWM 变换器的延迟时间 $T(=\frac{1}{f})$对系统动态性能的影响可以忽略不计。

(3) 开关频率 f 还应当高于系统中所有回路的谐振频率,防止引起共振。

(4)开关频率 f 的上限受电力电子器件的开关损耗和开关时间的限制。

本 章 小 结

本章在了解机电传动自动调速系统的组成、生产机械对调速系统提出的调速技术指标要求以及调速系统的调速性质与生产机械的负载特性合理匹配的重要性基础上,以单闭环调速系统、双闭环直流调速系统、脉宽调制(PWM)调速控制系统为例,分析了自动调速系统中各个基本环节、各种反馈环节的作用及特点,介绍了各种常用自动调速系统的调速原理、特点及适用场所,以便根据生产机械的特点和要求来正确选择和使用机电传动控制系统。

思考与练习题

7-1 什么叫调速范围、静度差?它们之间有什么关系?怎样才能扩大调速范围?

7-2 积分调速器在调速系统中为什么能消除系统的静态偏差?在系统稳定运行时,积分调节器输入偏差电压 $\Delta U=0$,其输出电压决定于什么?为什么?

7-3 闭环调速系统对系统中的哪些原因引起的误差能消除?哪些不能?

7-4 简要说明速度电流双闭环调速系统的启动过程。

7-5 简要说明速度电流双闭环调速系统的突加负载的抗扰过程。

7-6 试简述直流脉宽调速系统的基本工作原理和主要特性。

第8章　控制系统的MATLAB仿真

MATLAB语言是当今国际控制界最为流行的控制系统计算机辅助设计语言，它的出现为控制系统的计算机辅助分析和设计带来了全新的手段。其中图形交互式的模型输入计算机仿真环境SIMULINK为MATLAB进一步推广起到了积极作用。现在，MATLAB语言已经风靡全世界，成为控制系统CAD领域最普及，也是最受欢迎的软件环境。本章学习目标：

(1) 了解MATLAB语言的知识和用法；

(2) 运用MATLAB和控制工具箱对线性和离散系统的静态、动态性能进行分析。

8.1　MATLAB简介

8.1.1　MATLAB的概况

MATLAB是矩阵实验室(Matrix Laboratory)之意，是Mathworks公司开发的一种集数值计算、符号计算和图形可视化三大基本功能于一体的，功能强大、操作简单的优秀工程计算应用软件。MATLAB不仅可以处理代数问题和数值分析问题，而且还具有强大的图形处理及仿真模拟等功能，从而能够很好地帮助工程师及科学家解决实际的技术问题。

MATLAB的基本数据单位是矩阵，它的指令表达式与数学、工程中常用的形式十分相似，故用MATLAB来解算问题要比用C、FORTRAN等语言完成相同的事情简捷得多。

当前流行的MATLAB 5.3/SIMULINK 3.0包括拥有数百个内部函数的主包和三十几种工具的工具包(Toolbox)。工具包又可以分为功能性工具包和学科工具包。功能工具包用来扩充MATLAB的符号计算、可视化建模仿真、文字处理及实时控制等功能。学科工具包是专业性比较强的工具包、控制工具包、信号处理工具包、通信工具包等都属于此类。

开放性使MATLAB广受用户欢迎，除内部函数外，所有MATLAB主包文件和各种工具包都是可读可修改的文件，用户可通过对源程序的修改或加入自己编写的程序构造新的专用工具包。

MATLAB的语法规则类似于C语言，变量名、函数名都与大小写有关，即变量“A”和“a”是两个完全不同的变量。应该注意所有的函数名均由小写字母构成。

MATLAB是一个功能强大的工程应用软件，它提供了相当丰富的帮助信息，同时也提供了多种获得帮助的方法。如果用户第一次使用MATLAB，则建议首先在“≫”提示符下键入“DEMO”命令，它将启动MATLAB的演示程序。用户可以在此演示程序中领略

MATLAB所提供的强大运算和绘图功能。

8.1.2 MATLAB基本操作命令

在 Windows 中双击 MATLAB 图标，会出现 MATLAB 命令窗口（Command Window），在一段提示信息后，出现系统提示符“≫”。MATLAB是一个交互系统，用户可以在提示符后键入各种命令，通过上下箭头可以调出以前输入的命令，用滚动条可以查看以前的命令及其输出信息。

如果对一条命令的用法有疑问的话，可以用 Help 菜单中的相应选项查询有关信息，也可以用 help 命令在命令行上查询，读者可以试一下 help、help help 和 help eig（求特征值的函数）命令。

这里简单介绍与本书内容相关的一些基本知识和操作命令。

8.1.2.1 简单矩阵的输入

MATLAB是一种专门为矩阵运算设计的语言，所以在MATLAB中处理的所有变量都是矩阵。这就是说，MATLAB只有一种数据形式，那就是矩阵，或者数的矩形阵列。标量可看作为1×1的矩阵，向量可看作为 $n\times1$ 或 $1\times n$ 的矩阵。这就是说，MATLAB语言对矩阵的维数及类型没有限制，即用户无需定义变量的类型和维数，MATLAB会自动获取所需的存储空间。

输入矩阵最便捷的方式为直接输入矩阵的元素，其定义如下：

(1) 元素之间用空格或逗号间隔；

(2) 用中括号([])把所有元素括起来；

(3) 用分号(;)指定行结束。

例如，在MATLAB的工作空间中，输入：

```
≫a=[2 3 4; 5 6 9]
```

则输出结果为：

```
a =
  2  3  4
  5  6  9
```

矩阵“a”被一直保存在工作空间中，以供后面使用，直至被修改。

MATLAB的矩阵输入方式很灵活，大矩阵可以分成 n 行输入，用回车符代替分号或用续行符号(…)将元素续写到下一行。例如：

```
a=[1, 2, 3; 4, 5, 6; 7, 8, 9]
a=[ 1 2 3
    4 5 6
    7 8 9]
a=[1, 2, 3; 4, 5, …
    6; 7, 8, 9]
```

以上三种输入方式结果是相同的。一般若长语句超出一行，则换行前使用续行符号(…)。

在MATLAB中，矩阵元素不限于常量，可以采用任意形式的表达式。同时，除了直接输入方式之外，还可以采用其他方式输入矩阵，如：

(1) 利用内部语句或函数产生矩阵；

(2) 利用 M 文件产生矩阵；

(3) 利用外部数据文件装入到指定矩阵。

8.1.2.2 复数矩阵输入

MATLAB 允许在计算或函数中使用复数。输入复数矩阵有两种方法：

(1) a=[12;34]+i*[56;78]

(2) a=[1+5i 2+6i;3+7i 4+8i]

注意，当矩阵的元素为复数时，在复数实部与虚部之间不允许使用空格符。如“1 + 5i”将被认为是“1”和“5i”两个数。另外，MATLAB 表示复数时，复数单位也可以用“j”。

8.1.2.3 MATLAB 语句和变量

MATLAB 是一种描述性语言。它对输入的表达式边解释边执行，就像 BASIC 语言中直接执行语句一样。

MATLAB 语句的常用格式为：

变量=表达式[;]

或简化为：

表达式[;]

表达式可以由操作符、特殊符号、函数、变量名等组成。表达式的结果为一矩阵，它赋给左边的变量，同时显示在屏幕上。如果省略变量名和“=”号，则 MATLAB 自动产生一个名为“ans”的变量来表示结果，如：

```
1900 / 81
```

结果为：

```
ans=
    23.4568
```

“ans”是 MATLAB 提供的固定变量，具有特定的功能，是不能由用户清除的。常用的固定变量还有“eps”、“pi”、“Inf”、“NaN”等。其特殊含义可以自行查阅“帮助”。

MATLAB 允许在函数调用时同时返回多个变量，而一个函数又可以由多种格式进行调用，语句的典型格式可表示为：

[返回变量列表]=fun-name(输入变量列表)

例如，用“bode()”函数来求取或绘制系统的伯德图，可由下面的格式调用：

[mag,phase]=bode(num,den,W)

其中变量“num”、“den”表示系统传递函数分子和分母，“W”表示指定频段，“mag”为计算幅值，“phase”为计算相角。

需注意的问题有以下几点：

· 语句结束键入回车键，若语句的最后一个字符是分号，即“;”，则表明不输出当前命令的结果。

· 如果表达式很长，一行放不下，可以键入“...”(3 个句点，但前面必须有个空格，目的是避免将形如“数 2 ...”理解为“数 2.”与“..”的连接，从而导致错误)，然后回车。

· 变量和函数名由字母加数字组成，但最多不能超过 63 个字符，否则系统只承认前 63

个字符。

· MATLAB变量字母区分大小写，如“A”和“a”不是同一个变量，函数名一般使用小写字母，如“inv(A)”不能写成“INV(A)”，否则系统认为未定义函数。

8.1.2.4　语句以“%”开始和以分号“;”结束的特殊效用

在MATLAB中以“%”开始的程序行表示注解和说明。符号“%”类似于C++中的“//”，这些注解和说明是不执行的。这就是说，在MATLAB程序行中，“%”以后的一切内容都是可以忽略的。

分号用来取消打印，如果语句最后一个符号是分号，则打印被取消，但是命令仍在执行，而结果不再在命令窗口或其他窗口中显示。这一点在M文件中被大量采用，以减少不必要的信息显示。

8.1.2.5　获取工作空间信息

MATLAB开辟有一个工作空间，用于存储已经产生的变量。变量一旦被定义，MATLAB系统会自动将其保存在工作空间里。在退出程序之前，这些变量将被保留在存储器中。

为了得到工作空间中的变量清单，可以在命令提示符“≫”后输入“who”或“whos”命令，当前存放在工作空间的所有变量便会显示在屏幕上。

命令“clear”能从工作空间中清除所有非永久性变量。如果只需要从工作空间中清除某个特定变量，比如“x”，则应输入命令“clear x”。

8.1.2.6　常数与算术运算符

MATLAB采用人们习惯使用的十进制。如：

3　−99　0.0001　9.6397238　1.60210e−20
6.62252e23　2i　−3.14159i　3e5i

其中“i”$=\sqrt{-1}$。

数值的相对精度为eps，它是一个符合IEEE标准的16位长的十进制数，其范围为：$10^{-308}\sim10^{308}$。

MATLAB提供了常用的算术运算符：“+”、“−”、“*”、“/”、“\”、“^”(幂指数)。

应该注意：用“/”右除法和“\”左除法这两种符号对数值操作时，其结果相同，其斜线下为分母，如“1 / 4”与“4 \ 1”，其结果均为“0.25”，但对矩阵操作时，左、右除法是有区别的。

8.1.2.7　选择输出格式

输出格式是指数据显示的格式，MATLAB提供“format”命令可以控制结果矩阵的显示，而不影响结果矩阵的计算和存储。所有计算都是以双精度方式完成的。

(1) 如果矩阵的所有元素都是整数，则矩阵以不带小数点的格式显示。

如输入：

```
x=[-1  0  1]
```

则显示：

```
x=
    -1  0  1
```

如果矩阵中至少有一个元素不是整数，则有多种输出格式。常见格式有以下4种：

① 短格式，也是系统默认格式；

```
format short
```

② 短格式科学表示；

format short e

③ 长格式；

format long

④ 长格式科学表示；

format long e

如：

x=[4/3　1.2345e-6]

对于以上4种格式，其显示结果分别为：

```
x=                                              短格式5位表示
    1.3333    0.0000
x=                                              短格式科学表示
    1.3333e+00    1.2345e-06
x=                                              长格式16位表示
    1.33333333333333    0.00000123450000
x=                                              长格式科学表示
    1.333333333333333e+00    1.234500000000000e+06
```

一旦调用了某种格式，则这种被选用的格式将保持，直到对格式进行了改变为止。

8.1.2.8　MATLAB图形窗口

当调用了一个产生图形的函数时，MATLAB会自动建立一个图形窗口。这个窗口还可分裂成多个窗口，并可在它们之间选择，这样在一个屏上可显示多个图形。

图形窗口中的图形可通过打印机打印出来。若想将图形导出并保存，可用鼠标点击菜单"File|Export"，导出格式可选emp、bmp、jpg等。命令窗口的内容也可由打印机打印出来：如果事先选择了一些内容，则可打印出所选择的内容；如果没有选择内容，则可打印出整个工作空间的内容。

8.1.2.9　剪切板的使用

利用Windows的剪切板可在MATLAB与其他应用程序之间交换信息。

(1) 要将MATLAB的图形移到其他应用程序，首先按"Alt+Print Screen"键，将图形复制到剪切板中，然后激活其他应用程序，选择"Edit"(编辑)中的"Paste"(粘贴)，就可以在应用程序中得到MATLAB中的图形。当然还可以借助于"Copy to Bitmap"或"Copy to Metafile"选项来传递图形信息。

(2) 要将其他应用程序中的数据传递到MATLAB，应先将数据放入剪切板，然后在MATLAB中定义一个变量来接收。如键入："q=[　"。

然后选择"Edit"中的"Paste"，最后加上"]"，这样可将应用程序中的数据送入MATLAB的"q"变量中。

8.1.2.10　Help求助命令和联机帮助

Help求助命令很有用，它对MATLAB大部分命令提供了联机求助信息。你可以从Help菜单中选择相应的菜单，打开求助信息窗口查询某条命令，也可以直接用help命令。

键入"help"。

得到Help列表文件，键入"help 指定项目"，如：

键入“help eig”。

则提供特征值函数的使用信息。

键入“help [”。

显示如何使用方括号等。

键入“help help”。

显示如何利用 Help 本身的功能。

还有，键入“lookfor<关键字>:”可以从 M 文件的 Help 中查找有关的关键字。

8.1.2.11　退出和存入工作空间

退出 MATLAB 可键入“quit”或“exit”或选择相应的菜单. 中止 MATLAB 运行会引起工作空间中变量的丢失，因此在退出前，应键入“save”命令，保存工作空间中的变量以便以后使用。

键入“save”。

则将所有变量作为文件存入磁盘 Matlab. mat 中，下次 MATLAB 启动时，键入“load”将变量从 Matlab. mat 中重新调出。

“save”和“load”后边可以跟文件名或指定的变量名，如仅有“save”时，则只能存入Matlab. mat 中。如“save temp”命令，则将当前系统中的变量存入 temp. mat 中去，命令格式为：

save temp x　　　　仅仅存入 x 变量

save temp X Y Z　　　　则存入 X、Y、Z 变量

“load temp”可重新从 temp. mat 文件中提出变量，“load”也可读 ASCII 数据文件，详细语法见“联机帮助”。

8.1.2.12　MATLAB 编程指南

MATLAB 的编程效率比 BASIC、C、FORTRAN 和 PASCAL 等语言要高，且易于维护。在编写小规模的程序时，可直接在命令提示符“≫”后面逐行输入，逐行执行。对于较复杂且经常重复使用的程序，可按前文介绍的方法进入程序编辑器编写 M 文件。

M 文件是用 MATLAB 语言编写的可在 MATLAB 环境中运行的磁盘文件，它分为脚本文件(Script File)和函数文件(Function File)，这两种文件的扩展名都是“. m”。

(1) 脚本文件是将一组相关命令编辑在一个文件中，也称命令文件。脚本文件的语句可以访问 MATLAB 工作空间中的所有数据，运行过程中产生的所有变量都是全局变量。例如下述语句如果以“. m”为扩展名存盘，就构成了 M 脚本文件，我们不妨将其文件名取为“Step_Response”。

```
%用于求取一阶跃响应。
num=[1 4];
den=[1 2 8];
step(num,den)
```

当键入“help Step_Response 时”，屏幕上将显示文件开头部分的注释：

用于求取一阶跃响应。

很显然，在每一个 M 文件的开头建立详细的注释是非常有用的。由于 MATLAB 提供了大量的命令和函数，想记住所有函数及调用方法一般不太可能，通过联机帮助命令 Help 可容易地对想查询的各个函数的有关信息进行查询。该命令使用格式为：

help 命令或函数名

注意:若用户把文件存放在自己的工作目录上,在运行之前应该使该目录处在 MATLAB 的搜索路径上。当调用时,只需输入文件名,MATLAB 就会自动按顺序执行文件中的命令。

(2) 函数文件是用于定义专用函数的,文件的第一行是以"function"作为关键字引导的,后面为注释和函数体语句。

函数就像一个黑箱,把一些数据送进去,经加工处理,再把结果送出来。在函数体内使用的除返回变量和输入变量这些在第一行 function 语句中直接引用的变量外,其他所有变量都是局部变量,执行完后,这些内部变量就被清除了。

函数文件的文件名与函数名相同(文件名后缀为".m"),它的执行与命令文件不同,不能键入其文件名来运行函数,M 函数必须由其他语句来调用,这类似于 C 语言的可被其他函数调用的子程序。M 函数文件一旦被建立,就可以同 MATLAB 基本函数库一样加以使用。

例 8-1 求一系列数的平均数,该函数的文件名为"mean.m"。

```
function y=mean(x)
%这是一个用于求平均数的函数
w=length(x);                    % length 函数表示取向量 x 的长度
y=sum(x)/w;                     % sun 函数表示求各元素的和
```

该文件第一行为定义行,指明是"mean"函数文件,"y"是输出变量,"x"是输入变量,其后的以"%"开头的文字段是说明部分。真正执行的函数体部分仅为最后两行。其中变量"w"是局部变量,程序执行完后,便不存在了。

在 MATLAB 命令窗口中键入:

```
≫r=1:10;                        % 表示 r 变量取 1 到 10 共 10 个数
mean(r)
```

运行结果显示:

```
ans =
    5.5000
```

该例就是直接使用了所建立的 M 函数文件,求取数列"r"的平均数。

8.1.3 SIMULINK 建模简介

SIMULINK 是 MATLAB 软件的扩展,是由 Math Works 软件公司 1990 年为 MATLAB 提供的新的控制系统模型图形输入仿真工具。它具有两个显著的功能:Simul(仿真)与 Link(连接),亦即可以利用鼠标在模型窗口上"画"出所需的控制系统模型,然后利用 SIMULINK 提供的功能来对系统进行仿真或线性化分析,是实现动态系统建模和仿真的一个软件包。它与 MATLAB 语言的主要区别在于:其与用户交互接口是基于 Windows 的模型化图形输入,其结果是使得用户可以把更多的精力投入到系统模型的构建,而非语言的编程上。下面简单介绍 SIMULINK 建立系统模型的基本步骤:

8.1.3.1 SIMULINK 的启动

在 MATLAB 命令窗口的工具栏中单击按钮或者在命令提示符"≫"下键入"simulink"命令,回车后即可启动 SIMULINK 程序。启动后软件自动打开 SIMULINK 模型库窗口,如图 8-1 所示。这一模型库中含有许多子模型库,如 Sources(输入源模块库)、Sinks(输

出显示模块库)、Nonlinear(非线性环节)等。若想建立一个控制系统结构框图,则应该选择"File | New"菜单中的"Model"选项,或选择工具栏上"New Model"按钮,打开一个空白的模型编辑窗口,如图 8-2 所示。

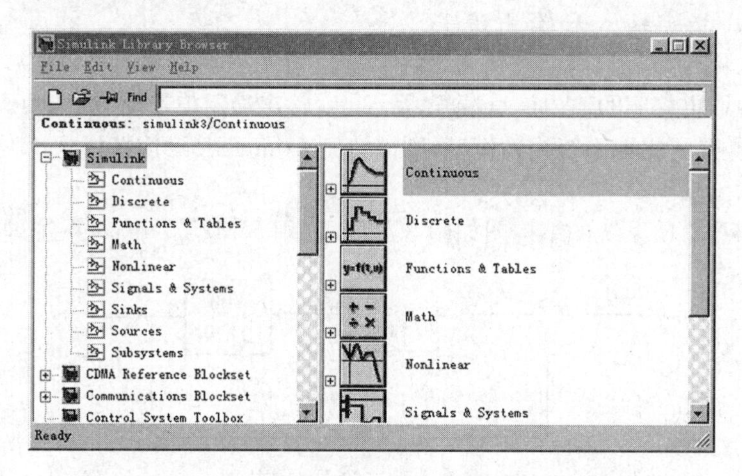

图 8-1 SIMULINK 模型库

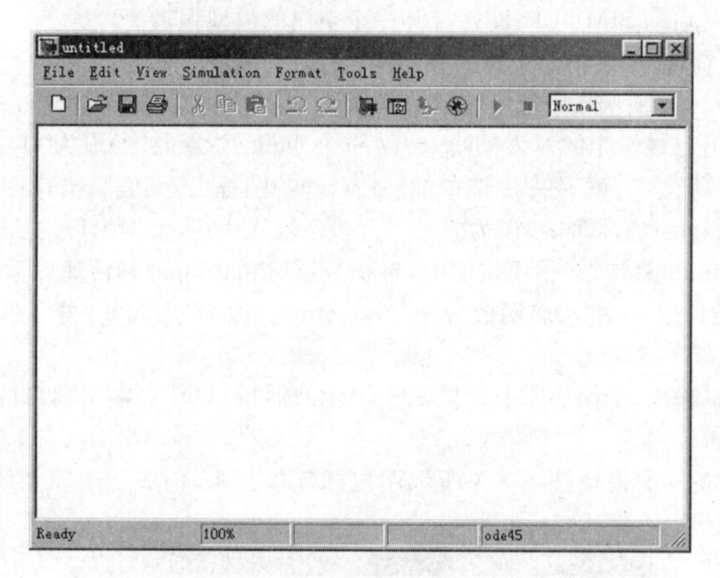

图 8-2 模型编辑窗口

8.1.3.2 画出系统的各个模块

打开相应的子模块库,选择所需要的元素,用鼠标左键点中后拖到模型编辑窗口的合适位置。

8.1.3.3 给出各个模块参数

由于选中的各个模块只包含默认的模型参数,如默认的传递函数模型为$\frac{1}{s+1}$的简单格式,必须通过修改得到实际的模块参数。要修改模块的参数,可以用鼠标双击该模块图标,则会出现一个相应对话框,提示用户修改模块参数。

8.1.3.4 画出连接线

当所有的模块都画出来之后,可以再画出模块间所需要的连线,构成完整的系统。模块间连线的画法很简单，只需要用鼠标点按起始模块的输出端（三角符号），再拖动鼠标，到终止模块的输入端释放鼠标键，系统会自动地在两个模块间画出带箭头的连线。若需要从连线中引出节点，可在鼠标点击起始节点时按住"Ctrl"键，再将鼠标拖动到目的模块。

8.1.3.5 指定输入和输出端子

在 SIMULINK 下允许有两类输入、输出信号，第一类是仿真信号，可从 Source（输入源模块库）图标中取出相应的输入信号端子，从 Sink（输出显示模块库）图标中取出相应输出端子即可。第二类是要提取系统线性模型，则需打开 Connection（连接模块库）图标，从中选取相应的输入、输出端子。

例 8-2 典型二阶系统的结构图如图 8-3 所示，用 SIMULINK 对系统进行仿真分析。

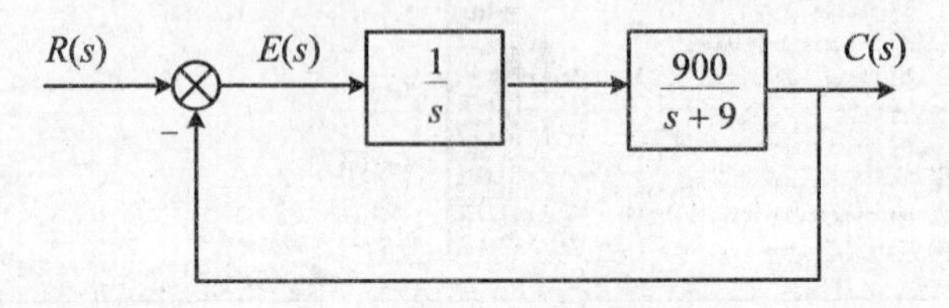

图 8-3 典型二阶系统结构图

按前面步骤，启动 SIMULINK 并打开一个空白的模型编辑窗口。

(1) 画出所需模块，并给出正确的参数：

· 在 Sources 子模块库中选中阶跃输入(Step)图标，将其拖入编辑窗口，并用鼠标左键双击该图标，打开参数设定的对话框，将参数 Step Time(阶跃时刻)设为"0"。

· 在 Math(数学)子模块库中选中加法器(Sum)图标，拖到编辑窗口中，并双击该图标将参数 List of Signs(符号列表)设为"|+−"(表示输入为正，反馈为负)。

· 在 Continuous(连续)子模块库中，将积分器(Integrator)和传递函数(Transfer Fcn)图标拖到编辑窗口中，并将传递函数分子(Numerator)改为"[900]"，分母(Denominator)改为"[1,9]"。

· 在 Sinks(输出)子模块库中选择 Scope(示波器)和 Out 1(输出端口模块)图标并将其拖到编辑窗口中。

(3) 将画出的所有模块按图 8-3 所示用鼠标连接起来，构成一个原系统的框图描述如图 8-4所示。

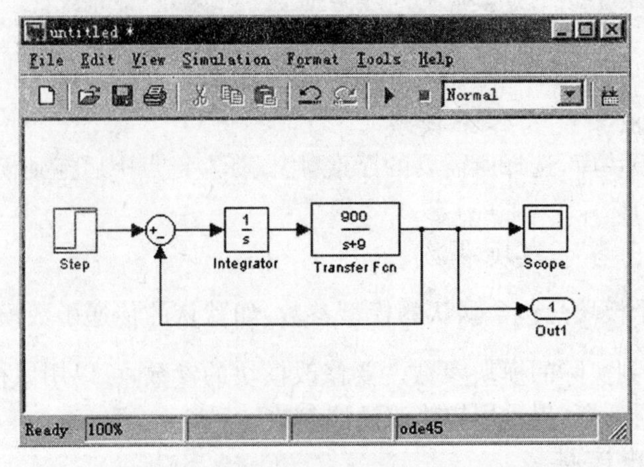

图 8-4 二阶系统的 SIMULINK 实现

(4) 选择仿真算法和仿真控制参数,启动仿真过程。

· 在编辑窗口中点击“Simulation|Simulation parameters”菜单,会出现一个参数对话框,在 Solver 模板中设置响应的仿真范围 Start Time(开始时间)和 Stop Time(终止时间),仿真步长范围 Maxinum Step Size(最大步长)和 Mininum Step Size(最小步长)。对于本例,Stop Time 可设置为“2”。最后点击“Simulation|Start”菜单或点击相应的热键启动仿真。双击示波器,在弹出的图形上会“实时地”显示出仿真结果。输出结果如图 8-5 所示。

在命令窗口中键入“whos”命令,会发现工作空间中增加了两个变量——“tout”和“yout”,这是因为 Simulink 中的 Out 1 模块自动将结果写到了 MATLAB 的工作空间中。利用 MATLAB 命令“plot(tout,yout)”,可将结果绘制出来,如图 8-6 所示。比较图 8-5 和图 8-6,可以发现这两种输出结果是完全一致的。

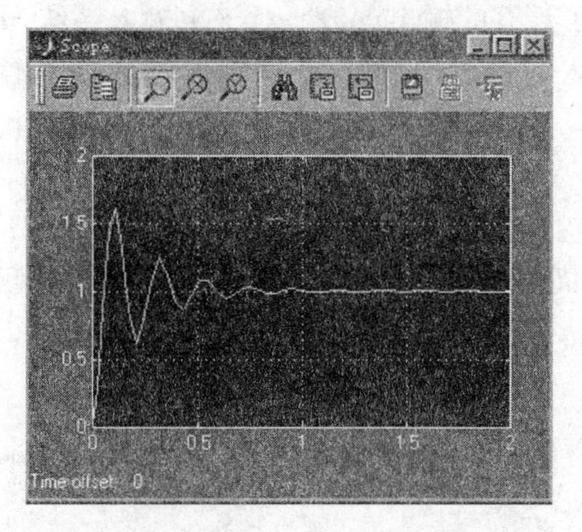

图 8-5 仿真结果示波器显示

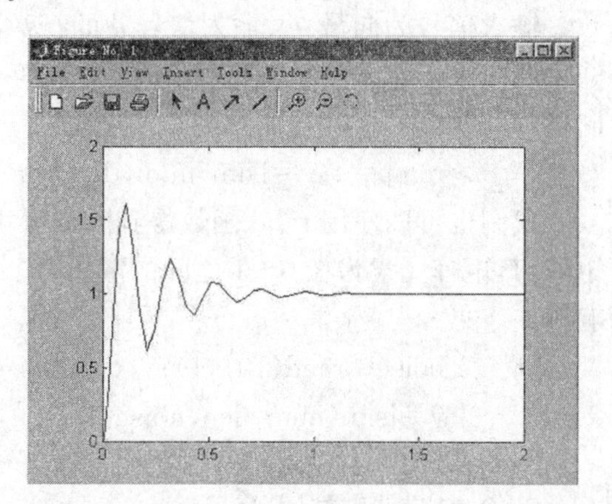

图 8-6 MATLAB 命令得出的系统响应曲线

8.2 经典控制系统分析中常用命令简介

8.2.1 时间域命令

许多控制系统命令在没有引用输出变量情况下,会自动绘制图形。基于极点与零点的位置,自动选取算法会找到最佳的时间或频率点,然而自动绘图的结果不会生成数据。这种命令适用于初始的分析与设计,对于深入问题的分析,应该使用带有输出变量形式的命令。

单输入单输出 SISO 系统 $G(s)=\frac{num(s)}{den(s)}$的阶跃响应 $y(t)$可以由 step 命令得到。命令格式如下:

```
≫y=setp(num,den,t)
```

注意:时间 t 轴是事先定义的向量。阶跃响应向量与向量 t 有相同的维数。对于单输入多输出(SIMO)系统,输出结果将是一个矩阵,该矩阵应有与输出数量相同数量的列。对于这样情况,setp 将有其他命令格式,这里暂不详述,读者可参考其他相关书籍。

例如,计算并绘制下面传递函数的阶跃响应($t=0$ 至 $t=10$)。

$$G(s)=\frac{10}{s^2+2s+10}$$

输入：

```
≫num=10;den=[1,2,10];
≫t=[0:0.1:10]`;y=step(num,den,t);plot(t,y)
```

上列程序会生成2个列向量、101个元素。一个对应时间轴，另外一个对应阶跃响应。

脉冲响应是通过使用Impulse命令获得的。它的格式与Step命令相似，即

```
≫y=impulse(num,den,t)
```

对应一般输入的响应也可以得到。命令为“lsim”，其命令格式为：

```
≫y=lsim(num,den,u,t)
```

输入信号为向量 ***u***。输入信号 ***u*** 的行数决定了计算的输出点数。对于单输入系统，***u*** 是一个列向量。对于多输入系统，***u*** 的列数等于输入变量数。例如：计算斜坡响应，***t*** 为输入向量。

```
≫ramp=t;y=lsim(num,den,ramp,t)
```

我们也可以使用rand函数得到随机噪声响应。注意到“rand(m,n)”会生成一 $m\times n$ 的矩阵，其矩阵元素为在0～1之间的随机数。从下面给出的命令，可得到该系统10 s的噪声响应。

```
≫noise=rand(101,1);
≫y=lsim(num,den,noise,t);
```

8.2.2 频率域命令

使用bode、nyquist与nichols命令可以得到系统的频率响应。如果命令中没有使用输出变量，这些命令可以自动地生成响应图形。bode命令的各种格式如下：

```
≫bode(num,den)
≫[mag,phase,w]=bode(num,den)
≫[mag,phase]=bode(num,den,w)
```

命令中“w”表示频率 ω。上述第一个命令在同一屏幕中的上下两部分分别生成伯德幅值图(以dB为单位)与伯德相平面图(以rad为单位)。在另外的格式中，返回的幅值与相角值为列向量。此时幅值不是以dB为单位的。第二种形式的命令自动生成一行向量的频率点。在第三种形式中，由于用在定义的频率范围内，如果比较各种传递函数的频率响应，第三种方式显得更方便一些。对应于其他格式使用信息，请使用在线(on-line)帮助信息(help-bode)。

下述命令为绘图的其他命令：

```
≫subplot(211),semilogx(w,200*log10(mag)),
≫subplot(212),semilogx(w,phase)
```

上面的第一个命令把屏幕分为两个部分，并把幅值图放置在屏幕的上半部。第二个命令中使用semilogx命令生成一个半对数图(横轴是以10为底的对数值坐标轴，而竖轴是以dB为单位表示的幅值)。第二行命令将系统相频图放置在屏幕的下半部分。如果想以Hz为单位，可用“w/2*pi”来代替“w”。如果想指定频率范围，可以使用logspace命令：

≫w=logspace(m,n,npts)

该命令生成一个以10为底的对数向量($10^m \sim 10^n$),点数(npts)是可选的。例如,下述命令生成0.01～1000 rad/s的点:

≫w=logspace(-2,3);

nyqnist与nichols命令有如下格式:

≫[re,im]=nyquist(num,den,w);

≫[mag,phase]=nichols(num,den,w);

≫magdb=20* log10(mag);

nyquist命令可计算$G(j\omega)$的实部与虚部。在复平面上绘制虚部与实部的轨迹,亦可得到其极坐标图形。nichols命令可计算幅值与相角值(以rad为单位)。如果已经执行了bode命令,可以通过绘制幅值与相角值直接得到相同的结果。使用ngrid命令可以在nichols图上加画格线,即在提示符下输入"ngrid"。

使用margin命令可以求得相对稳定性参数(幅值裕量与相角裕量)。它的命令格式为:

≫[gm,pm,wpc,wpc]=margin(mag,phase,w)

≫margin(mag,phase,w)

命令的输入参数为幅值(不是以dB为单位)、相角与频率向量。它们是由bode或nichols命令得到的。命令的输出参数是幅值裕量(不是以dB为单位的)、相角裕量(以角度为单位)和它们所对应的频率。第二个命令格式中没有左参数,它可以生成带有裕量标记的(垂直线)波德图。如果在轴上有多个穿越频率,图中则标出稳定裕量最坏的那个标记。第一种命令格式就没有绘出最坏的裕量。请注意,用margin命令有时计算出的结果是不准确的。

8.2.3 传递函数的常用命令

printsys命令是传递函数显示命令。其格式如下:

≫printsys(num,den)

例如:

```
≫ng=[1 1];dg=[1 3 20];
≫printsys(ng,dg)
num/den=
        s + 1
  ------------------------
        s^3+3s^2+2s
```

求传递函数的极点与零点有多种方法。例如,可以使用roots命令分别求得分子多项式与分母多项式的根;也可以使用tf2zp或者pzmap命令。tf2zp命令格式如下:

≫[z,p,k]=tf2zp(num,den)

该命令可以得到零点列向量、极点列向量与增益常量。该命令的逆命令为zp2tf,它将用已知的零点与极点建立一个传递函数。

pzmap的命令格式如下:

≫[p,z]=pzmap(num,den)

如果该命令中没有输出变量,则执行该命令后将会得到绘制好的系统零极点图。该命令也可以用于绘制已知的极点(列向量)与零点(列向量)图形。

当一个传递函数不是互质的(即有互相可以抵消的零、极点)时,可以使用 minreal 命令抵消它们的公共项而得到一个较低阶的模型,其命令格式如下:

```
≫[numr,denr]=mineral(num,den,tol)
```

命令中第三个输入参数是(可选的)容差。当零、极点不是完全相等,但是却非常接近时,我们仍然可以通过改变容差的大小,强迫让它们抵消掉。

最常用的对传递函数进行变换的命令为传递函数的乘、加与反馈连接命令。系统框架可以使用 SIMULINK 命令(见后面)进行分析和仿真。简单的框图分析可以使用 series、parallel、feedback 与 cloop 命令,采用传递函数的形式进行分析与处理。这些命令的格式如下:

```
≫[nums,dens]=series(num1,den1,num2,den2)
≫[nump,denp]=parallel(num1,den1,num2,den2)
≫[numf,denf]=feedback(num1,den1,num2,den2,sign)
≫[numc,denc]=cloop(num,den,sign)
%对应于单位反馈系统。
```

每一条命令分别对应的情况如下:

串联:

$$G_s(s)=G_1(s)G_2(s)$$

并联:

$$G_p(s)=G_1(s)+G_2(s)$$

反馈:

$$G_f(s)=\frac{G(s)}{1+G_1(s)G_2(s)}$$

单位反馈:

$$G_c(s)=\frac{G(s)}{1+G(s)}$$

sign 是可选参数,“sign=-1”为负反馈,而“sign=1”对应为正反馈。缺省值为负反馈。

8.3 MATLAB 在时域系统分析中的应用

8.3.1 用 MATLAB 建立传递函数模型

8.3.1.1 有理函数模型

线性系统的传递函数模型可一般地表示为:

$$G(s)=\frac{b_1s^m+b_2s^{m-1}+\cdots+b_ms+b_{m+1}}{s^n+a_1s^{n-1}+\cdots+a_{n-1}s+a_n}\qquad(n\geqslant m)\tag{1}$$

将系统的分子和分母多项式的系数按降幂的方式以向量的形式输入给两个变量 num 和 den,就可以轻易地将传递函数模型输入到 MATLAB 环境中。形式为:

$$num=[b_1,b_2,\cdots,b_m,b_{m+1}];\tag{2}$$

$$den = [1, a_1, a_2, \cdots, a_{n-1}, a_n]; \tag{3}$$

在MATLAB控制系统工具箱中，定义了"tf()"函数，它可由传递函数分子、分母给出的变量构造出单个的传递函数对象，从而使得系统模型的输入和处理更加方便。

该函数的调用格式为：

G=tf(num,den);　　(4)

例 8-3　一个简单的传递函数模型：

$$G(s) = \frac{s+5}{s^4+2s^3+3s^2+4s+5}$$

可以由下面的命令输入到MATLAB工作空间中去。

```
≫num=[1,5];
den=[1,2,3,4,5];
G=tf(num,den)
```

运行结果为：

```
Transfer function:
      s + 5
-------------------------
s^4+2s^3+3s^2+4s+5
```

这时对象"G"可以用来描述给定的传递函数模型，作为其他函数调用的变量。

8.3.1.2　零极点模型

线性系统的传递函数还可以写成极点的形式：

$$G(s) = K\frac{(s+z_1)(s+z_2)\cdots(s+z_m)}{(s+p_1)(s+p_2)\cdots(s+p_n)} \tag{5}$$

将系统增益、零点和极点以向量的形式输入给3个变量 $KGain$、Z 和 P，就可以将系统的零极点模型输入到MATLAB工作空间中，形式为：

$$KGain = K; \tag{6}$$

$$Z = [-z_1; -z_2; \cdots; -z_m]; \tag{7}$$

$$P = [-p_1; -p_2; \cdots; -p_n]; \tag{8}$$

在MATLAB控制工具箱中，定义了"zpk()"函数，由它可通过以上3个MATLAB变量构造出零、极点对象，用于简单地表述零极点模型。该函数的调用格式为：

G=zpk(Z,P,KGain)　　(9)

例 8-4　某系统的零极点模型为：

$$G(s) = 6\frac{(s+1.9294)(s+0.0353\pm0.9287j)}{(s+0.9567\pm1.2272j)(s-0.0433\pm0.6412j)}$$

该模型可以由下面的语句输入到MATLAB工作空间中。

```
≫KGain=6;
Z=[-1.9294;-0.0353+0.9287j;-0.0353-0.9287j];
P=[-0.9567+1.2272j;-0.9567-1.2272j;0.0433+0.6412j;0.0433-
0.6412j];
G=zpk(Z,P,KGain)
```

运行结果：

```
Zero/pole/gain:
```

```
6(s+1.929) (s^2 + 0.0706s + 0.8637)
----------------------------------------
(s^2-0.0866s+0.413)(s^2+1.913s+2.421)
```

注意：对于单变量系统，其零极点均是用列向量来表示的，故“Z”、“P”向量中各项均用分号(;)隔开。

8.3.1.3　反馈系统结构图模型

设反馈系统结构图如图 8-7 所示。

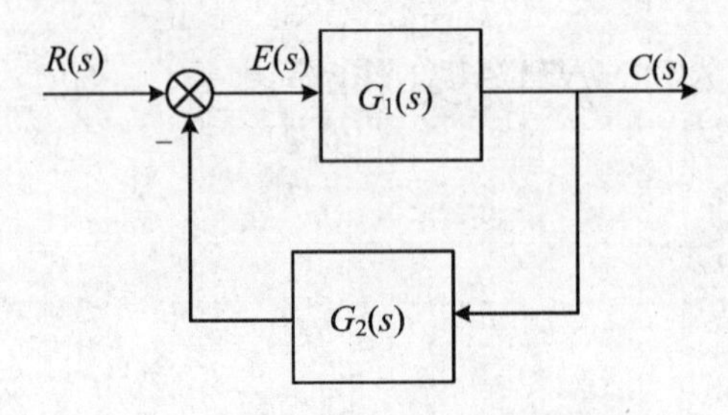

图 8-7　反馈系统结构图

控制系统工具箱中提供了“feedback()”函数，用来求取反馈连接下总的系统模型，该函数调用格式如下：

G=feedback(G1,G2,sign);　　(10)

其中变量“sign”用来表示正反馈或负反馈结构，若“sign=−1”表示负反馈系统的模型，若省略“sign”变量，则仍将表示负反馈结构。“G1”和“G2”分别表示前向模型和反馈模型的 LTI(线性时不变)对象。

例 8-5　若反馈系统图 8-7 中的两个传递函数分别为：

$$G_1(s)=\frac{1}{(s+1)^2},\quad G_2(s)=\frac{1}{s+1}$$

则反馈系统的传递函数可由下列的 MATLAB 命令得出：

```
>>G1=tf(1,[1,2,1]);
  G2=tf(1,[1,1]);
  G=feedback(G1,G2)
```

运行结果：

```
Transfer function:
    s + 1
--------------------
s^3+3s^2+3s+2
```

若采用正反馈连接结构输入命令

```
>>G=feedback(G1,G2,1)
```

则得出如下结果：

```
Transfer function:
    s + 1
--------------------
s^3+3s^2+3s
```

8.3.2 利用 MATLAB 进行时域分析

8.3.2.1 线性系统稳定性分析

在自控原理中,我们均采用间接方法劳斯判据,奈氏判据等,但由于在 MATLAB 中很容易地求解多项式方程。因此,我们可以用多项式求根函数"roots()",直接求出方程"p=0"在复数范围内的解"v",该函数的调用格式为:

v=roots(p) (11)

例 8-6 判断如图 8-8 所示系统的稳定性:

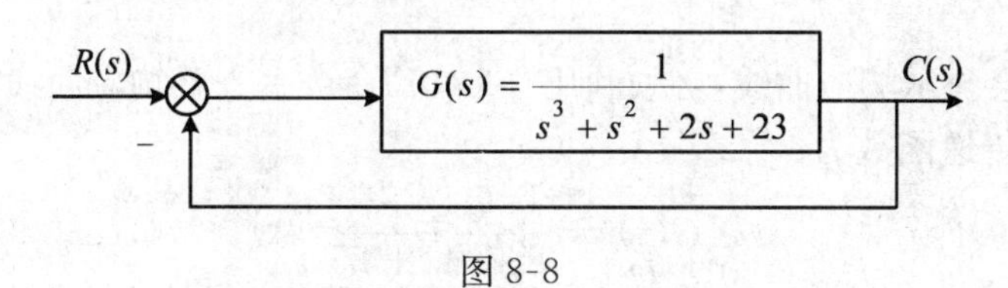

图 8-8

可编程如下:

```
numg=1; deng=[1 1 2 23];
numf=1; denf=1;
(num,den)= feedback(numg,deng,numf,denf,-1);
roots(den)
```

例 8-7 已知系统的特征多项式为:

$$x^5+3x^3+2x^2+x+1$$

特征方程的解可由下面的 MATLAB 命令得出。

```
>>p=[1,0,3,2,1,1];
  v=roots(p)
```

结果显示:

```
v=
0.3202 + 1.7042i
0.3202 - 1.7042i
-0.7209
0.0402 + 0.6780i
0.0402 - 0.6780i
```

利用多项式求根函数"roots()",可以很方便地求出系统的零点和极点,然后根据零极点分析系统稳定性和其他性能。

8.3.2.2 系统动态特性分析

1. 单位阶跃响应的求法

控制系统工具箱中给出了一个函数"step()"来直接求取线性系统的阶跃响应,如果已知传递函数为:

$$G(s)=\frac{num}{den}$$

则该函数可有以下几种调用格式:

step(num,den) (12)

step(num,den,t) (13)

或

step(G) (14)

step(G,t) (15)

该函数将绘制出系统在单位阶跃输入条件下的动态响应图,同时给出稳态值。对于命令(13)和(15),"t"为图像显示的时间长度,是用户指定的时间向量。式(12)和(14)的显示时间由系统根据输出曲线的形状自行设定。

如果需要将输出结果返回到MATLAB工作空间中,则采用以下调用格式:

c=step(G) (16)

此时,屏上不会显示响应曲线,必须利用"plot()"命令去查看响应曲线。

例 8-8 已知传递函数为:

$$G(s)=\frac{25}{s^2+4s+25}$$

利用以下MATLAB命令可得阶跃响应曲线如图8-8所示。

```
≫num=[0,0,25];
den=[1,4,25];
step(num,den)
grid;                                              % 绘制网格线
title('Unit-Step Response of G(s)=25/(s^2+4s+25)');   % 图像标题
```

我们还可以用下面的语句来得出阶跃响应曲线

```
≫G=tf([0,0,25],[1,4,25]);
t=0:0.1:5;                        %从0到5每隔0.1取一个值
c=step(G,t);                      %动态响应的幅值赋给变量c
plot(t,c);                        %绘二维图形,横坐标取t,纵坐标取c
Css=dcgain(G)                     %求取稳态值
```

系统显示的图形类似于上一个例子,在命令窗口中显示了如图8-9所示的结果:

```
Css=
    1
```

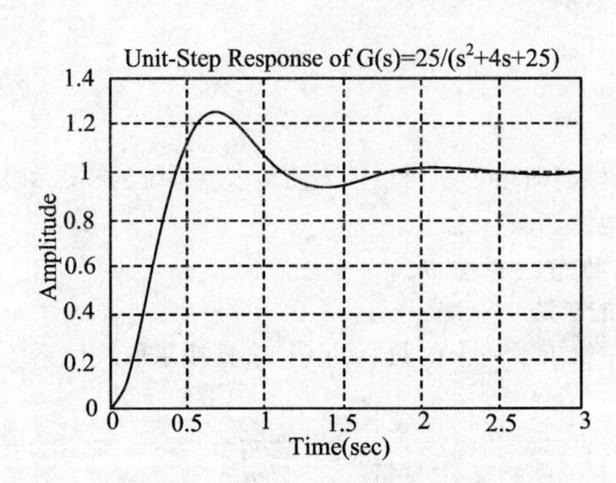

图8-9 MATLAB绘制的响应曲线

2. 求阶跃响应的性能指标

通过前面的学习，我们已经可以用阶跃响应函数“step()”获得系统输出量，若将输出量返回到变量“y”中，可以调用如下格式：

```
[y,t]=step(G)                                  (17)
```

该函数还同时返回了自动生成的时间变量“t”，对返回的这一对变量“y”和“t”的值进行计算，可以得到时域性能指标。

(1) 峰值时间(timetopeak)可由以下命令获得：

```
[Y,k]=max(y);                                  (18)
timetopeak=t(k)                                (19)
```

应用取最大值函数“max()”求出“y”的峰值及相应的时间，并存于变量“Y”和“k”中。然后在变量“t”中取出峰值时间，并将它赋给变量“timetopeak”。

(2) 最大(百分比)超调量(percentovershoot)可由以下命令得到：

```
C=dcgain(G);
[Y,k]=max(y);                                  (20)
percentovershoot=100*(Y-C)/C                   (21)
```

“dcgain()”函数用于求取系统的终值，将终值赋给变量“C”，然后依据超调量的定义，由“Y”和“C”计算出百分比超调量。

(3) 上升时间(risetime)可利用 MATLAB 中控制语句编制 M 文件来获得。首先简单介绍一下循环语句 while 的使用。

while 循环语句的一般格式为：

```
while<循环判断语句>
        循环体
end
```

其中，循环判断语句为某种形式的逻辑判断表达式。

当表达式的逻辑值为真时，就执行循环体内的语句；当表达式的逻辑值为假时，就退出当前的循环体。如果循环判断语句为矩阵时，当且仅当所有的矩阵元素非零时，逻辑表达式的值为真。为避免循环语句陷入死循环，在语句内必须有可以自动修改循环控制变量的命令。

要求出上升时间，可以用 while 语句编写以下程序得到：

```
C=dcgain(G);
n=1;
while y(n)<C
  n=n+1;
end
risetime=t(n)
```

在阶跃输入条件下，“y”的值由零逐渐增大，当以上循环满足“y=C”时，退出循环，此时对应的时刻，即为上升时间。

对于输出无超调的系统响应，上升时间定义为输出从稳态值的10%上升到90%所需时间，则计算程序如下：

```
C=dcgain(G);
```

```
n=1;
    while y(n)<0.1*C
          n=n+1;
    end
    m=1;
    while y(n)<0.9*C
          m=m+1;
    end
    risetime=t(m)-t(n)
```

(4) 调节时间(setllingtime)可由 while 语句编程得到:

```
C=dcgain(G);
i=length(t);
  while(y(i)>0.98*C)&(y(i)<1.02*C)
  i=i-1;
end
setllingtime=t(i)
```

用向量长度函数"length( )"可求得 t 序列的长度,将其设定为变量 i 的上限值。

例 8-9 已知二阶系统传递函数为:

$$G(s)=\frac{3}{(s+1-3\mathrm{i})(s+1+3\mathrm{i})}$$

利用下面的 stepanalysis.m 程序可得到阶跃响应如图 8-10 所示曲线及性能指标数据。

```
>>G=zpk([ ],[-1+3*i,-1-3*i],3);
  % 计算最大峰值时间和它对应的超调量。
  C=dcgain(G)
  [y,t]=step(G);
plot(t,y)
grid
[Y,k]=max(y);
timetopeak=t(k)
percentovershoot=100*(Y-C)/C
% 计算上升时间。
n=1;
while y(n)<C
      n=n+1;
end
risetime=t(n)
% 计算稳态响应时间。
i=length(t);
  while(y(i)>0.98*C)&(y(i)<1.02*C)
      i=i-1;
```

```
    end
    setllingtime=t(i)
```

运行后的响应图如图 8-10 所示，命令窗口中显示的结果为：

```
C =                                timetopeak =
    0.3000                              1.0491
percentovershoot =                 risetime =
    35.0914                             0.6626
setllingtime =
    3.5337
```

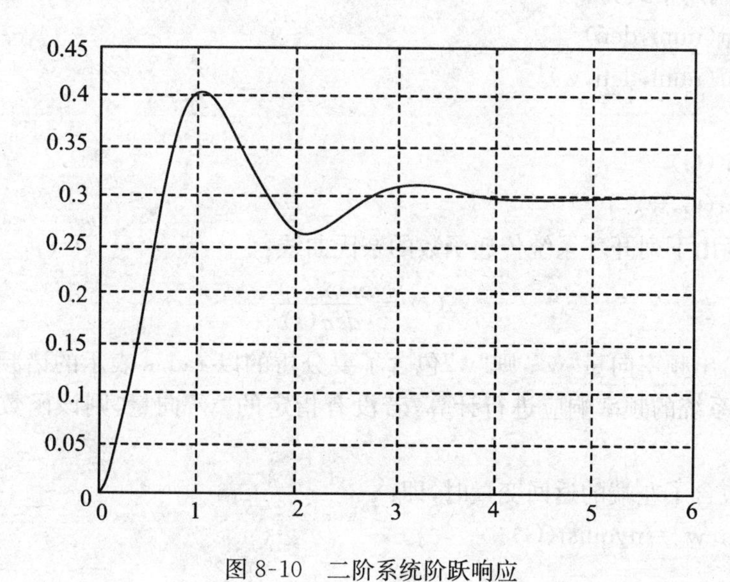

图 8-10　二阶系统阶跃响应

8.4　MATLAB 在频域系统分析中的应用

8.4.1　频率特性函数 $G(\mathrm{j}\omega)$

设线性系统传递函数为：

$$G(s)=\frac{b_0 s^m+b_1 s^{m-1}+\cdots+b_{m-1}s+b_m}{a_0 s^n+a_1 s^{n-1}+\cdots+a_{n-1}s+a_n}$$

则频率特性函数为：

$$G(\mathrm{j}w)=\frac{b_0\ (\mathrm{j}\omega)^m+b_1\ (\mathrm{j}\omega)^{m-1}+\cdots+b_{m-1}(\mathrm{j}\omega)+b_m}{a_0\ (\mathrm{j}\omega)^n+a_1\ (\mathrm{j}\omega)^{n-1}+\cdots+a_{n-1}(\mathrm{j}\omega)+a_n}$$

由下面的 MATLAB 语句可直接求出 $G(\mathrm{j}w)$。

```
    i=sqrt(-1)        %求取-1的平方根                           (22)
    GW=polyval(num,i*w)./polyval(den,i*w)                    (23)
```

其中“num”,“den”为系统的传递函数模型。而“w”为频率点构成的向量,点右除“./”运算符表示操作元素点对点的运算。从数值运算的角度来看,上述算法在系统的极点附近精度不会很理想,甚至出现无穷大值,运算结果是一系列复数返回到变量“GW”中。

8.4.2 用MATLAB作奈魁斯特图

控制系统工具箱中提供了一个MATLAB函数“nyquist()”,该函数可以用来直接求解奈氏阵列或绘制奈氏图。当命令中不包含左端返回变量时,“nyquist()”函数仅在屏幕上产生奈氏图,命令调用格式为:

nyquist(num,den) (24)

nyquist(num,den,w) (25)

或者

nyquist(G) (26)

nyquist(G,w) (27)

该命令将画出下列开环系统传递函数的奈氏曲线:

$$G(s)=\frac{num(s)}{den(s)}$$

如果用户给出频率向量“w”,则“w”包含了要分析的以rad/s表示的诸频率点。在这些频率点上,将对系统的频率响应进行计算,若没有指定的“w”向量,则该函数自动选择频率向量进行计算。

当命令中包含了左端的返回变量时,即:

[re,im,w]=nyquist(G) (28)

或

[re,im,w]=nyquist(G,w) (29)

函数运行后不在屏幕上产生图形,而是将计算结果返回到矩阵“re”、“im”和“w”中。矩阵“re”和“im”分别表示频率响应的实部和虚部,它们都是由向量“w”中指定的频率点计算得到的。

在运行结果中,“w”数列的每一个值分别对应“re”、“im”数列的每一个值。

例8-10 已知二阶典型环节:

$$G(s)=\frac{1}{s^2+0.8s+1}$$

试利用MATLAB画出奈氏图。

利用下面的命令,可以得出系统的奈氏图,如图8-11所示。

```
≫num=[0,0,1];
  den=[1,0.8,1];
  nyquist(num,den)
  % 设置坐标显示范围
  v=[-2,2,-2,2];
  axis(v)
  grid
```

```
title('Nyquist Plot of G(s)=1/(s^2+0.8s+1) ')
```

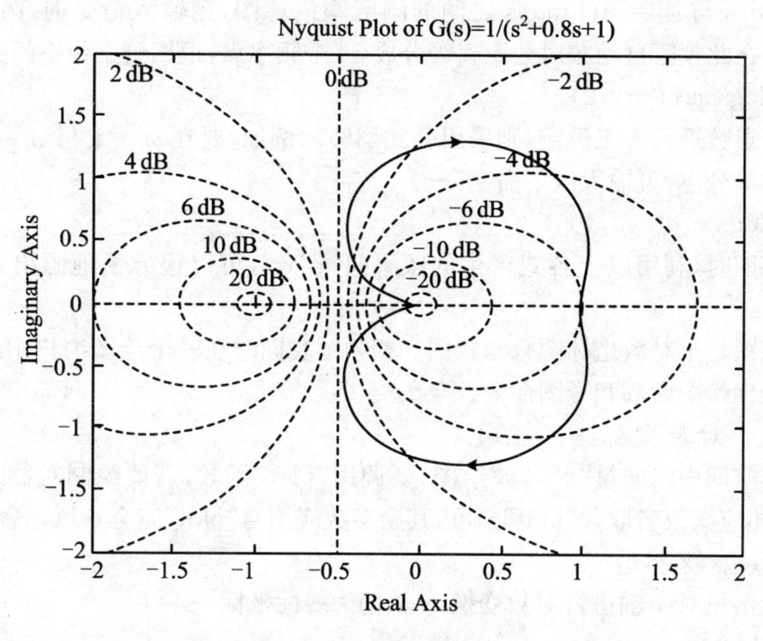

图 8-11 二阶环节奈氏图

8.4.3 用 MATLAB 作伯德图

控制系统工具箱里提供的“bode()”函数可以直接求取、绘制给定线性系统的伯德图。

当命令不包含左端返回变量时，函数运行后会在屏幕上直接画出伯德图。如果命令表达式的左端含有返回变量，“bode()”函数计算出的幅值和相角将返回到相应的矩阵中，这时屏幕上不显示频率响应图。命令的调用格式为：

[mag,phase,w]=bode(num,den) (30)

[mag,phase,w]=bode(num,den,w) (31)

或

[mag,phase,w]=bode(G) (32)

[mag,phase,w]=bode(G,w) (33)

矩阵“mag”、“phase”包含系统频率响应的幅值和相角，这些幅值和相角是在用户指定的频率点上计算得到的。用户如果不指定频率“w”，MATLAB 会自动产生“w”向量，并根据“w”向量上各点计算幅值和相角。这时的相角是以度来表示的，幅值为增益值，在画伯德图时要转换成分贝值，因为分贝是作幅频图时常用单位。可以由以下命令把幅值转变成分贝：

magdb=20 * log10(mag) (34)

绘图时的横坐标是以对数分度的。为了指定频率的范围，可采用以下命令格式：

logspace(d1,d2) (35)

或

logspace(d1,d2,n) (36)

命令(35)是在指定频率范围内按对数距离分成 50 等分的，即在两个十进制数 $\omega_1=10^{d_1}$

和 $\omega_2=10^{d_2}$ 之间产生一个由 50 个点组成的分量，向量中的点数 50 是一个默认值。例如要在 $\omega_1=0.1$ rad/s 与 $\omega_2=100$ rad/s 之间的频区画伯德图，则输入命令时，$d_1=\log_{10}(\omega_1)$，$d_2=\log_{10}(\omega_2)$ 在此频区自动按对数距离等分成 50 个频率点，返回到工作空间中，即

```
w=logspace(-1,2)
```

要对计算点数进行人工设定，则采用公式(36)。例如，要在 $\omega_1=1$ 与 $\omega_2=1\,000$ 之间产生 100 个对数等分点，可输入以下命令：

```
w=logspace(0,3,100)
```

在画伯德图时，利用以上各式产生的频率向量"w"，可以很方便地画出希望频率的伯德图。

由于伯德图是半对数坐标图且幅频图和相频图要同时在一个绘图窗口中绘制，因此，要用到半对数坐标绘图函数和子图命令。

8.4.3.1 对数坐标绘图函数

利用工作空间中的向量"x"，"y"绘图，要调用"plot"函数，若要绘制对数或半对数坐标图，只需要用相应函数名取代"plot"即可，其余参数应用与"plot"完全一致。命令公式有：

```
semilogx(x,y,s)                                                    (37)
```

上面的指令表示只对 x 轴进行对数变换，y 轴仍为线性坐标。

```
semilogy(x,y,s)                                                    (38)
```

上面的指令是 y 轴取对数变换的半对数坐标图。

```
loglog(x,y,s)                                                      (39)
```

上面的指令是全对数坐标图，即 x 轴和 y 轴均取对数变换。

8.4.3.2 子图命令

MATLAB 允许将一个图形窗口分成多个子窗口，分别显示多个图形，这就要用到"subplot()"函数，其调用格式为：

```
subplot(m,n,k)
```

该函数将把一个图形窗口分割成 $m\times n$ 个子绘图区域，m 为行数，n 为列数，用户可以通过参数 k 调用各子绘图区域进行操作，子图区域编号为按行从左至右编号。对一个子图进行的图形设置不会影响到其他子图，而且允许各子图具有不同的坐标系。例如，subplot(4,3,6)则表示将窗口分割成 4×3 个部分，在第 6 部分上绘制图形。MATLAB 最多允许 9×9 的分割。

例 8-11 给定单位负反馈系统的开环传递函数为：

$$G(s)=\frac{10(s+1)}{s(s+7)}$$

试画出伯德图。

利用以下 MATLAB 程序，可以直接在屏幕上绘出伯德图，如图 8-12 所示。

```
≫num=10*[1,1];
den=[1,7,0];
bode(num,den)
grid
title('Bode Diagram of G(s)=10*(s+1)/[s(s+7)]')
```

该程序绘图时的频率范围是自动确定的，从 0.01 rad/s 到 30 rad/s，且幅值取分贝值，ω

轴取对数，图形分成2个子图，均是自动完成的。

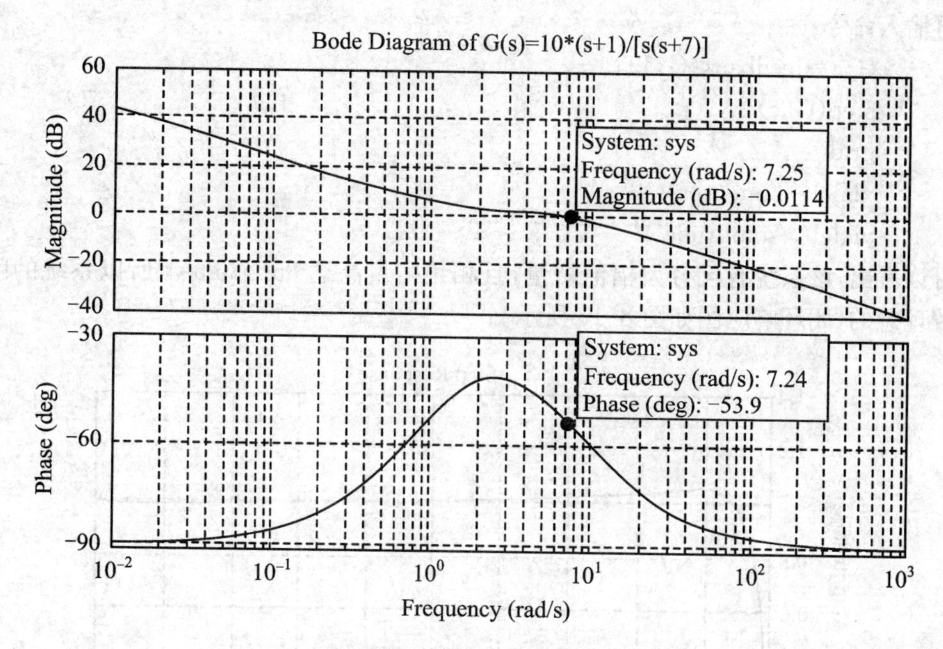

图 8-12　自动产生频率点画出的伯德图

8.4.4　用 MATLAB 求取稳定裕量

控制系统工具箱中提供了“margin()”函数来求取给定线性系统幅值裕量和相位裕量，该函数可以由下面格式来调用：

[Gm, Pm, Wcg, Wcp]=margin(G);　　(40)

可以看出，幅值裕量与相位裕量可以由 LTI 对象“G”求出，返回的变量为“Gm”，“Wcg”为幅值裕量的值与相应的相角穿越频率，而“Pm”，“Wcp”则为相位裕量的值与相应的幅值穿越频率。若得出的裕量为无穷大，则其值为“Inf”，这时相应的频率值为“NaN”(表示非数值)，“Inf”和“NaN”均为 MATLAB 软件保留的常数。

如果已知系统的频率响应数据，我们还可以由下面的格式调用此函数：

[Gm, Pm, Wcg, Wcp]=margin(mag, phase, w);

其中“mag”，“phase”，“w”分别为频率响应的幅值、相位与频率向量。

例 8-12　如果一个系统开环传递函数为：

$$G(s)=\frac{100\,(s+5)^2}{(s+1)(s^2+s+9)}$$

由下面 MATLAB 语句可直接求出系统的幅值裕量和相位裕量：

```
>>G=tf(100*conv([1,5],[1,5]), conv([1,1],[1,1,9]));
[Gm, Pm, Wcg, Wcp]=margin(G)
```

结果显示：

```
Gm =                    Pm =
      Inf                    85.4365
Wcg =                   Wcp =
```

```
    NaN                          100.3285
```

再输入命令：

```
≫G_c=feedback(G,1);
  step(G_c)
  grid
  xlalel('Time(sec)')
  ylalel('Amplitude')
```

可以看出，该系统有无穷大幅值裕量，且相角裕量高达 85.436 5°。所以系统的闭环响应是较理想的，闭环响应图如图 8-13 所示。

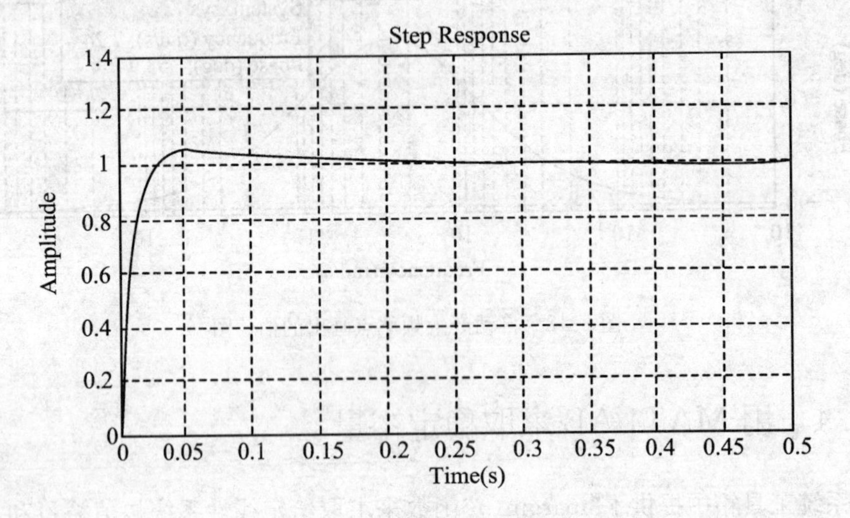

图 8-13 较理想的系统响应

8.4.5 频域法串联校正的 MATLAB 方法

将 MATLAB 应用到经典理论的校正方法中，可以方便地校验系统校正前后的性能指标。通过反复试探不同校正参数对应的不同性能指标，能够设计出最佳的校正装置。

例 8-13 给定系统如图 8-14 所示，试设计一个串联校正装置，使系统满足幅值裕量大于 10 dB，相位裕量≥45°。

解：为了满足上述要求，我们试探地采用超前校正装置 $G_c(s)$，使系统变为图 8-15 所示的结构。

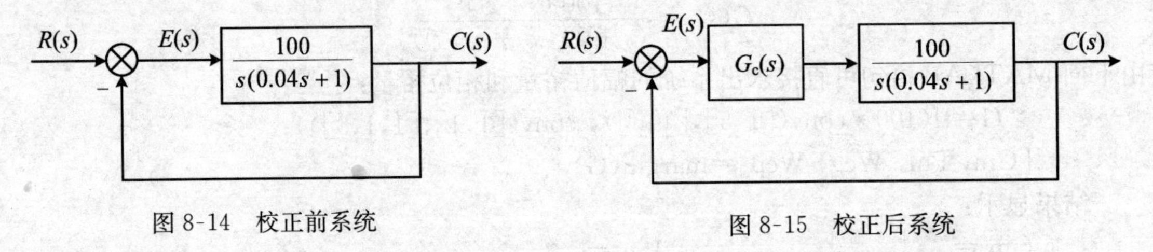

图 8-14 校正前系统　　　　图 8-15 校正后系统

我们可以首先用下面的 MATLAB 语句得出原系统的幅值裕量与相位裕量。

```
≫G=tf(100,[0.04,1,0]);
```

[Gw, Pw, Wcg, Wcp]=margin(G);

在命令窗口中显示如下结果：

```
w =                              Pw =
      Inf                              28.0243
Wcg =                            Wcp =
      Inf                              46.9701
```

可以看出,这个系统有无穷大的幅值裕量,并且其相位裕量 $\gamma=28°$,幅值穿越频率$W_{cp}=47$ rad/s。

引入一个串联超前校正装置：

$$G_c(s)=\frac{0.025s+1}{0.01s+1}$$

我们可以通过下面的MATLAB语句得出校正前后系统的伯德图如图8-16所示,校正前后系统的阶跃响应图如图8-17所示。其中"ω1"、"γ1"、"ts1"分别为校正前系统的幅值穿越频率、相角裕量、调节时间,"ω2"、"γ2"、"ts2"分别为校正后系统的幅值穿越频率、相角裕量、调节时间。

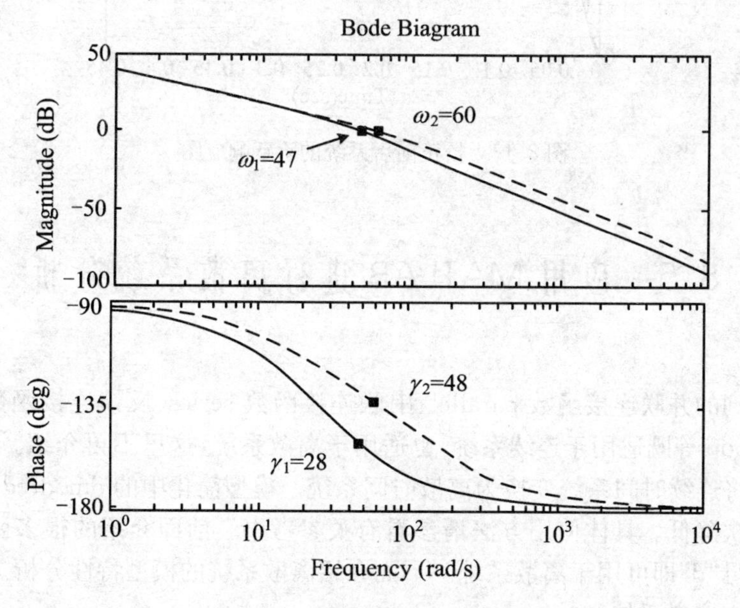

图 8-16　校正前后系统的伯德图

```
≫G1=tf(100,[0.04,1,0]); % 校正前模型
  G2=tf(100*[0.025,1],conv([0.04,1,0],[0.01,1])) % 校正后模型
  % 画伯德图,校正前用实线,校正后用短划线。
  bode(G1)
  hold
  bode(G2, '--')
  % 画时域响应图,校正前用实线,校正后用短划线。
  figure
  G1_c=feedback(G1,1)
```

```
G2_c=feedback(G2,1)
step(G1_c)
hold
step(G2_c,'--')
```

可以看出，在这样的控制器下，校正后系统的相位裕量由28°增加到 48°，调节时间由 0.28 s减少到 0.08 s。系统的性能有了明显的提高，满足了设计要求。

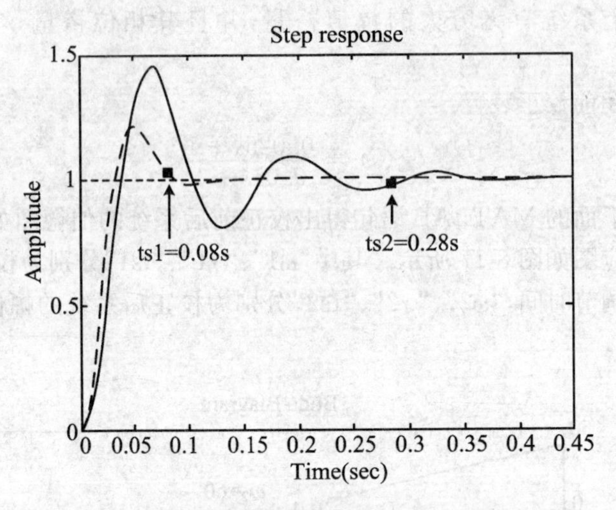

图 8-17　校正前后系统的阶跃响应图

8.5　应用 MATLAB 进行离散系统分析

在前面提到的并联连接函数 parallel、串联连接函数 series、反馈连接函数 feedback、闭环连接函数 cloop 等既适用于连续系统，也适用于离散系统，这里不再介绍。而模型变换中的 c2d 函数可将连续时间系统变换为离散时间系统。模型简化中的 dmodred 函数可将离散系统的模型阶次降低。具体使用方法请参看有关参考书。前面介绍的很多函数，只要在函数前面加一字母“d”即可用于离散系统。下面介绍离散系统的模型特性分析。

例 8-14　对离散系统

$$G(z)=\frac{2z^2-3.4z+1.5}{z^2-1.6z+0.8}$$

求其特征值、幅值、等效衰减因子、等效自然频率，可输入：

```
num=[2  -3.4  1.5];
den=[1  1.6  0.8];
ddamp(den,0,.1);
```

执行后得：

```
Eigenvalue           Magnitude        Equiv. Damping      Equiv. Freq
0.80000+0.4000i      0.8944           0.2340              4.7688
0.80000-0.4000i      0.8944           0.2340              4.7688
```

8.5.1 dstep

功能：求离散系统的单位阶跃响应。

格式：

[y,x]:=dstep(num,den)

[y,x]:=dstep(num,den,n)

说明：dstep 函数可计算出离散时间线性系统的单位阶跃响应，当不带输出变量引用时，dstep 可在当前图形窗口中绘出系统的阶跃响应曲线。

dstep(num,den)可绘制出以多项式传递函数 $G(s)=\frac{num(z)}{den(z)}$ 表示的系统阶跃响应曲线。

dstep(num,den,n)可利用用户指定的取样点数来绘制系统的单位阶跃响应曲线。

当带输出变量引用函数时，可得到系统阶跃响应的输出数据，而不直接绘制出曲线。

例 8-15 某二阶系统

$$G(z)=\frac{2z^2-3.4z+1.5}{z^2-1.6z+0.8}$$

要求其阶跃响应，可输入

```
num=[2  -3.4  1.5];
den=[1  -1.6  0.8];
dstep(num,den)
title('Discrete Step Response')
```

执行后得到如图 8-18 所示的阶跃响应曲线。

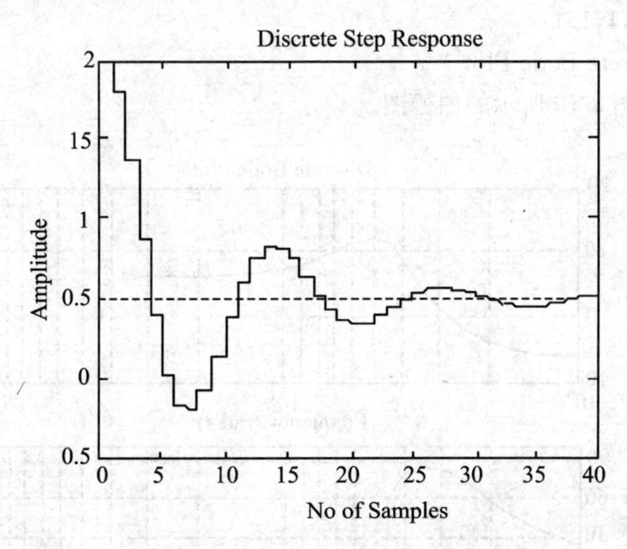

图 8-18 离散系统的阶跃响应曲线

8.5.2 dbode

功能：求离散系统的伯德频率响应。

格式：

[mag,phase,w]＝dbode(num,den,Ts)

[mag,phase,w]＝dbode(num,den,Ts,w)

说明：dbode 函数用于计算离散时间系统的幅频和相频响应（即伯德图），当不带输出变量引用函数时，dbode 函数可在当前图形窗口中直接绘制出系统的伯德图。

dbode(num,den,Ts)可得到以离散时间多项式传递函数 $g(z)=\frac{num(z)}{den(z)}$ 表示的系统伯德图。

dbode(num,den,Ts,w)可利用指定的频率范围“w”来绘制系统的伯德图。

当带输出变量引用函数时，可得到系统伯德图的数据，而不直接绘制出伯德图，幅值和相位可根据以下公式计算：

$$mag(\omega)=\left|g(e^{j\omega t})\right|$$

$$phase(\omega)=\angle g(e^{j\omega t})$$

其中 t 为内部取样时间，相位以度为单位，幅值可以以分贝为单位表示

magdb＝20 * logl0(mag)

例 8-16　有一二阶系统

$$G(z)=\frac{2z^2-3.4z+1.5}{z^2-1.6z+0.8}$$

要绘制出伯德图（设 $T_s=0.1$），则可输入：

```
num=[2  —3.4  1.5];
den=[1  —1.6  0.8];
dbode(num,den,0.1);
subplot(2,1,1);
title('mscrete Bode Plot')
```

执行后得到如图 8-19 所示的伯德图。

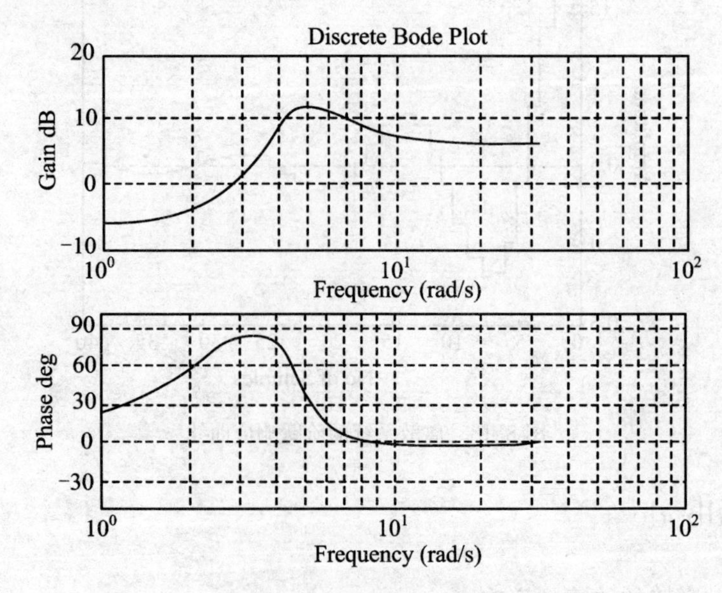

图 8-19　离散系统的伯德图

本章小结

MATLAB是美国Math Works公司推出的科学计算软件，是一种广泛应用于工程计算及数值分析领域的高级计算机仿真语言。目前，MATLAB已经成为国际上最流行的科学与工程计算的软件工具。它提供了丰富可靠的矩阵运算、数据处理、图形绘制、图像处理等便利工具。本章简要介绍了MATLAB的基础知识及基于MATLAB的控制系统时域分析、频域分析和离散系统分析等并给出了相关实例。

思考与练习题

8-1　已知一个二阶系统其闭环传递函数如下：

$$\phi(s)=\frac{K}{0.5s^2+s+K}$$

试借助MATLAB和控制工具箱求$K=0.2$、0.5、1、2、5时，系统的阶跃响应和频率响应。

8-2　若某单位反馈控制系统的开环传递函数为：

$$G(s)=\frac{4K}{s(s+2)}$$

试借助MATLAB和控制工具箱设计一串联校正装置，使系统满足下列性能指标：

(1) 在单位斜坡输入作用下的稳态误差$e_{ss}=0.05$；

(2) 相角裕度$\gamma\geqslant45^\circ$，幅值裕度$h(\mathrm{dB})\geqslant10\ \mathrm{dB}$。

附录　拉普拉斯变换及应用

积分变换是一种对连续时间函数的积分变换，它通过特定形式的积分建立了函数之间的对应关系，它既能简化计算(如求解微分方程、化卷积为乘积等)，又具有明确的物理意义(从频谱的角度来描述函数的特征)，因而在许多领域被广泛地应用，如电力、通信和控制以及其他许多数学、物理和工程技术领域。

F1　拉普拉斯变换的概念

F1.1　拉普拉斯变换的基本概念

定义 1　设函数 $f(t)$ 在 $t \geqslant 0$ 上有定义，且积分 $F(s)=\int_0^{+\infty} f(t)\mathrm{e}^{-st}\,\mathrm{d}t$ 在 s 的某一取值范围内收敛，则由这个积分确定的函数

$$F(s)=\int_0^{+\infty} f(t)\mathrm{e}^{-st}\,\mathrm{d}t$$

称为函数 $f(t)$ 的拉普拉斯变换，简称为 $f(t)$ 的拉氏变换，并记为 $\mathscr{L}[f(t)]$，即

$$F(s)=\mathscr{L}[f(t)]=\int_0^{+\infty} f(t)\mathrm{e}^{-st}\,\mathrm{d}t$$

式中的 $F(s)$ 称为 $f(t)$ 的像函数，$f(t)$ 称为 $F(s)$ 的像原函数。

若 $F(s)$ 是 $f(t)$ 的拉氏变换，则称 $f(t)$ 为 $F(s)$ 的拉氏逆变换(或称为 $F(s)$ 像原函数)，记作 $\mathscr{L}^{-1}[F(s)]$，即

$$f(t)=\mathscr{L}^{-1}[F(s)]$$

关于拉氏变换的定义作如下的补充说明：

(1) 在定义中，只要求 $f(t)$ 在 $t \geqslant 0$ 时有定义。为方便研究拉氏变换的性质，以后总假定在 $t<0$ 时，$f(t)\equiv 0$。

(2) 在拉氏变换的一般理论中，参变量 s 在复数范围内取值。但是，这里只讨论参变量 s 取实数值的情形，因为它对于许多实际应用的问题已经足够了。

(3) 拉氏变换是将给定的函数通过无穷区间 $[0,+\infty)$ 上的广义积分转换成一个新的函数，是一种积分变换。一般来说，在工程技术中遇到的函数的拉氏变换总是存在的。

F1.2 举例

例 F-1 求单位阶跃函数 $u(t)=\begin{cases}0 & (t<0)\\1 & (t>0)\end{cases}$ 的拉氏变换。

解：根据拉氏变换的定义，有

$$\mathscr{L}[u(t)]=\int_0^{+\infty}u(t)\mathrm{e}^{-st}\mathrm{d}t=\int_0^{+\infty}\mathrm{e}^{-st}\mathrm{d}t$$

$$=-\frac{1}{s}[\mathrm{e}^{-st}]_0^{+\infty}=\frac{1}{s}\qquad(\mathrm{Re}s>0)$$

例 F-2 求一次函数 $f(t)=at$ 的拉氏变换。

解：$\mathscr{L}[at]=\int_0^{+\infty}at\mathrm{e}^{-st}\mathrm{d}t=-\frac{a}{s}\int_0^{+\infty}t\mathrm{e}^{-st}\mathrm{d}t$

$$=-\frac{a}{s}[t\mathrm{e}^{-st}]_0^{+\infty}+\frac{a}{s}\int_0^{+\infty}\mathrm{e}^{-st}\mathrm{d}t$$

$$=0-\frac{a}{s^2}[\mathrm{e}^{-st}]_0^{+\infty}=\frac{a}{s^2}\qquad(\mathrm{Re}s>0)$$

例 F-3 求指数函数 $f(t)=\mathrm{e}^{at}$ 的拉氏变换。

解：$\mathscr{L}[\mathrm{e}^{at}]=\int_0^{+\infty}\mathrm{e}^{at}\mathrm{e}^{-st}\mathrm{d}t=\int_0^{+\infty}\mathrm{e}^{-(s-a)t}\mathrm{d}t$

$$=-\frac{1}{s-a}[\mathrm{e}^{-(s-a)t}]_0^{+\infty}=\frac{1}{s-a}\qquad[\mathrm{Re}(s-a)>0]$$

例 F-4 设 $f_\tau(t)=\begin{cases}\frac{1}{\varepsilon} & (0\leqslant t\leqslant\varepsilon)\\0 & (t>\varepsilon)\end{cases}$，并设 $\delta(t)=\lim\limits_{\varepsilon\to0}f_\tau(t)$，求：(1) $\mathscr{L}[f_\tau(t)]$；(2) $\lim\limits_{\varepsilon\to0}\mathscr{L}[f_\tau(t)]$；(3) $\mathscr{L}[\delta(t)]$。

解：(1) $\mathscr{L}[f_\tau(t)]=\int_0^{\varepsilon}\frac{\mathrm{e}^{-st}}{\varepsilon}\mathrm{d}t+\int_{\varepsilon}^{+\infty}\mathrm{e}^{-st}\mathrm{d}t=\frac{1-\mathrm{e}^{-\varepsilon s}}{\varepsilon s}$

(2) 由(1) 的结果得：

$$\lim_{\varepsilon\to0}\mathscr{L}[f_\tau(t)]=\lim_{\varepsilon\to0}\frac{1-\mathrm{e}^{-\varepsilon s}}{\varepsilon s}=1$$

(3) $\mathscr{L}[\delta(t)]=\mathscr{L}[\lim\limits_{\varepsilon\to0}f_\tau(t)]=\lim\limits_{\varepsilon\to0}\mathscr{L}[f_\tau(t)]=1$。

F1.3 练习题

由定义求下列函数的拉氏变换：

(1) $f(t)=\mathrm{e}^{-2t}$；

(2) $f(t)=t^3$；

(3) $f(t)=\begin{cases}-1 & (0\leqslant t<4)\\1 & (t\geqslant4)\end{cases}$；

(4) $f(t)=\begin{cases}E & (0\leqslant t<t_0)\\0 & (t\geqslant t_0)\end{cases}$。

F2 拉氏变换的性质

虽然由拉氏变换的定义可以求得一些常用函数的拉氏变换，但是，直接用定义来求函数的拉氏变换有时比较困难，下面介绍拉氏变换的几个主要性质，以便于求一些较复杂的函数的拉氏变换。

为了叙述方便，在下面的性质中，均假设所涉及的拉氏变换都存在。

F2.1 线性性质

设 α,β 为常数，且有 $\mathscr{L}[f(t)]=F(s)$，$\mathscr{L}[g(t)]=G(s)$，则有：

$$\mathscr{L}[\alpha f(t)+\beta g(t)]=\alpha F(s)+\beta G(s)$$
$$\mathscr{L}^{-1}[\alpha F(t)+\beta G(s)]=\alpha f(t)+\beta g(t)$$

例 F-5 求 $\cos\omega t$ 的拉氏变换。

解：由 $\cos\omega t=\frac{1}{2}(e^{i\omega t}+e^{-i\omega t})$ 及 $\mathscr{L}[e^{i\omega t}]=\frac{1}{s-i\omega}$，有：

$$\begin{aligned}\mathscr{L}[\cos\omega t]&=\frac{1}{2}(\mathscr{L}[e^{i\omega t}]+\mathscr{L}[e^{-i\omega t}])\\&=\frac{1}{2}\left(\frac{1}{s-i\omega}+\frac{1}{s+i\omega}\right)\\&=\frac{s}{s^2+\omega^2}\qquad(\mathrm{Re}s>0)\end{aligned}$$

同样可得：

$$\mathscr{L}[\sin\omega t]=\frac{\omega}{s^2+\omega^2}\qquad(\mathrm{Re}s>0)$$

例 F-6 已知 $F(s)=\frac{5s-1}{(s+1)(s-2)}$，求 $\mathscr{L}^{-1}[F(s)]$。

解：由 $F(s)=\frac{5s-1}{(s+1)(s-2)}=2\frac{1}{(s+1)}+3\frac{1}{(s-2)}$ 及 $\mathscr{L}[e^{at}]=\frac{1}{s-a}$ 有

$$\mathscr{L}^{-1}[F(s)]=2\mathscr{L}^{-1}\left[\frac{1}{s+1}\right]+3\mathscr{L}^{-1}\left[\frac{1}{s-2}\right]=2e^{-t}+3e^{2t}$$

F2.2 微分性质

F2.2.1 导数的像函数

设 $\mathscr{L}[f(t)]=F(s)$，$f(t)$ 在 $(0,\infty)$ 处可微，而 $f'(t)$ 在 $t>0$ 的任何区间内有限个第一类间断点外连续，则有：

$$\mathscr{L}[f'(t)]=sF(s)-f(0)\tag{F-1}$$

一般的，有：

$$\mathscr{L}[f^{(n)}(t)]=s^nF(s)-s^{n-1}f(0)-s^{n-2}f'(0)\cdots-f^{(n-1)}(0)\tag{F-2}$$

证：根据拉氏变换定义和分部积分法，得：

$$\mathscr{L}[f'(t)] = \int_0^{+\infty} f'(t)\mathrm{e}^{-st}\mathrm{d}t = f(t)\mathrm{e}^{-st}\ \Big|_0^{+\infty} + \int_0^{+\infty} f(t)\mathrm{e}^{-st}\mathrm{d}t$$

由于 $|f(t)\mathrm{e}^{-st}| \leqslant M\mathrm{e}^{-(\beta-c)t}$，$\mathrm{Re}s=\beta>c$，故 $\lim\limits_{t\to+\infty} f(t)\mathrm{e}^{-st}=0$。因此

$$\mathscr{L}[f'(t)] = sF(s) - f(0)$$

再利用数学归纳法，则可得式(F-2)。

特别地，当初始值 $f(0)=f'(0)=\cdots=f^{(n-1)}(0)=0$ 时，上式有更简单的形式：

$$\mathscr{L}[f^{(n)}(t)] = s^n F(s) \qquad (n=1,2,\cdots)$$

利用这个性质，可以将函数的微分运算化为代数运算，这为我们求解微分方程(组)的初值问题提供了一种简便方法。

例 F-7 求解微分方程：

$$y''(t)+\omega^2 y(t)=0 \qquad [y(0)=0, y'(0)=\omega]$$

解：对方程两边取拉氏变换，并利用线性性质及式(F-2)有：

$$s^2Y(s)-sy(0)-y'(0)+\omega^2 Y(s)=0$$

其中 $Y(s)=\mathscr{L}[y(t)]$，代入初值即得：

$$Y(s)=\frac{\omega}{s^2+\omega^2}$$

$$y(t)=\mathscr{L}^{-1}[Y(s)]=\sin\omega t$$

例 F-8 求 $f(t)=t^m$ 的拉氏变换($m\geqslant 0$ 为正整数)。

解：利用导数的像函数性质求解。

设 $f(t)=t^m$，则 $f^{(m)}(t)=m!$ 且 $f(0)=f'(0)=\cdots=f^{(m-1)}(0)=0$，由(F-2)式有

$$\mathscr{L}[f^{(m)}(t)] = s^m\mathscr{L}[f(t)]$$

即

$$\mathscr{L}[t^m]=\frac{1}{s^m}\mathscr{L}[m!]=\frac{m!}{s^{m+1}} \qquad (\mathrm{Re}s>0)$$

F2.2.2 像函数的导数

设 $\mathscr{L}[f(t)]=F(s)$，则有：

$$F'(s)=-\mathscr{L}[tf(t)] \tag{F-3}$$

一般的，有：

$$F^{(n)}(s)=(-1)^n\mathscr{L}[t^n f(t)] \tag{F-4}$$

证：由 $F(s)=\int_0^{+\infty} f(t)\mathrm{e}^{-st}\mathrm{d}t$ 得：

$$\begin{aligned} F'(s) &= \frac{\mathrm{d}}{\mathrm{d}s}\int_0^{+\infty} f(t)\mathrm{e}^{-st}\mathrm{d}t \\ &= \int_0^{+\infty} \frac{\partial}{\partial s}[f(t)\mathrm{e}^{-st}]\mathrm{d}t \\ &= \int_0^{+\infty} tf(t)\mathrm{e}^{-st}\mathrm{d}t = -\mathscr{L}[tf(t)] \end{aligned}$$

对 $F'(s)$ 施行同样步骤，反复进行则可得式(F-4)，其中求导与积分的次序交换是有一定条件的，这里省略，后面碰到类似的运算也同样处理。

例 F-9 求函数 $f(t)=t\sin\omega t$ 的拉氏变换。

解：已知 $\mathscr{L}[\sin\omega t]=\frac{\omega}{s^2+\omega^2}$，根据式(F-3)有：

$$\mathscr{L}[t\sin\omega t]=\frac{\mathrm{d}}{\mathrm{d}s}\left(\frac{\omega}{s^2+\omega^2}\right)=\frac{2\omega s}{(s^2+\omega^2)^2}$$

F2.3　积分性质

F2.3.1　积分的像函数

设 $\mathscr{L}[f(t)]=F(s)$，则有：

$$\mathscr{L}\left[\int_0^t f(t)\mathrm{d}t\right]=\frac{1}{s}F(s) \tag{F-5}$$

一般的，有：

$$\mathscr{L}\left[\underbrace{\int_0^t \mathrm{d}t\int_0^t \mathrm{d}t\int_0^t \mathrm{d}t\cdots\int_0^t}_{n} f(t)\mathrm{d}t=\frac{1}{s^n}F(s)\right] \tag{F-6}$$

证：设 $g(t)=\int_0^t f(t)\mathrm{d}t$，则 $g'(t)=f(t)$ 且 $g(t)=0$，再利用式(F-1)有

$$\mathscr{L}[g'(t)]=s\mathscr{L}[g(t)]-g(0)$$

即有 $\mathscr{L}[\int_0^t f(t)\mathrm{d}t]=\frac{1}{s}F(s)$。反复利用上式即得式(F-6)。

F2.3.2　像函数的积分

设 $\mathscr{L}[f(t)]=F(s)$，则有：

$$\int_s^\infty F(s)\mathrm{d}t=\mathscr{L}\left[\frac{f(t)}{t}\right] \tag{F-7}$$

一般的，有：

$$\underbrace{\int_0^\infty \mathrm{d}s\int_0^\infty \mathrm{d}s\int_0^\infty \mathrm{d}s\cdots\int_0^\infty}_{n} F(s)\mathrm{d}s=\mathscr{L}\left[\frac{f(t)}{t^n}\right] \tag{F-8}$$

证：
$$\begin{aligned}\int_0^\infty F(s)\mathrm{d}s&=\int_0^\infty\left[\int_0^\infty f(t)\mathrm{e}^{-st}\mathrm{d}t\right]\mathrm{d}s\\&=\int_0^\infty f(t)\left(\int_0^\infty \mathrm{e}^{-st}\mathrm{d}s\right)\mathrm{d}t\\&=\int_0^\infty f(t)\left(-\frac{1}{t}^{-st}\right)\Big|_s^\infty\mathrm{d}t\\&=\int_0^{+\infty}\frac{f(t)}{t}\mathrm{e}^{-st}\mathrm{d}t=\mathscr{L}\left[\frac{f(t)}{t}\right]\end{aligned}$$

反复利用上式即可得式(F-8)。

例 F-10　求函数 $f(t)=\frac{\sin t}{t}$ 的拉氏变换。

解：由 $\mathscr{L}[\sin t]=\frac{1}{1+s^2}$ 及式(F-7)有：

$$\mathscr{L}\left[\frac{\sin t}{t}\right]=\int_0^\infty\frac{1}{1+s^2}\mathrm{d}s=\operatorname{arcctan}s$$

即

$$\int_0^{+\infty} \frac{\sin t}{t} e^{-st} dt = \operatorname{arctan} s$$

在上式中,如果令 $s=0$ 有

$$\int_s^{+\infty} \frac{\sin t}{t} ds = \frac{\pi}{2}$$

例 F-11 计算下列积分。

(1) $\int_0^{+\infty} e^{-3t} \cos 2t dt$;

(2) $\int_0^{+\infty} \frac{1-\cos t}{t} e^{-t} dt$。

解:(1) 由 $\mathscr{L}[\cos 2t]=\frac{s}{s^2+4}$,有:

$$\int_0^{+\infty} e^{-3t} \cos 2t dt = \frac{s}{s^2+4}\bigg|_{s=3} = \frac{3}{13}$$

(2) 由式(F-7),有:

$$\mathscr{L}\left[\frac{1-\cos t}{t}\right] = \int_s^{\infty} \mathscr{L}[1-\cos t] ds$$

$$= \int_s^{\infty} \frac{1}{s(s^2+1)} ds = \frac{1}{2} \ln \frac{s^2}{s^2+1}\bigg|_s^{\infty} = \frac{1}{2} \ln \frac{s^2+1}{s^2}$$

即

$$\int_0^{+\infty} \frac{1-\cos t}{t} e^{-st} dt = \frac{1}{2} \ln \frac{s^2+1}{s^2}$$

令 $s=1$ 得:

$$\int_0^{+\infty} \frac{1-\cos t}{t} e^{-st} dt = \frac{1}{2} \ln 2$$

F2.4 延滞性质与位移性质

F2.4.1 延滞性质

设 $\mathscr{L}[f(t)]=F(s)$,当 $t<0$ 时 $f(t)=0$,则对任一非负实数有:

$$\mathscr{L}[f(t-\tau)] = e^{-\tau s} F(s) \tag{F-9}$$

证:由定义有:

$$\mathscr{L}[f(t-\tau)] = \int_0^{+\infty} f(t-\tau) e^{-st} dt = \int_\tau^{+\infty} f(t-\tau) e^{-st} dt$$

令 $t_1=t-\tau$ 有:

$$\mathscr{L}[f(t-\tau)] = \int_0^{+\infty} f(t_1) e^{-s(t_1+\tau)} dt_1 = e^{-\tau s} F(s)$$

必须注意的是本性质中对 $f(t)$ 的要求:即当 $t<0$ 时 $f(t)=0$,此时 $f(t-\tau)$ 在 $t<\tau$ 时为零,故 $f(t-\tau)$ 应理解为 $f(t-\tau)u(t-\tau)$,而不是 $f(t-\tau)u(t)$。因此式(F-9)完整的写法应为:

$$\mathscr{L}[f(t-\tau)u(t-\tau)] = e^{-\tau s} F(s)$$

相应地就有:

$$\mathscr{L}^{-1}[e^{-\tau s} F(s)] = f(t-\tau)u(t-\tau)$$

在这个性质中,函数 $f(t-a)$ 表示函数 $f(t)$ 在时间上滞后 a 个单位(图 F-1),所以这个性质称为延滞性质。在实际应用中，为了突出这一特点，常在 $f(t-a)$ 这个函数上再乘以 $u(t-a)$。所以，延滞性质也可以表示为：

$$\mathscr{L}[u(t-a)f(t-a)] = e^{-as}F(s)$$

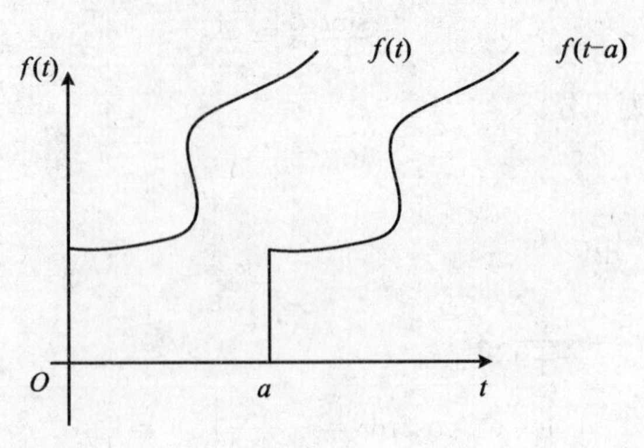

图 F-1

例 F-12 设 $\mathscr{L}[\sin t]=\frac{1}{s^2+1}$，求 $\mathscr{L}\left[f\left(t-\frac{\pi}{2}\right)\right]$。

解：由于 $\mathscr{L}[\sin t]=\frac{1}{s^2+1}$，根据式(F-9)有：

$$\mathscr{L}\left[f\left(t-\frac{\pi}{2}\right)\right] = \mathscr{L}\left[\sin\left(t-\frac{\pi}{2}\right)\right]$$
$$= e^{-\frac{\pi}{2}s}\mathscr{L}[\sin t] = \frac{1}{s^2+1}e^{-\frac{\pi}{2}s}$$

按照前面的解释，则应有：

$$\mathscr{L}^{-1}\left[\frac{1}{s^2+1}e^{-\frac{\pi}{2}}\right] = \sin\left(t-\frac{\pi}{2}\right)u\left(t-\frac{\pi}{2}\right) = \begin{cases} -\cos t & \left(t > \frac{\pi}{2}\right) \\ 0 & \left(t < \frac{\pi}{2}\right) \end{cases}$$

试考虑，本题若直接用 $\sin\left(t-\frac{\pi}{2}\right)=-\cos t$ 来做拉氏变换会得到什么样的结果，并分析其原因。

例 F-13 求 $\mathscr{L}^{-1}\left[\frac{1}{s-1}e^{-s}\right]$。

解：由 $\mathscr{L}^{-1}\left[\frac{1}{s-1}\right]=e^{t}u(t)$，有：

$$\mathscr{L}^{-1}\left[\frac{1}{s-1}e^{-s}\right] = e^{t-1}u(t-1) = \begin{cases} e^{t-1} & (t > 1) \\ 0 & (t < 1) \end{cases}$$

F2.4.2 位移性质

设 $\mathscr{L}[f(t)]=F(s)$，则有：

$$\mathscr{L}[e^{at}f(t)] = F(s-a) \qquad (a \text{为一复常数})$$

证：由定义有：

$$\mathscr{L}[e^{at}f(t)] = \int_0^{+\infty} e^{at}f(t)e^{-st}\,dt$$
$$= \int_0^{+\infty} f(t)e^{-(s-a)t}\,dt = F(s-a)$$

F2.5 周期函数的像函数

设 $f(t)$是$[0,+\infty)$内以 T 为周期的函数，且 $f(t)$在一个周期内逐段光滑，则

$$\mathscr{L}[f(t)] = \frac{1}{1-\mathrm{e}^{-sT}}\int_0^T f(t)\mathrm{e}^{-st}\mathrm{d}t$$

证：由定义有：

$$\mathscr{L}[f(t)] = \int_0^{+\infty} f(t)\mathrm{e}^{-st}\mathrm{d}t = \int_0^T f(t)\mathrm{e}^{-st}\mathrm{d}t + \int_T^{+\infty} f(t)\mathrm{e}^{-st}\mathrm{d}t$$

对上式右端第二个积分作变量代换 $t_1=t-\tau$，且由 $f(t)$的周期性，有：

$$\begin{aligned}\mathscr{L}[f(t)] &= \int_0^T f(t)\mathrm{e}^{-st}\mathrm{d}t + \int_T^{+\infty} f(t_1)\mathrm{e}^{-st_1}\mathrm{e}^{-sT}\mathrm{d}t_1 \\ &= \int_0^T f(t)\mathrm{e}^{-st}\mathrm{d}t + \mathrm{e}^{-sT}\mathscr{L}[f(t)]\end{aligned}$$

故有：

$$\mathscr{L}[f(t)] = \frac{1}{1-\mathrm{e}^{-sT}}\int_0^T f(t)\mathrm{e}^{-st}\mathrm{d}t$$

例 F-14 求全波整流后的正弦波 $f(t)=|\sin\omega t|$的像函数。

解：$f(t)$的周期为 $T=\dfrac{\pi}{\omega}$，故有：

$$\begin{aligned}\mathscr{L}[f(t)] &= \frac{1}{1-\mathrm{e}^{-sT}}\int_0^T \mathrm{e}^{-st}\sin\omega t\,\mathrm{d}t \\ &= \frac{1}{1-\mathrm{e}^{-sT}}\cdot\frac{\mathrm{e}^{-st}(-s\sin\omega t-\omega\cos\omega t)}{s^2+\omega^2}\bigg|_0^T \\ &= \frac{\omega}{s^2+\omega^2}\cdot\frac{1+\mathrm{e}^{-sT}}{1-\mathrm{e}^{-sT}} = \frac{\omega}{s^2+\omega^2}\mathrm{cth}\,\frac{s\pi}{2\omega}\end{aligned}$$

F2.6 练习题

利用拉氏变换的性质求下列函数的拉氏变换：

(1) $f(t)=3\mathrm{e}^{-4t}$；

(2) $f(t)=t^2+6t-3$；

(3) $f(t)=\sin 2t-3\cos 2t$；

(4) $f(t)=\sin 2t\cos 2t$；

(5) $f(t)=1+t\mathrm{e}^t$；

(6) $f(t)=\mathrm{e}^{3t}\sin 4t$。

F3 拉氏变换的逆变换及其性质

前面我们讨论了由已知函数 $f(t)$求它的像函数 $F(s)$的问题，但在实际应用中常会碰到

与此相反的问题，即已知像函数 $F(s)$，求它的像原函数 $f(t)$，这就是拉氏逆变换。求 $F(s)$ 的逆变换，可以借助一些代数运算将 $F(s)$ 的表达式分解成几个简单函数的形式，再通过查拉氏变换表及拉氏变换的性质求出像原函数。为了方便求函数的拉氏逆变换，现把拉氏逆变换中常用的拉氏变换的性质用逆变换的形式一一列出。

性质 1(线性性质) 若 a_1, a_2 为常数，且 $\mathscr{L}[f_1(t)]=F_1(s)$，$\mathscr{L}[f_2(t)]=F_2(s)$，则

$$\mathscr{L}^{-1}[a_1F_1(s)+a_2F_2(s)]=a_1\mathscr{L}^{-1}[F_1(s)]+a_2\mathscr{L}^{-1}[F_2(s)]=a_1f_1(t)+a_2f_2(t)$$

性质 2(平移性质) 若 $\mathscr{L}[f(t)]=F(s)$，则

$$\mathscr{L}^{-1}[F(s-a)]=e^{at}\mathscr{L}^{-1}[F(s)]=e^{at}f(t) \qquad (a\text{ 为常数})$$

性质 3(延滞性质) 若 $\mathscr{L}[f(t)]=F(s)$，则

$$\mathscr{L}^{-1}[e^{-as}F(s)]=f(t-a)u(t-a)$$

下面举例说明求拉氏变换的逆变换的方法。

例 F-15 求下列像函数的拉氏逆变换。

(1) $F(s)=\dfrac{1}{s+3}$；

(2) $F(s)=\dfrac{1}{(s-2)^3}$；

(3) $F(s)=\dfrac{4s+3}{s^2}$；

(4) $F(s)=\dfrac{3s+5}{s^2+4}$。

解：(1)
$$f(t)=\mathscr{L}^{-1}\left[\frac{1}{s+3}\right]=e^{-3t}$$

(2)
$$f(t)=\mathscr{L}^{-1}\left[\frac{1}{(s-2)^3}\right]=e^2\mathscr{L}^{-1}\left[\frac{1}{s^3}\right]=\frac{e^{2t}}{2}\mathscr{L}^{-1}\left[\frac{2!}{s^3}\right]=\frac{1}{2}t^2e^{2t}$$

(3)
$$f(t)=\mathscr{L}^{-1}\left[\frac{4s+3}{s^2}\right]=4\mathscr{L}^{-1}\left[\frac{1}{s}\right]+3\mathscr{L}^{-1}\left[\frac{1}{s^2}\right]=4+3t$$

(4)
$$f(t)=\mathscr{L}^{-1}\left[\frac{3s+5}{s^2+4}\right]=3\mathscr{L}^{-1}\left[\frac{s}{s^2+4}\right]+\frac{5}{2}\mathscr{L}^{-1}\left[\frac{2}{s^2+4}\right]=3\cos 2t+\frac{5}{2}\sin 2t$$

例 F-16 求 $F(s)=\dfrac{2s+3}{s^2-2s+5}$ 的拉氏逆变换。

解：
$$\begin{aligned}
f(t)&=\mathscr{L}^{-1}\left[\frac{2s+3}{s^2-2s+5}\right]\\
&=\mathscr{L}^{-1}\left[\frac{2(s-1)+5}{(s-1)^2+4}\right]\\
&=2\mathscr{L}^{-1}\left[\frac{s-1}{(s-1)^2+4}\right]+\frac{5}{2}\mathscr{L}^{-1}\left[\frac{2}{(s-1)^2+4}\right]\\
&=2e^t\mathscr{L}^{-1}\left[\frac{s}{s^2+4}\right]+\frac{5}{2}e^t\mathscr{L}^{-1}\left[\frac{2}{s^2+4}\right]\\
&=2e^t\cos 2t+\frac{5}{2}e^t\sin 2t\\
&=e^t\left[2\cos 2t+\frac{5}{2}\sin 2t\right]
\end{aligned}$$

在运用拉氏变换解决工程技术中的问题时，通常遇到的像函数是有理分式。对于有理分式，一般用待定系数法将它分解为较简单的分式之和，然后再利用拉氏变换表示出像原

函数。

例 F-17 求 $F(s)=\frac{s+9}{s^2+5s+6}$的拉氏逆变换。

解：先将 $F(s)$分解成部分分式之和：

$$\frac{s+9}{s^2+5s+6}=\frac{s+9}{(s+2)(s+3)}=\frac{A}{s+2}-\frac{B}{s+3}$$

用待定系数法求得：

$$\frac{s+9}{s^2+5s+6}=\frac{7}{s+2}-\frac{6}{s+3}$$

所以

$$\begin{aligned}f(t)&=\mathscr{L}^{-1}[F(s)]=\mathscr{L}^{-1}\left[\frac{7}{s+2}-\frac{6}{s+3}\right]\\&=7\mathscr{L}^{-1}\left[\frac{1}{s+2}\right]-6\mathscr{L}^{-1}\left[\frac{1}{s+3}\right]\\&=7\mathrm{e}^{-2t}-6\mathrm{e}^{-3t}\end{aligned}$$

例 F-18 求 $F(s)=\frac{s^2}{(s+2)(s^2+2s+2)}$的拉氏逆变换。

解：先将 $F(s)$分解成部分分式之和：

$$\begin{aligned}F(s)&=\frac{s^2}{(s+2)(s^2+2s+2)}\\&=\frac{A}{s+2}-\frac{Bs+C}{s^2+2s+2}\end{aligned}$$

用待定系数法求得：

$$\begin{aligned}F(s)&=\frac{s^2}{(s+2)(s^2+2s+2)}=\frac{2}{s+2}-\frac{s+2}{s^2+2s+2}\\&=\frac{2}{s+2}-\frac{s+1}{(s+1)^2+1}-\frac{1}{(s+1)^2+1}\end{aligned}$$

所以

$$\begin{aligned}f(t)&=\mathscr{L}^{-1}[F(s)]=\mathscr{L}^{-1}\left[\frac{2}{s+2}-\frac{s+1}{(s+1)^2+1}-\frac{1}{(s+1)^2+1}\right]\\&=\mathscr{L}^{-1}\left[\frac{2}{s+2}\right]-\mathscr{L}^{-1}\left[\frac{s+1}{(s+1)^2+1}\right]-\mathscr{L}^{-1}\left[\frac{1}{(s+1)^2+1}\right]\\&=2\mathrm{e}^{-2t}-\mathrm{e}^{-t}\cos t-\mathrm{e}^{-t}\sin t\\&=2\mathrm{e}^{-2t}-\mathrm{e}^{-t}(\cos t+\sin t)\end{aligned}$$

F3.1 练习题

求下列函数的拉氏逆变换：

(1) $F(s)=\frac{2}{s-3}$；

(2) $F(s)=\frac{4s}{s^2+16}$；

(3) $F(s)=\frac{s}{s+2}$；

(4) $F(s)=\dfrac{s}{(s+5)(s+7)}$；

(5) $F(s)=\dfrac{s+2}{s^3+6s^2+9s}$；

(6) $F(s)=\dfrac{s^2+2}{(s^2+10)(s^2+20)}$。

F4 拉氏变换的应用举例

拉普拉斯变换在线性系统的分析和研究中起着重要作用。线性系统在物理、力学以及工程等许多场合可以用线性常微分方程来描述。这类系统在电路原理和自动控制理论中都占有重要地位。下面通过举例，介绍利用拉普拉斯变换求解线性常微分方程和电路问题.

F4.1 用拉氏变换解微分方程

拉普拉斯变换解法主要借助于拉普拉斯变换把常系数线性微分方程(组)转换成复变数的代数方程(组)。根据代数方程(组)求出象函数，然后再取逆变换，即可求出原微分方程(组)的解。此方法简洁、方便，为工程技术人员所普遍采用。下面通过例题来说明该方法的应用。

例 F-19 求方程 $x'(t)+2x(t)=0$ 满足初始条件 $x(0)=3$ 的解。

解：设 $\mathscr{L}[x(t)]=X(s)$，对方程两边取拉氏变换，则有：

$$\mathscr{L}[x'(t)+2x(t)]=\mathscr{L}[0]$$
$$\mathscr{L}[x'(t)]+2\mathscr{L}[x(t)]=0$$
$$sX(s)-x(0)+2X(s)=0$$

将初始条件 $x(0)=3$ 代入，得：

$$X(s)(s+2)=3$$

这样，原来的微分方程经过拉氏变换后，就得到一个像函数的代数方程. 解这个代数方程，有：

$$X(s)=\frac{3}{s+2}$$

所以，由拉氏逆变换的求法，得：

$$x(t)=\mathscr{L}^{-1}[X(s)]=\mathscr{L}^{-1}\left[\frac{3}{s+2}\right]=3\mathrm{e}^{-2t}$$

这样，就得到了微分方程的解为：

$$x(t)=3\mathrm{e}^{-2t}$$

用拉氏变换还可以解常系数线性微分方程组。

例 F-20 求微分方程组 $\begin{cases}x''-2y'-x=0\\x'-y=0\end{cases}$，满足初始条件 $x(0)=0,x'(0)=1,y(0)=1$ 的解。

解：设 $\mathscr{L}[x(t)]=X(s)=X,\mathscr{L}[y(t)]=Y(s)=Y$，对方程组中每个方程两边取拉氏变换，得到：

$$\begin{cases} s^2 - sx(0) - x'(0) - 2[sY - y(0)] - X = 0 \\ sX - x(0) - Y = 0 \end{cases}$$

将初始条件 $x(0)=0, x'(0)=1, y(0)=1$ 代入，整理后得：

$$\begin{cases} (s^2-1)X - 2sY + 1 = 0 \\ sX - Y = 0 \end{cases}$$

解此方程组得：

$$\begin{cases} X(s) = \dfrac{1}{s^2+1} \\ Y(s) = \dfrac{s}{s^2+1} \end{cases}$$

取逆变换，得到原方程组满足初始条件的解为：

$$\begin{cases} x(t) = \sin t \\ y(t) = \cos t \end{cases}$$

F4.2 用拉氏变换分析电路

一些电路问题可以用拉氏变换求解。

例 F-21 如图 F-2 所示，电路在 $t=0$ 时开关 S 闭合，求输出电压信号 $u_c(t)$。

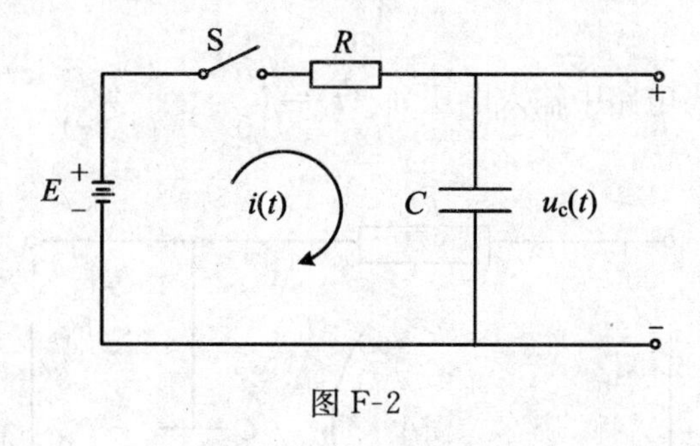

图 F-2

解：(1) 列出微分方程

$$\begin{cases} Ri(t) + u_c(t) = Eu(t) \\ u_c(t)\Big|_{t=0} = 0 \end{cases}$$

将此式改写为只含有一个未知函数 $u_c(t)$ 的形式：

$$RC\frac{\mathrm{d}u_c(t)}{\mathrm{d}t} + u_c(t) = Eu(t)$$

(2) 再将上式中各项取拉氏变换得到：

$$RCsU_c(s) + U_c(s) = \frac{E}{s}$$

解此代数方程，求得：

$$U_c(s) = \frac{E}{s(1+RCs)} = \frac{E}{RCs\left(s+\frac{1}{RC}\right)}$$

(3) 求 $U_c(s)$ 的逆变换，将 $U_c(s)$ 表示式分解为以下形式：

$$U_{c}(s)=E\left[\frac{1}{s}-\frac{1}{s+\frac{1}{RC}}\right]$$

求拉氏逆变换得：

$$u_{c}(t)=\mathscr{L}^{-1}[U_{c}(s)]=E(1-e^{-\frac{t}{RC}})\qquad(t\geqslant 0)$$

F4.3 练习题

1. 用拉氏变换解下列微分方程(组)：

(1) $\frac{di}{dt}+5i=10e^{-3t}\qquad[i(0)=0]$；

(2) $\frac{d^2y}{dt^2}+\omega^2 y=0\qquad[y(0)=0,y'(0)=\omega]$；

(3) $y''(t)-3y'(t)+2y(t)=4\qquad[y(0)=0,y'(0)=1]$；

(4) $x''(t)+2x'(t)+5x(t)=0\qquad[x(0)=1,x'(0)=5]$；

(5) $\begin{cases}y'+3x-2y=2e^t\\x'+x-y'=e^t\end{cases}\qquad[x(0)=y(0)=1]$；

(6) $\begin{cases}y'+x+y=0\\x''+2y=0\end{cases}\qquad[x(0)=0,x'(0)=1,y(0)=1]$。

2. 如图 F-3 所示，当电路中输入电压 $u_{入}(t)=\begin{cases}h & (0\leqslant t<\tau)\\0 & (t\geqslant\tau)\end{cases}$ 时，求输出电压 $u_{出}(t)$。

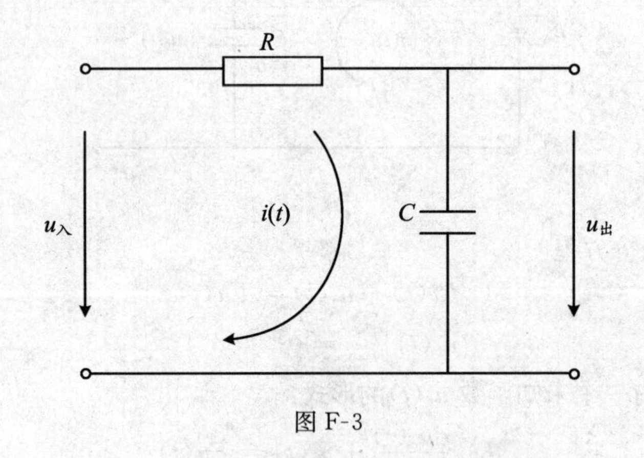

图 F-3

F5 拉氏变换的基本性质与相关知识

拉氏变换的基本性质见表 F-1。

表 F-1　拉氏变换的基本性质

序号	性质		公式
1	线性定理	齐次性	$\mathscr{L}[af(t)]=aF(s)$
		叠加性	$\mathscr{L}[f_1(t)\pm f_2(t)]=F_1(s)\pm F_2(s)$
2	微分定理	一般形式	$\mathscr{L}\left[\dfrac{\mathrm{d}f(t)}{\mathrm{d}t}\right]=sF(s)-f(0)$ $\mathscr{L}\left[\dfrac{\mathrm{d}^2f(t)}{\mathrm{d}t^2}\right]=s^2F(s)-sf(0)-f'(0)$ $\mathscr{L}\left[\dfrac{\mathrm{d}^nf(t)}{\mathrm{d}t^n}\right]=s^nF(s)-\sum_{k=1}^{n}s^{n-k}f^{(k-1)}(0)$ $f^{(k-1)}(t)=\dfrac{\mathrm{d}^{k-1}f(t)}{\mathrm{d}t^{k-1}}$
		初始条件为 0 时	$\mathscr{L}\left[\dfrac{\mathrm{d}^nf(t)}{\mathrm{d}t^n}\right]=s^nF(s)$
3	积分定理	一般形式	$\mathscr{L}\left[\int f(t)\mathrm{d}t\right]=\dfrac{F(s)}{s}+\dfrac{\left[\int f(t)\mathrm{d}t\right]_{t=0}}{s}$ $\mathscr{L}\left[\iint f(t)(\mathrm{d}t)^2\right]=\dfrac{F(s)}{s^2}+\dfrac{\left[\int f(t)\mathrm{d}t\right]_{t=0}}{s^2}+\dfrac{\left[\iint f(t)(\mathrm{d}t)^2\right]_{t=0}}{s}$ $\mathscr{L}\left[\overbrace{\int\cdots\int}^{共n个}f(t)(\mathrm{d}t)^n\right]=\dfrac{F(s)}{s^n}+\sum_{k=1}^{n}\dfrac{1}{s^{n-k+1}}\left[\overbrace{\int\cdots\int}^{共n个}f(t)(\mathrm{d}t)^n\right]_{t=0}$
		初始条件为 0 时	$\mathscr{L}\left[\overbrace{\int\cdots\int}^{共n个}f(t)(\mathrm{d}t)^n\right]=\dfrac{F(s)}{s^n}$
4	延迟定理(或称 t 域平移定理)		$\mathscr{L}[f(t-T)1(t-T)]=\mathrm{e}^{-Ts}F(s)$
5	衰减定理(或称 s 域平移定理)		$\mathscr{L}[f(t)\mathrm{e}^{-at}]=F(s+a)$
6	终值定理		$\lim\limits_{t\to\infty}f(t)=\lim\limits_{s\to0}sF(s)$
7	初值定理		$\lim\limits_{t\to0}f(t)=\lim\limits_{s\to\infty}sF(s)$
8	卷积定理		$\mathscr{L}\left[\int_0^t f_1(t-\tau)f_2(\tau)\mathrm{d}\tau\right]=\mathscr{L}\left[\int_0^t f_1(t)f_2(t-\tau)\mathrm{d}\tau\right]$ $=F_1(s)F_2(s)$

常用函数的拉氏变换和 Z 变换见表 F-2。

表 F-2 常用函数的拉氏变换和 Z 变换表

序号	拉氏变换 $E(s)$	时间函数 $e(t)$	Z 变换 $E(z)$
1	1	$\delta(t)$	1
2	$\dfrac{1}{1-e^{-Ts}}$	$\delta_T(t)=\sum\limits_{n=0}^{\infty}\delta(t-nT)$	$\dfrac{z}{z-1}$
3	$\dfrac{1}{s}$	$1(t)$	$\dfrac{z}{z-1}$
4	$\dfrac{1}{s^2}$	t	$\dfrac{Tz}{(z-1)^2}$
5	$\dfrac{1}{s^3}$	$\dfrac{t^2}{2}$	$\dfrac{T^2z(z+1)}{2(z-1)^3}$
6	$\dfrac{1}{s^{n+1}}$	$\dfrac{t^n}{n!}$	$\lim\limits_{a\to 0}\dfrac{(-1)^n}{n!}\dfrac{\partial^n}{\partial a^n}(\dfrac{z}{z-e^{-aT}})$
7	$\dfrac{1}{s+a}$	e^{-at}	$\dfrac{z}{z-e^{-aT}}$
8	$\dfrac{1}{(s+a)^2}$	te^{-at}	$\dfrac{Tze^{-aT}}{(z-e^{-aT})^2}$
9	$\dfrac{a}{s(s+a)}$	$1-e^{-at}$	$\dfrac{(1-e^{-aT})z}{(z-1)(z-e^{-aT})}$
10	$\dfrac{b-a}{(s+a)(s+b)}$	$e^{-at}-e^{-bt}$	$\dfrac{z}{z-e^{-aT}}-\dfrac{z}{z-e^{-bT}}$
11	$\dfrac{\omega}{s^2+\omega^2}$	$\sin\omega t$	$\dfrac{z\sin\omega T}{z^2-2z\cos\omega T+1}$
12	$\dfrac{s}{s^2+\omega^2}$	$\cos\omega t$	$\dfrac{z(z-\cos\omega T)}{z^2-2z\cos\omega T+1}$
13	$\dfrac{\omega}{(s+a)^2+\omega^2}$	$e^{-at}\sin\omega t$	$\dfrac{ze^{-aT}\sin\omega T}{z^2-2ze^{-aT}\cos\omega T+e^{-2aT}}$
14	$\dfrac{s+a}{(s+a)^2+\omega^2}$	$e^{-at}\cos\omega t$	$\dfrac{z^2-ze^{-aT}\cos\omega T}{z^2-2ze^{-aT}\cos\omega T+e^{-2aT}}$
15	$\dfrac{1}{s-\dfrac{1}{T}\ln a}$	$a^{\frac{t}{T}}$	$\dfrac{z}{z-a}$

参 考 文 献

[1] 刘祖润.自动控制原理[M].北京:机械工业出版社,1997.
[2] 孙虎章.自动控制原理[M].北京:中央广播电视大学出版社,1984.
[3] DORF RICHARD C, BISHOP ROBERT H.现代控制系统[M].8版.谢红卫,等,译.北京:高等教育出版社,2001.
[4] 胡寿松.自动控制原理[M].5版.北京:科学出版社,2007.
[5] 郑大钟.线性系统理论[M].北京:清华大学出版社,1990.
[6] 李素玲,胡健.自动控制原理[M].西安:西安电子科技大学出版社,2007.
[7] 袁冬莉,贾秋玲.自动控制原理题典[M].西安:西北工业大学出版社,2003.
[8] 陈小琳.自动控制原理习题集[M].北京:国防工业出版社,1982.
[9] 曹柱中,徐薇莉.自动控制理论与设计[M].上海:上海交通大学出版社,1991.
[10] 邹伯敏.自动控制理论[M].北京:机械工业出版社,2007.
[11] 李友善.自动控制原理200题[M].哈尔滨:哈尔滨工业大学出版社,1988.
[12] 吴麒.自动控制原理.上、下册[M].北京:清华大学出版社,2001.
[13] 黄坚.自动控制原理及其应用[M].北京:高等教育出版社,2001.
[14] 孔凡才.自动控制原理与系统[M].北京:机械工业出版社,1999.
[15] 陈伯时.电力拖动自动控制系统[M].北京:机械工业出版社,1992.
[16] 唐向宏,岳恒立,郑雪峰.MATLAB及在电子信息类课程中的应用[M].北京:电子工业出版社,2006.